大型地下洞室群
动力时程分析方法
研究与应用

张志国　陈俊涛　牟春来　邵　年◎著

知识产权出版社
全国百佳图书出版单位

图书在版编目(CIP)数据

大型地下洞室群动力时程分析方法研究与应用/张志国等著.
—北京：知识产权出版社，2013.11
    ISBN 978-7-5130-2436-5

Ⅰ.①大… Ⅱ.①张… Ⅲ.①水电站厂房—地下洞室—结构动力

分析—研究 Ⅳ.①TV731.6

中国版本图书馆 CIP 数据核字(2013)第 274979 号

内容提要

本书系统介绍了大型地下洞室群采用动力时程方法进行地震响应分析的理论及具体应用。全书分为八章，第一章概述地下洞室群抗震计算的现状及本书的总体研究思路；第二章介绍显式有限元求解方法在三维波动场求解中的理论及编程解决方案；第三章介绍动力时程分析中洞室群模型人工边界的设置理论和计算方法；第四章介绍显式动力有限元计算中锚杆、锚索的模拟理论；第五章介绍地下洞室动力计算中前处理的相关技术；第六章介绍动力有限元计算前后处理软件的设计开发；第七章结合实际工程介绍动力时程法计算中洞室群围岩稳定的评判理论；第八章得出结论。

责任编辑：李 瑾   责任出版：刘译文

大型地下洞室群动力时程分析方法研究与应用

张志国 陈俊涛 牟春来 邵年 著

出版发行：**知识产权出版社**有限责任公司	网 址：http://www.ipph.cn
社 址：北京市海淀区马甸南村 1 号	邮 编：100088
责编电话：010-82000860 转 8392	责编邮箱：lijin.cn@163.com
发行电话：010-82000860 转 8101/8102	发行传真：010-82000893/82005070/82000270
印 刷：北京中献拓方科技发展有限公司	经 销：各大网上书店、新华书店及相关专业书店
开 本：787mm×1092mm 1/16	印 张：16.75
版 次：2014 年 4 月第 1 版	印 次：2014 年 4 月第 1 次印刷
字 数：270 千字	定 价：49.00 元

ISBN 978-7-5130-2436-5

前　言

随着我国水电建设事业的发展,我国西南山区规划兴建了一批大型水电站地下厂房洞室群。该地区位于板块交界处,地震频发。地下洞室群的抗震特性直接关系到电站结构的正常运行和生产人员的生命安全,受到国内外工程师和学者的普遍关注。我国地震工程学发展相对较晚,相关规范并未对地下洞室群地震响应问题分析给出指导性方法。目前各设计院、科研院所在地下洞室群抗震设计计算中,一般沿用地面结构的分析思路,多采用拟静力法、反应谱法或时程法。拟静力法和反应谱法在地下洞室群地震响应分析中均存在一些理论上的局限性。时程法在理论上是一种有效途径,但在实际工程中应用相对较少,尚处于理论探索和实践经验积累阶段。目前国内相关研究多是在 FLAC3D、ABAQUS、ANSYS 等国外商业软件的平台上进行的。其软件功能、二次开发接口和知识产权的制约,使得我们在研究地下洞室群地震响应的某些特定问题时很难求解,迫使我们有必要开发针对地下洞室群抗震稳定动力时程分析的拥有自主知识产权的计算程序。

本书针对地下洞室群抗震安全问题,以地震灾变中洞室群岩体的动力响应机理为基础,以地下洞室群动力时程分析方法为核心,以开发大型地下洞室群地震灾变模拟系统为途径,以地震灾变中地下洞室群围岩稳定优化控制为目标,通过紧密围绕三维动力时程分析方法和地下洞室群地震响应机理这一研究主线,开展了系统性的研究工作。具体内容如下:

第一章绪论,主要由张志国、牟春来、邵年编写。首先简要介绍了我国目前地下洞室群抗震计算中的常用方法及其优缺点,然后从三维地震波动场的求解、人工边界的设置、抗震支护措施的作用机理及模拟、地震灾变过程中洞室群围岩稳定评判准则等四方面详细论述了地下洞室群动力时程法的研究现状。

第二章三维地震波动场的有限元求解,主要由张志国编写。详细推导了显式有限元数值积分过程,并给出主要方程的矩阵表达及数值求解,构建了显式动力有限元求解的基本框架;在讨论地震灾变中岩体材料在高应变率下的材料强化特性和循环荷载作用下材料的疲劳损伤劣化特性的基础上,推导了考虑应变率的摩尔库伦准则,并建立了三维弹塑性损伤非线性动力本构模型,阐述了该本构模型在显式有限元计算中的应力修正方法，为地下洞室岩体抗震分析提供了一种新的本构模型；针对显式有限元动力时程计算中耗时长的问题，本书提出"开源节流"的方法以加快求解速度。以该思路进行程序优化后，百万单元的 20 s 持时动力时程计算在小型工作站上可在 3 天之内完成求解，大大提高了求解速度，满足工程设计的时效要求。

第三章动力时程分析中地下洞室群的人工边界，主要由张志国编写。针对竖直向和斜向入射情况下地下洞室群地震波动场的分布特性，提出了动力时程分析中洞室群模型人工边界的设置理论和计算方法，确保了有限元模型人工边界处计算波场的精度。

第四章动力时程分析中地下洞室支护分析方法，主要由张志国、陈俊涛编写。针对显式有限元计算中锚杆、锚索等支护措施求解速度慢，计算耗时长的问题，根据地震过程中柔性支护措施的作用机理，建立了显式动力有限元计算中锚杆、锚索等支护措施的快速计算模型，合理反映了锚固支护措施在围岩抗震中的作用；针对拟静力法、反应谱法和动力时程法的理论特性，研究各种计算方法在地下结构抗震计算中的适用性，并建议在地下厂房结构抗震计算中采用时程法。

第五章动力时程分析中地下洞室群前处理技术探讨，主要由张志国、牟春来、邵年编写。探讨了地下洞室群动力时程计算前处理技术，并针对复杂地质模型网格划分技术，将隐含断层数学模型引入到显式有限元动力时程计算，阐述了其在显式有限元中的计算理论，为复杂断层的动力时程计算提供了一种有效途径。

第六章地下洞室群动力时程计算前后处理软件设计，由陈俊涛编写。针对地下洞室群有限元建模的特点，提出了地下洞室三维有限元系统的面向对象的设计与实现。主要包括在 OpenGL 函数库的基础上开发的前处理和后处理模块。

第七章工程应用及围岩稳定评价，主要由张志国、牟春来、邵年编写。针对地下洞室地震灾变分析中的特定问题，基于上述系列研究成果，采用 FORTRAN90 程序语言，开发了大型地下洞室群地震灾变模拟系统 SUCED(Simulation of Underground Caverns in Earthquake Disaster)，并详细介绍了该程序在我国西南某大型水利枢纽左右岸地下厂房及进出口边坡抗震计算中的应用情况。

在本书的编写过程中，参与具体工作的还有刘嫦娥、杨阳、张雨霆。

由于时间仓促，作者水平有限，书中错误、纰漏之处在所难免，敬请广大读者批评指正。

作者

2013 年 4 月

目　录

第一章　绪　论 ……………………………………………………（1）

1.1 研究背景 ………………………………………………………（1）

1.2 研究现状 ………………………………………………………（4）

　　1.2.1 三维地震波动场的求解 …………………………………（4）

　　1.2.2 人工边界的设置 …………………………………………（9）

　　1.2.3 抗震支护措施模拟 ………………………………………（10）

　　1.2.4 地震灾变过程中洞室群围岩稳定评判准则 ……………（11）

1.3 研究内容 ………………………………………………………（12）

第二章　三维地震波动场的有限元求解 …………………………（14）

2.1 有限元积分格式的选择 ………………………………………（15）

　　2.1.1 网格坐标描述选择 ………………………………………（15）

　　2.1.2 求解方式选择 ……………………………………………（16）

　　2.1.3 拉格朗日法选择 …………………………………………（18）

2.2 更新拉格朗日显式有限元程序设计 …………………………（18）

　　2.2.1 波动微分方程显式求解 …………………………………（18）

　　2.2.2 率本构积分算法 …………………………………………（20）

　　2.2.3 主要变量求解 ……………………………………………（22）

　　2.2.4 更新拉格朗日显式有限元程序实现 ……………………（26）

　　2.2.5 程序验证 …………………………………………………（27）

2.3 工程岩体动力弹塑性损伤本构模型 …………………………（28）

　　2.3.1 地震动荷载作用下围岩特性 ……………………………（28）

　　2.3.2 地震动荷载作用下围岩弹塑性损伤本构的建立 ………（31）

　　　2.3.3 弹塑性损伤本构的显式有限元计算方法 ……………… (39)

　　　2.3.4 程序验证 ……………………………………………… (41)

　2.4 显式动力有限元计算机高效求解 ………………………… (43)

　　　2.4.1 显式动力有限元的并行计算 …………………………… (44)

　　　2.4.2 单多高斯点混合积分 …………………………………… (54)

　2.5 本章小结 …………………………………………………… (63)

第三章　动力时程分析中地下洞室群的人工边界 …………… (64)

　3.1 人工边界概述 ……………………………………………… (65)

　　　3.1.1 全局人工边界 …………………………………………… (66)

　　　3.1.2 局部人工边界 …………………………………………… (66)

　3.2 地下洞室群人工边界的有限元实现 ……………………… (68)

　　　3.2.1 粘弹性人工边界 ………………………………………… (69)

　　　3.2.2 自由场人工边界 ………………………………………… (76)

　3.3 地下洞室群人工边界的设置 ……………………………… (82)

　　　3.3.1 竖直入射时人工边界的设置 …………………………… (83)

　　　3.3.2 斜入射时人工边界的设置 ……………………………… (91)

　3.4 本章小结 ………………………………………………… (100)

第四章　动力时程分析中地下洞室支护分析方法 ………… (101)

　4.1 锚杆支护模拟 …………………………………………… (101)

　　　4.1.1 锚杆作用机理及力学模型 …………………………… (102)

　　　4.1.2 锚固单元动力显式有限元计算方法 ………………… (106)

　　　4.1.3 工程实例 ……………………………………………… (110)

　　　4.1.4 小结 …………………………………………………… (114)

　4.2 地下厂房结构的抗震计算 ……………………………… (115)

　　　4.2.1 三种抗震设计方法介绍 ……………………………… (116)

　　　4.2.2 映秀湾地下厂房结构震害调查 ……………………… (119)

　　　4.2.3 计算分析及比较 ……………………………………… (122)

　　　4.2.4 小结 ·· (127)

　　4.3 本章小结 ·· (128)

第五章　动力时程分析中地下洞室群前处理技术探讨·········· (129)

　　5.1 地震动荷载 ·· (129)

　　　5.1.1 地震动三要素 ···································· (130)

　　　5.1.2 设计地震动 ······································ (134)

　　　5.1.3 地下洞室群输入地震波时程 ······················ (137)

　　5.2 有限元建模 ·· (140)

　　　5.2.1 显式动力有限元网格的尺寸要求 ·················· (140)

　　　5.2.2 显式有限元计算中隐含断层模拟 ·················· (144)

　　5.3 本章小结 ·· (153)

第六章　地下洞室群动力时程计算前后处理软件设计············ (154)

　　6.1 有限元系统基础类库的设计 ···························· (154)

　　　6.1.1 动态链接库的概念 ······························ (155)

　　　6.1.2 地下洞室三维有限元系统基础类库的内容 ·········· (155)

　　　6.1.3 基础类的设计 ·································· (157)

　　6.2 地下洞室面向对象的前处理程序设计 ···················· (172)

　　　6.2.1 地下洞室三维有限元的可视化快速建模 ············ (172)

　　　6.2.2 锚杆锚索信息的组织 ···························· (178)

　　　6.2.3 OpenGL 平台下的网格显示 ······················ (181)

　　6.3 有限元后处理的面向对象设计 ·························· (188)

　　　6.3.1 地下洞室三维有限元后处理的内容 ················ (188)

　　　6.3.2 光滑空间等值线的绘制 ·························· (188)

　　　6.3.3 空间矢量图的绘制 ······························ (195)

　　　6.3.4 塑性开裂区的绘制 ······························ (195)

　　　6.3.5 应力分布图的绘制 ······························ (196)

　　　6.3.6 变形示意图的绘制 ······························ (197)

6.4 本章小结 ·· (198)

第七章 工程应用及围岩稳定评价 ························· (200)

7.1 工程区地震波荷载确定 ······························· (200)

7.1.1 地震波的选取 ································· (201)

7.1.2 阻尼设定 ···································· (202)

7.1.3 滤波及基线校正 ······························· (203)

7.1.4 入射时程荷载 ································· (204)

7.2 右岸地下厂房洞室群抗震围岩稳定分析 ················· (204)

7.2.1 工程概况 ···································· (205)

7.2.2 围岩抗震稳定分析 ··························· (208)

7.3 左岸进水口边坡抗震稳定分析 ······················· (225)

7.3.1 工程概况 ···································· (226)

7.3.2 围岩抗震稳定分析 ··························· (227)

7.4 小结 ··· (235)

第八章 结 论 ·································· (236)

参考文献 ··· (239)

第一章 绪 论

1.1 研究背景

随着国家"西部大开发"、"西电东送"和"南水北调"等战略的实施,我国西部水电开发强度前所未有,在建和即将兴建的一批大型、特大型水电工程都处在西南、西北地区的崇山峻岭中,均需在复杂地质条件下开挖岩质高边坡、建设大规模地下洞室群或超长深埋隧洞。例如,目前世界最大的地下洞室群——溪洛渡地下洞室,主厂房尺寸达到 443.34 m×75.6 m×28.4 m(下部尺寸),最大埋深约为 550 m。另外,高放射性核废物的深部地质处置工程、交通和深部采矿等都涉及地下洞室群建设。西南地区水电资源丰富,但地处板块交接处,地震频发。西藏、四川、重庆、云南、贵州等西南地区地震基本烈度大多在 Ⅶ 度以上,而水利枢纽所在的高山峡谷地带,地震烈度多在 Ⅷ 度以上。地下洞室工程的抗震特性直接关系到建筑物的正常运行和生产人员的生命安全,受到国内外工程师和学者的普遍关注。尤其是"5.12"汶川大地震[1,2]造成震中区域的映秀湾、渔子溪和耿达等水电站地下厂房严重受损,洞室局部垮塌,尾水洞错动塌方,更加表明地下洞室的抗震安全问题不容忽视。

我国地震工程学发展较晚,相关规范并未对地下洞室群地震响应问题分析给出指导性方法。目前各设计院、科研院所在地下洞室群抗震设计计算中,一般沿用地面结构的分析思路,多采用拟静力法、反应谱法或时程法[3-5]。但将地面结构的分析方法用之于地下洞室群,存在着众多的难点和不合理之处。

(1)拟静力法,又称波动场应力法,考虑了地震动荷载最大加速度和卓越周期对洞室围岩稳定的影响。但该方法将整个洞室群工程区看做质点,认为整个工程区处于同一波动状态,而未考虑洞室群工程区内地震波动场的分布规律及洞壁的相对变形。而对于大型地下洞室群来讲，这种相对变形恰恰是地震灾变中洞室围岩失稳的主要原因。如，汶川地震中的映秀湾水电站地下厂房洞室群灾后调查表明，其主厂房整体抬升0.725 m，但由于其蜗壳层以上洞室高度最大仅有15.3 m，且有机墩及梁系结构支撑，相对变形较小，地震中未出现围岩失稳（图1.1-1）。但进场交通洞距离较长，沿轴向相对变形较大，边墙衬砌出现明显的错动裂缝，局部围岩失稳（图1.1-2）。可见，拟静力法并未能反映造成地震灾变中洞室围岩失稳的主要因素，在地下洞室群地震响应计算中存在理论上的局限性。

图1.1-1　映秀湾地下洞室群主厂房　　　图1.1-2　映秀湾地下洞室群交通洞

（2）反应谱法是在拟静力法基础上发展起来的一种频域分析方法，有多种计算形式。目前应用较广的主要是振型分解反应谱法。它通过反应谱考虑了地震动荷载的幅值（最大加速度）、频谱等特性，通过振型分解考虑了结构的自振频率、振型和阻尼等结构的动力特性。其在分析地面弹性结构地震响应方面具有成熟的理论体系，是我国地面结构抗震计算的主要方法之一。但地下洞室群赋存于山体之中，属于半无限域介质体，没有自振频率或振型等有形结构体的动力特性。这失去了反应谱法应用的基本条件，或者说，反应谱法适用于求解结构的振动问题，而地震灾变中地下洞室群的动力特性表现为地震波在半无限域中的传播，属于近场波动问题。因此，地下洞室群的地震响应问题不满足反应谱法应用的基本条件，不能采用反应谱法求解。

（3）时程法是随着计算机积分求解技术的发展而广泛推广的一种时域分析方法。该方法通过计算机数值积分算法完成对洞室群工程区地震波动场微分方程的求解,真实模拟地震灾变中洞室群的地震响应过程。该方法考虑了地震动荷载的幅值、频谱、持时等三大特性,适于求解近场波动问题,是近几年地下洞室群地震响应分析中最为流行的方法。但其在实际工程应用中依然存在很多问题和难点,归纳起来有:①由于地震发生的时间、地点、强度的难以精确预测性,致使工程分析地震波时程曲线难以合理确定;②深埋洞室赋存的岩体介质非常复杂,尚未有普遍认同的岩体本构和力学模型用于波动场的数值求解;③地下洞室群抗震支护措施的作用机理和抗震设计理念尚未有普遍认识;④由于其人工边界、支护模拟等较为复杂,不同的研究人员采用不同的程序(如 FLAC3D、ABAQUS、ANSYS等)可能得到差异很大的计算结果。总体看来,时程法是解决地下洞室群地震响应问题分析的有效途径之一,但其众多理论尚处于研究阶段,在实际工程中应用时间较短,工程设计实践经验较少。

目前,我国很多实际工程的动力时程抗震分析主要是在 FLAC3D、ABAQUS等商业软件的平台上进行。这些软件为工程分析提供了统一、快捷、方便的计算平台,但在大型地下洞室的地震灾变过程精细化模拟中,依然存在很多的问题。有些可以通过以上商业软件的二次开发平台弥补,而有些个别问题则很难通过商业软件解决。如,百万级单元的大型机群并行计算、不同入射条件下人工边界的设置、锚杆锚索等柔性支护措施的模拟和快速求解、复杂断层的模拟等。

综上所述,地下洞室群的抗震问题关系到我国众多大型工程的安全运行,研究意义非常重大。拟静力法、反应谱法等结构抗震计算方法在地下洞室群地震响应问题分析中具有理论上的局限性。时程法在理论上是一种有效途径,但在实际洞室群工程应用中存在很多问题和难点,尚处于理论探索和实践经验积累阶段。目前国内相关研究多是在 FLAC3D、ABAQUS、ANSYS 等国外商业软件的平台上进行的。其软件功能、二次开发接口和知识产权的制约,使得我们在研究地下洞室群地震响应的某些特定问题时很难求解。为此,本书针对地下洞室群地震响应问题,以地下洞室群动力时程分析方法为核心,从波动场的有限元求解、人工边界设置、支护措施模拟、地震波荷载确定、围岩抗震稳定评价等五方面进行了系统研究,开发了大型地下洞室群地震灾变模拟系统 SUCED(Simulation of Underground Caverns in Earthquake Disaster),并在国内众多工程实践中试应用,以期对我国地下洞室群的地震响应计算方法和抗震设计理论做出贡献。

1.2 研究现状

为解决动力时程法在地下洞室群地震响应分析中的难题,开发大型地下洞室群地震灾变数值模拟平台,需要解决的关键科学问题和技术主要表现在以下几个方面:①三维地震波动场的求解;②人工边界的设置;③抗震支护措施的作用机理及模拟;④地震灾变过程中洞室群围岩稳定评判准则。

围绕上述关键科学问题,国内外研究人员进行了大量的研究工作,分述如下。

1.2.1 三维地震波动场的求解

1.2.1.1 波动微分方程的数值求解

地下洞室群地震响应问题属于近场波动问题,其工程区波动场的时域求解是围岩抗震稳定分析的基础。对于不同的介质假定,工程区波动场的运动微分方程有不同的表达形式和求解方法。若假定洞室群赋存岩体为非连续介质,整个工程区离散为有限个刚性块体,并且各块体的运动状态遵循牛顿运动学定律和能量守恒原理。对于非连续介质的波动求解,其代表性方法是 DDA[6]。张瑞青[7] 等采用 DDA 算法模拟了 1975 年海城和 1999 年岫岩地震的发生过程;陈祖安[8] 等模拟了 1997 年玛尼地震对青藏川滇地区构造块体系统稳定性的影响。这些研究均是采用 DDA 程序研究地震的震源机理和发震过程,而采用 DDA 研究边坡、洞室群等岩体工程的地震响应则较少。中科院岩土所张勇慧研究员在完成"大型地下洞室群地震灾变机理与过程研究"国家重点基金时,对采用 DDA 求解地下洞室群地震波动场进行了系统研究,提出了与 DDA 算法相结合的人工边界设置及地震波入射方法。若假定洞室群赋存岩体为连续介质,整个工程区波动场可用波动学基本微分方程描述。对于连续介质体的微分方程求解,其代表性方法是有限元法[9](FEM)。近几十年中有限元法在世界范围内得到广泛的研究和应用,其中动力求解部分更是成果丰硕。从波动微分方程积分求解的途径来看,动力有限元求解的研究主要可分为两大类:显式求解和隐式求解。这两种算法显著区别在于是否形成刚度矩阵并对其进行求逆运算。显式求解代表性算法是中心差分法,代表性商业软件有 LS-DYNA[10]、FLAC[11]、ABAQUS/Explicit[12]等；隐式求解代表性算法有 Houbolt 法、Newmark 法、Wilson θ 法等，代表性商业软件有 ANSYS[13]、ADINA[14]、ABAQUS/Standard[12]等。从这些商业软件的核心求解器看，其在数值稳定、计算精度、求解效率等方面均已达到很高的水平。但商业软件要考虑客户群体的广泛性，使其很难针对地下洞室群工程的动力响应问题提供特定性功能。而其提供的二次开发接口为保障与核心求解器的一致性，往往做出众多繁杂的限制，使我们针对具体问题的二次开发实现较为困难，甚至有些问题根本无法通过二次开发求解。为突破国外大型商业有限元软件的制约，我国众多学者研究开发了自主的有限元程序。其中动力有限元方面代表性的有：国家地震局工程力学研究所杨柏坡、廖振鹏[15]、李小军[16]、杜修力[17]、刘晶波[18]等研究开发并各自发展的二维显式有限元计算程序，清华大学张雄[19]编写的 EFEP90 三维显式有限元计算程序等。其中地震工程力学研究所的程序主要用于波动场求解，研究地壳中地震波的传播规律，并未考虑锚杆等工程支护措施的模拟；张雄的 EFEP90 程序主要借鉴 DYNA 的初期版本编写，采用单高斯点积分，主要求解碰撞、爆破等大变形动力问题。

总体看来，对于波动微分方程的数值求解问题，基于非连续介质假定的 DDA 算法处于研究阶段，尚未有成熟的三维 DDA 动力响应计算程序；基于连续介质假定的 FEM 算法发展较为成熟，但通用商业有限元程序在分析地下洞室群地震响应具体问题时尚有众多不合理之处，且很难通过二次开发解决；国内众多学者编写的显式动力程序均是针对特定的问题，尚没有针对地下洞室群三维地震波动场求解的拥有自主知识产权的程序。

1.2.1.2 岩体非线性动力本构

地震灾变过程中地下洞室群赋存岩体处于循环加卸载状态，岩体的非线性动力本构模型是地震波动场精确模拟的核心。这需要在理论研究的基础上，结合大量的室内、室外试验，建立科学实用的岩石动力本构模型。众多国内外研究人员在该领域进行了卓有成效的探索。

在试验方面，W. F. Brace 等[20]对花岗岩、辉绿岩、白云岩、斑粝岩、橄榄岩和砂岩等六种岩石材料进行了动三轴压缩实验，结果表明六种岩石材料的破坏强度都随着应变速率的增加而增加。K. P. Chong 等[21,22]对含油页岩,鞠庆海等[23]对凝灰岩,Yang C H 等[24]对大理岩进行了不同应变率范围内不同围压下的三轴动加载试验,均得出相似的结论;刘剑飞等[25]对花岗岩材料实施了高应变率动态实验,发现花岗岩材料有很明显的应变率硬化效应和损伤软化效应;我国的李海波[26,27]研究员针对花岗岩进行了单轴压缩、三轴压缩、单轴拉伸和直剪等系列试验,并进行了深入的理论探讨,研究结果表明:①花岗岩的抗压强度随围压的增加明显增加,并且其增加幅度不受应变率的影响;②花岗岩的弹性模型、泊松比与应变率没有明确的关系;③抗压强度随应变率增加主要是因为粘聚力的增加,而内摩擦角基本不受应变率影响。

在理论研究方面:Zhao J 等[28]通过粘弹性模型来解释页岩在压缩载荷作用下应变速率与岩体强度的相关特性;D. E. Grady[29]认为,岩体内部的裂纹发展是影响岩体强度的内在因素,而裂纹是否扩展与应变率有直接关系。在静力(或低应变率)情况下,岩体内部低应变率水平下被激活的裂纹和高应变率水平下被激活的裂纹会依次扩展、破坏,而在动力(或高应变率)情况下,岩体内部不同应变率水平下被激活的裂纹会同时扩展、破坏,这样就需要消耗外力功,来促使高应变率水平的裂纹破坏,从而表现为岩体材料强度的增加。K. Masuda[30]、G. Swan[31]通过对动态加载后花岗岩和页岩试件裂纹的电镜观察证实了 D. E. Grady 的假定。李夕兵等[32]将统计损伤模型和粘弹性模型相结合,建立了中应变率下岩石三维动力本构模型;钱七虎等[33]探究了岩体强度与应变率相互影响的物理机理,认为在不同应变率阶段,不同的机制起主导作用。如图 1.2-1 所示,在 I 阶段变形的热活化机制为主导;在 II 阶段粘性阻尼机制起主导作用;在 III 阶段热活化机制又重新出现,惯性效应起主导作用。该机制与 D. E. Grady[29]对花岗闪长岩和白云石的加载试验结果较为吻合(图 1.2-2)。在对强度与应变率相互影响机制的认识基础上,钱七虎院士提出了复杂应力状态下考虑强度应变率效应的莫尔库仑本构模型,表达式如下:

$$\sigma_1 = \frac{1+\sin\varphi}{1-\sin\varphi}\sigma_3 + \left[\sigma_{YS}^C + \frac{b\left(\dot{\varepsilon}/\dot{\varepsilon}_s\right)^n}{\left(\dot{\varepsilon}/\dot{\varepsilon}_s\right)^n+1}\right]e^{A\alpha} \qquad 式(1.2-1)$$

其中,σ_1 和 σ_3 为第一、三主应力,φ 为内摩擦角,σ_{YS}^C 为单轴抗压强度,b、n、A

为材料常数，$\alpha = \mu/1 - \mu, \mu$ 为泊松比。

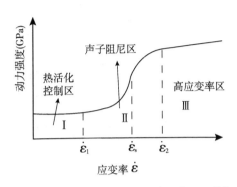

图 1.2-1 强度对于应变率依赖机理[33]

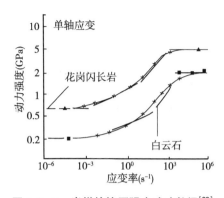

图 1.2-2 岩样的抗压强度试验数据[29]

总体看来，随着动力加载试验设备的发展，众多学者进行了多种岩石材料的动力加载试验，并得出一些有益结论。在试验基础上，国内外研究人员试图从应变率影响机制、微观裂缝与宏观破坏、损伤及粘弹性模型等多种角度揭示应变率对岩体材料特性的影响机理，建立合理的数值本构模型。目前提出的几种动力本构，均从一定角度反映了岩体的动力特性，但在地下洞室群动力响应分析中存在一定局限性，尚未得到学术界和工程界的一致认可。如，李夕兵等提出的岩石动静组合加载动力本构模型，未能反映应变率对强度的影响；钱七虎院士提出的考虑强度应变率效应的莫尔库仑本构模型，需要大量的试验数据以便确定其特定的参数，给实际工程应用带来很大的不便。

1.2.1.3 动力计算程序的求解速度

大型地下洞室群地震响应计算中三维波动场的求解速度直接关系到动力时程法的实用性。目前波动场的求解无论是隐式算法还是显式算法，均存在计算量大，求解耗时长的问题。这不但使得动力时程分析费用非常高昂，而且也不能给工程设计提供及时的指导。该问题的症结在于计算量大。如，显式求解是有条件稳定算法，其时间步长受单元网格特征尺寸和计算精度的限制，往往取值较小，一般在 $10^{-3} \sim 10^{-5}$ s 范围内。这使得在时间轴上的逐步积分的次数常常在百万次左右；隐式求解虽然是无条件稳定算法，其时间步长只需满足时间离散方面计算精度，较显式求解的时间步长要大，有时可达到 1 000 倍，这样无疑大大减少了沿时间轴的积分次数。但在岩体的非线性本构计算时,每时步积分前需重新组装、分解刚度矩阵,而这对计算机 CPU 和内存的消耗量都是巨大的。针对动力时程计算的求解速度问题,国内外的很多学者从计算理论上和计算机技术上进行了广泛研究。

在计算理论方面:众多研究的目标是从理论上尽量减少计算量。从其解决途径上,可分为积分区域和积分算法两大类。在积分区域方面最具代表性的是动力子结构法[31-33]。该方法的基本思想是将不同时间步长区域的单元在时间轴上进行单独离散,并在特定的时间点进行区域间信息交换。如,某模型 A 区域的时间步长为 0.01 s,B 区域的时间步长为 0.001 s,积分总时长为 1 s。则首先对 A 区域积分一次到达 0.01 s 时刻,然后对 B 区域积分十次,同样到达 0.01 s 时刻,此时对两区域边界信息进行交换,再进行下一步积分。在实际计算中,对于时间和空间离散上的不一致问题,可采用插值算法完成。动力子结构法通过对积分区域的细分,减少了部分区域的积分次数,从而降低了总的计算量;在积分算法方面,LS-DYNA[10]采用单高斯点积分并采用沙漏阻尼力修正结点力。该方法计算量减小显著,但波动场的计算精度降低较大。FLAC3D[11]采用高斯散度原理积分,较有限元常用的高斯点积分,计算量有所减少,计算精度基本能满足工程要求,是目前较为流行的一种显式积分格式。我国的钟万勰[37-39]院士将 Langrange 体系下的波动方程转入 Hamilton 体系,在时域上给出以积分形式表达的半解析解,若能合理处理其中的积分和矩阵指数函数,则可建立一种高精度、高效率的时域求解方法。

在计算机技术方面:除了 CPU、内存、总线等计算机硬件设施的快速发展外,计算机并行技术的发展也在很大程度上提高了计算效率。目前技术成熟、应用较多的并行算法主要有共享内存式(OPENMP)和分布存储式(MPI)。OPENMP[40]技术目前已嵌入到很多编译平台(如 VS2008),该技术使得多个 CPU 同时完成计算任务,但需采用共享的内存空间,适用于细粒度问题在单台多核计算机上求解;MPI[41]技术是一种独立的程序通信协议库,有多种程序语言形式(如 C、fortran 等),该技术使得多台计算机或计算结点同时完成计算任务,并独立使用自己的内存空间,并通过数据总线交换数据,适用于粗粒度问题在大型机群上求解。目前的 FLAC3D、ABAQUS 等均已采用了上述并行方式,但受知识产权限制,客户一般需花费额外费用购买其并行模块及最大允许的并行机数。

总体看来,实际工程中动力时程求解耗时长的问题很大程度上制约了动力时程算法的推广和应用。众多学者从减少计算量和计算机技术等方面进行了研究。但这些研究成果多体现在国外的商业有限元软件中,很大程度上制约了我国实际工程问题的求解。积分理论算法上的一些思路非常值得我们在自主开发程序时借鉴。同时,我们有必要将先进高效的计算机技术引入到自主程序中。

1.2.2 人工边界的设置

人工边界设置是近场波动问题求解中的重点和难点。人工边界是将工程区无限域介质进行有限化处理而人工虚设的边界。人工边界主要模拟有限元模型与无限域的波场交换。自 20 世纪 60 年代,国内外众多学者对此进行了深入研究。从研究内容来看,主要可分为人工边界的模拟算法和人工边界的设置。

在人工边界的模拟方面:我国的廖振鹏[42-46]及其合作者在 20 世纪 80 年代提出了时空解耦的多次透射人工边界,其外行波由有限域内结点位移递推得到。在往后的 20 年中,其在透射边界的高阶精度,在数值模拟计算中的稳定性,在实际工程中的应用等方面进行了深入研究;Deeks 和 Randolph[47,48]在轴对称边界情况下提出了粘弹性边界。该边界采用弹簧+阻尼器系统模拟有限元模型向无限域散射波场的透射。刘晶波[49]、杜修力[50]等将其扩展到非轴对称情况,并应用到多种商业有限元软件中,取得了较好效果;Engquist-Majda 边界[51,52]采用 Padé 有理近似代替波动方程的单向频散关系,然后进行时域变换,得到外行波动方程;Higdon 边界[53,54]含有一组与外行波透射角度相关的可调参数,能够吸收以同一波速传播并以不同角度透射的若干外行平面波。该边界在理论上能完全吸收多种角度透射的外行波,但在实际有限元计算中是很难区分波的传播方向的,往往以透射边界法向波为主;商业软件方面,FLAC3D 提供了动力计算的粘性人工边界,ABAQUS 提供了无限元人工边界用于吸收外行波,此外很多研究者通过商业软件提供的弹簧和阻尼器元件,将粘弹性人工边界引入到商业软件中(如,陈万祥等[55] LS-DYNA,张燎军等[56] ADINA,徐磊等[57] ABAQUS,孔戈等[58] ANSYS)。

人工边界设置主要是根据地震灾变中具体工程区截断边界处波动场的分布

特征,在模型边界采用合理的人工边界算法。李宏恩等[59]结合双江口水电工程研究了土石坝动力分析中粘弹性人工边界的设置;杜修力等[17]研究了考虑库水压力作用下拱坝–地基系统地震分析中人工边界的设置;张小玲等[60]研究了海底管线地震分析中人工边界的设置;谯雯等[61]研究了防洪堤动力分析中人工边界的设置;徐海滨等[62]研究了地震波斜入射情况下高拱坝地震分析中人工边界的设置;苑举卫等[63]研究了地震波斜入射情况下重力坝地震分析中人工边界的设置。

总体看来,随着工程波动理论的发展,人工边界在计算理论、透射精度等方面均有了很大发展。粘性人工边界、无限元人工边界等计算模型也在商业有限元中实现,并在众多实际工程分析中应用。国内外一些学者也针对不同建筑物的波动场分布特征,研究了人工边界的设置方法。但针对地下洞室群地震波动场分布特性的人工边界设置研究还相对较少。

1.2.3 抗震支护措施模拟

抗震支护措施设计是地下洞室群地震响应分析的落脚点。抗震支护措施的合理模拟是对洞室群围岩抗震设计优化的基础。目前,地下洞室围岩抗震措施主要采用锚杆、锚索等柔性支护措施,对于局部地质缺陷地段采用混凝土置换、全断面砼衬砌等刚性支护。随着喷锚支护技术的发展,国内外学者对连续岩体和非连续岩体中的锚杆、锚索等进行了大量室内、现场试验,得出了很多有益结论,并结合试验数据,经过系统的理论分析,从不同角度揭示了锚杆、锚索等柔性支护措施的作用机理。根据柔性支护措施的作用机理,很多学者建立了锚杆、锚索等数值计算模型,研究成果丰硕。对于锚固岩体的数值计算模型,从其模拟方法可分为两大类,等效模型和精细化模型。

在等效模型方面,朱维申[64,65]认为锚固岩体较原岩在抗压强度、弹性模量、粘聚力等方面有明显提高,内摩擦角基本不变,因此可通过现场试验或工程经验提高锚固岩体的力学参数,以实现加固岩体的模拟效果;杨延毅[66]基于损伤岩体加筋体的自一致原理,建立了加锚岩体的等效连续介质模型,研究了加锚层状岩体的变形破坏过程。精细化模型是指在严格的力学模型方面,考虑不同支护参数下支护措施的受力和加锚岩体的力学参数变化。主要思路是将锚杆、锚索等看做特定的柱单元,在有限元中参与计算。肖明[67,68]在我国最早提出地下洞室群支护分析中锚杆柱单元模型和预应力锚索模型,该方法将锚杆穿过的有限元单元看成是锚杆柱单元与岩体单元的组合体,并推导了该组合单元的刚度矩阵。该方法较等效模型法,更能合理反映锚杆、锚索等的支护方向、支护间距、预应力等对锚固岩体的影响;陈胜宏[69,70]提出复合单元的概念,并将其应用到砂浆锚杆的分析模型中。该模型考虑了岩体、砂浆、锚杆、岩体–砂浆接触面、砂浆–锚杆接触面等多重介质的受力特点及屈服破坏,并借助阶谱概念将复合单元与常规单元相统一;李宁[71,72]采用摩擦接触型节理单元及绳式锚索单元分别模拟预应力锚杆和锚索;此外,Kharchafi M[73,74],Ferrero[75,76],张强勇[77],雷晓燕[78],漆泰岳[79]等分别对锚杆计算模型进行了一定改进。

由上述可见,随着喷锚支护技术在岩土工程领域的广泛应用,关于锚杆、锚索等柔性支护的锚固作用机理及相应的数值模型均已有了较大发展。目前在抗震支护措施设计理念及抗震支护措施的分析方法方面,均是基于静力情况下对柔性支护措施的认识。虽然地震动力情况与静力开挖情况下,柔性支护措施作用机理有一定的联系,但在地震复杂动荷载作用下,支护措施往往表现出与静力不同的受力状态。如在汶川地震中,局部锚杆被岩体挤压出围岩长达 1 m,其破坏形态与锚杆的拉拔试验相差较大。因此,对地震动荷载作用下岩体工程支护措施机理的研究是一个重要的课题。

1.2.4 地震灾变过程中洞室群围岩稳定评判准则

地下洞室群围岩稳定评判准则是研究地下洞室群围岩稳定的一个核心指标。随着我国大型地下洞室群的大规模兴建,洞室群围岩稳定评判准则也在工程实践与理论研究中取得很大进展。目前,尚未有某一准则可准确描述地下洞室群围岩稳定的情况。但国内外学者随着工程实践和理论计算经验的积累,形成了一系列广受工程师认可的洞室群围岩稳定评价指标。

在工程实践方面,工程师主要根据现场多点位移计、收敛计、声波松动圈测试等监测仪器了解洞室群围岩稳定情况。如,文献[80]规定当围岩的变形速率超

过 2 mm/d,则围岩处于可能失稳状态;在理论计算方面,主要根据有限元各计算
指标描述洞室群围岩稳定特性。在位移指标方面,研究人员多通过工程类比法,
分析某洞室计算位移量的相对大小,并对围岩稳定做出评判;在应力指标方面,分
析人员多采用各屈服准则对应的塑性区来描述围岩的剪切破坏状态,或采用屈服
接近度描述围岩空间应力状态距屈服面的距离,以反映围岩偏应力的调整程度,
从而判别围岩的稳定状态。在早期的有限元计算中,研究人员多认为洞室间塑性
区的贯穿是围岩可能失稳的一个重要标识。但后续的工程实践表明,理论上塑性
区贯穿的隔岩,其围岩并不一定失稳,而且目前国内尚未有先例;在应变指标方
面,研究人员多采用由塑性应变计算的损伤指标,来判断围岩剪切损伤的程度,而
采用拉裂指标、压裂指标等判断围岩发生拉裂破坏和压裂破坏的情况;在计算参
数方面,一些学者将强度折减法引入地下洞室围岩稳定计算中,通过折减系数描
述洞室围岩的承载能力和稳定情况;还有一些学者从有限元非线性迭代理论的角
度,认为在洞室开挖计算中当有限元非线性迭代无法收敛时,围岩处于持续的塑
性流动状态,可能发生失稳;在动力方面,我国的李海波[81]参考《Diffraction of
Elastic Waves and Dynamic Stress Concentrations》中的 Sd 值(P 波作用下孔周环向
应力分量幅值与入射 P 波在其传播方向上的应力强度之比)提出了地下洞室岩体
动应力集中因子代表值的概念,用于描述地震波附加应力场的集中程度。从应力
集中角度描述了地震中地下洞室围岩稳定特性。

总体看来,地下洞室围岩稳定评判准则是一个伴随工程实践发展的核心问
题。随着工程实践和理论计算经验的积累,形成了一系列从不同角度描述洞室开
挖过程中围岩稳定的评判方法。但目前的地下洞室群围岩稳定评判准则多是针
对静力开挖情况下的,对于地震作用下围岩稳定的评判准则研究相对较少。

1.3 研究内容

本书内容涉及地下洞室群三维地震波动场的求解、人工边界设置、锚固支护
措施作用机理和地震动荷载作用下围岩稳定评判准则等方面,其研究以地震灾变
中洞室群岩体的动力响应机理为基础,以地下洞室群动力时程分析方法为核心,
以开发大型地下洞室群地震灾变模拟系统为途径,以地震灾变中地下洞室群围岩

稳定优化控制为目标,通过紧密围绕三维动力时程分析方法和地下洞室群地震响应机理这一研究主线,开展了系统性的研究工作。具体内容如下:

(1)三维地震波动场的有限元求解

研究采用中心差分法进行时间积分的三维波动场微分方程的有限元求解理论;通过资料调查、理论推导等方式,建立考虑动荷载强化和循环荷载疲劳损伤共同作用的岩体动力本构;结合计算机群、小型工作站等计算机硬件发展,研究以MPI 和 OPENMP 为手段的三维地震波动场有限元并行求解方法;以高斯积分为基础,研究显式有限元积分求解中多高斯点混合计算理论。

(2)人工边界设置

研究粘弹性人工边界的物理作用机理,明确其数值计算方法;研究粘弹性人工边界中地震波外源荷载的输入方法;针对地下洞室群不同地震波入射方向下模型边界波动场的分布特征,研究竖直入射和斜入射情况下地下洞室群模型人工边界的设置理论。

(3)抗震支护措施模拟

研究锚杆、锚索等柔性支护措施在地震灾变中的作用机理,建立动力时程分析中锚杆、锚索等柔性支护措施的快速计算模型;研究地震灾变中混凝土衬砌等地下结构的动力响应机理,优化地下结构的各种抗震计算方法,为地下结构的抗震设计理论提出建议。

(4)地震动荷载及建模

研究实际工程计算中地震动荷载的科学确定及处理方法;研究地下洞室群动力时程分析有限元建模中波载频谱、网格尺寸、模型范围等的确定原则及处理方法;研究多条断层穿过下,动力有限元模型的复杂建模方法,将隐含断层理论应用到显式动力有限元计算中。

(5)地震灾变中地下洞室群围岩稳定分析

结合我国西南某大型水电工程,采用本书程序研究地震灾变中地下洞室群围岩稳定特性,优化抗震支护措施。同时采用本书程序研究地震灾变中该工程引水发电系统进水口边坡的围岩稳定特性,说明本书程序在地下洞室外岩体工程应用中的适用性。

第二章　三维地震波动场的有限元求解

地下洞室群埋设于深部岩体中,地震波在地层岩体及工程结构介质中的传播,引起结构振动变形破坏属于近场波动问题。工程区域内地震波的传播及三维波动场的求解是地下洞室工程抗震问题分析的关键。根据波动学理论,工程区域内三维波动场的求解主要是求解空间波动微分方程。对于连续介质,此微分方程常采用两种解法:直接积分法和振型叠加法。直接积分法采用对波动微分方程直接求解的方式,将时间与空间进行离散化处理,运用数值积分对运动方程进行求解,得到介质波动场;振型叠加法是将结构的振动形态进行分解,求出结构固有的振型,即微分方程特征解[82]。结构位移函数通过固有振型的线性组合表示。振型叠加法只适用于能分解为单自由度体系的结构,不能考虑赋存介质的非线性本构特性,不能真实模拟整个波动过程。考虑到地下洞室群赋存于半无限空间介质体中,不存在固有振型,且工程岩体在地震过程中表现出一定的材料非线性特征,地震过程复杂,直接积分法较振型叠加法更适用于地下洞室群三维波动场的求解。综合比较有限元、流形元、无网格法等各种微分方程数值积分方法,有限元法以其在空间离散上的优越性,在波动学、固体力学、流体力学及空气动力学等领域得到广泛应用,已成为运用计算机求解微分方程的主要方法之一。因此,本书程序采用有限元格式的直接积分法求解工程区域内三维波动微分方程。

本章针对工程岩体三维地震波动场的求解问题,采用有限元数值计算理论,以实现对大型复杂地下洞室群地震波动过程高效模拟为目标,重点阐述:①更新拉格朗日显式有限元法求解三维波动微分方程的计算理论;②地下洞室群围岩三维动力弹塑性损伤本构模型;③显式动力有限元计算机高效求解技术。

2.1 有限元积分格式的选择

Ted Belytschko 等著、庄茁等译的《连续体和结构的非线性有限元》一书中,对于不同问题的求解将有限元积分格式分别按照网格坐标描述方式、求解方式进行分类[83]。其中,网格坐标描述分为欧拉法和拉格朗日法,求解方式分为显式和隐式。部分学者也将显式求解称为有限差分法。针对连续介质近场波动场微分方程的直接求解问题,本书程序有限元积分格式的选择依据如下。

地下洞室群深埋于岩体中,在地震灾变中有三大特征:①工程结构及洞室围岩在地震动荷载作用下,会出现剪切塑性、拉裂损伤等破坏,表现出材料的非线性特征;②数值分析范围内的整体洞室围岩区域处于波动状态,出现较大的绝对位移,表现为数值模型的几何非线性;③人为划分的工程区域赋存于周围无限围岩介质中,模型边界存在波场交换,表现为边界条件非线性。因此,本书以能高效解决三种非线性问题作为选择有限元计算坐标描述和求解方式的基本原则。

2.1.1 网格坐标描述选择

有限元计算程序网格描述可分为两大类:拉格朗日法和欧拉法,其各有优缺点。拉格朗日法,其计算模型网格固定在材料上,网格点与材料点在模型的变形过程中始终保持一致。而在欧拉法,计算模型网格固定在空间不动,在变形过程中材料点相对网格点运动。如图 2.1-1 所示的结点运动,可以清楚理解拉格朗日法与欧拉法网格坐标描述的关系。

由图可知,拉格朗日和欧拉法的区别主要表现在结点描述上。采用欧拉法描述,结点与空间点重合;采用拉格朗日法描述,结点与材料点重合。两坐标系各有优势,拉格朗日法因在物体变形运动中,结点始终与材料点重合,不存在相对运动,大大简化了运动方程求解。并且,计算中保障边界材料点始终在边界上,有利于边界非线性与几何非线性问题的求解。欧拉法因单元结点不随材料的变形而改变,计算中不会由于材料的扭曲变形发生精度下降的问题,但需要单独计算结点相对运动项。

通过比较两坐标描述的优缺点,考虑到地下洞室群地震模拟中,网格单元发生严重扭曲变形以至形成负体积的情况较少,更多地体现在工程区域的整体波动和大尺度岩体的相对运动上,因此本书程序采用拉格朗日网格描述法。

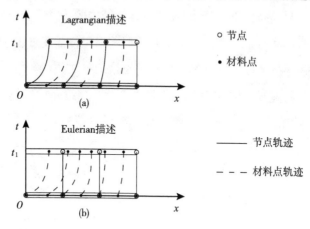

图2.1-1　一维拉格朗日和欧拉网格的空间—时间描述

2.1.2 求解方式选择

根据不同的积分格式,有限元求解分为显式和隐式两大类。一般来讲,波动学、冲击动力学问题、边界非线性问题等主要采用显式算法;静力问题、小变形问题等主要采用隐式算法。从目前国内使用较广的几种岩土工程问题分析商业有限元程序看,采用隐式算法的主要有:ANSYS、ABAQUS/Standard、ADINA 等;采用显式算法的主要有:LS-DYNA、FLAC 等。同时,ABAQUS 为求解动力瞬态问题,推出了 ABAQUS/Explicit。国内外学者在分析爆破动力学问题时,多采用 LS-DYNA;在分析地震波动学问题时,多采用 FLAC 和 ABAQUS/Explicit。商业软件的成功之路和广大工程师的普遍选择,说明了显式有限元在动力问题求解中的优越性。

笔者在程序的编写前期,曾花费大量时间和精力尝试在现有三维弹塑性隐式有限元的框架下,采用 Newmark 积分法,进行地下洞室群的波动场求解。虽然在围岩弹塑性动力本构、有限元迭代求解方面取得一定进展,但在人工边界及地震输入方法、围岩损伤累积计算、局部接触算法等方面遇到了较大困难。而后,采用显式积分算法,则较好地解决了这些问题。分析主要原因有:①显式积分本身采用动态过程计算,计算时间表示真实的物理时间,以单元积分点为独立单位,理论简单,物理概念明确,反映真实的应力调整过程,便于编程计算;②各单元积分点应力的独立修正,便于塑性屈服和损伤计算;③显式积分不组装总体刚度矩阵,便于将局部不连续接触问题转换为边界位移、边界外力等边界非线性问题。此外,在计算机硬件要求、计算效率等方面,显式与隐式解法也存在很大区别。两方法特点比较见表2.1-1。

表2.1-1　显式方法和隐式方法的比较

编号	显式方法	隐式方法
1	代表程序有 LS - DYNA、FLAC、ABAQUS/Explicit,多用于求解动力瞬态问题、波动问题。	代表程序有 ANSYS、ABAQUS/Standard、ADINA,多用于求解静力问题。
2	求解过程简单明晰,对材料非线性及边界条件非线性适应性强。	总体刚度矩阵一旦形成,很难在计算过程中对单元属性及整体刚度矩阵进行修改。
3	无需形成总体刚度矩阵,内存占用少,计算耗时长。	需要形成总体刚度矩阵,内存占用多,计算耗时短。
4	计算稳定受时间步长限制,计算耗时长。	无条件稳定,时间离散步长大,时间轴上迭代次数少。

借鉴商业有限元程序的成功经验,结合地下洞室群地震灾变模拟中的实际问题,经多种尝试后,考虑到显式求解方法在处理几何非线性、边界条件非线性以及介质结构接触方面的较大优势,求解灵活,对实际复杂力学模型求解适应性强,本书程序采用显式有限元求解法。

同时,应该注意到显式有限元与隐式有限元相比,在求解算法上存在两大弊端:一是在静力问题分析中,显式有限元积分中的截断误差和迭代计算的数值误差累积,造成计算精度较隐式解法低;二是显式计算为条件稳定算法,在地震波动场微分方程求解中,计算时间步受模型网格尺寸限制,往往维持在 $10^{-3} \sim 10^{-5}$ s 之间,计算量大,耗时长,对计算机 CPU 有较高要求。对于第一点,笔者曾将开发的显式程序与隐式程序的静力计算结果进行了详细对比,其位移相差在 10^{-8} m 量级之内。对于地震中的洞室围岩,绝对位移大多在 10^{-2} m 量级以上,其计算精度能满足工程分析要求;对于第二点,笔者从积分方法和求解流程上,对显式求解进行了优化,计算效率提高 80%,与 ABAQUS/Explicit 程序处于同一量级(详见 2.4 节)。

2.1.3 拉格朗日法选择

拉格朗日法可以分为两大类:更新拉格朗日格式(updated Lagrangian formulation)和完全拉格朗日格式(total Lagrangian formulation)。两者都采用拉格朗日描述,即相关物理量都看做是物质坐标 X_i 和时间 t 的函数。前者取现时构形为参考构形,微分方程的积分是在现实构形上进行的;后者取初始构形为参考构形,微分方程是在初始构形上进行的。两者主要是数值积分格式上存在差别,在物理意义上无本质差别。D. R. J 欧文、E. 辛顿 所著的《塑性力学有限元——理论与应用》中关于"瞬变动态问题分析"所给出的有限元程序,即采用完全拉格朗日格式求解[84]。笔者曾分别采用两种积分格式,编制了有限元计算程序,从计算效率、计算精度等方面对两种积分格式进行了详细对比,结果表明两种积分格式计算结果几乎完全一致。但更新拉格朗日格式采用现实构形作为参考构形进行积分,编程格式设计更为简洁明了,本书程序采用更新拉格朗日格式。

2.2 更新拉格朗日显式有限元程序设计

2.2.1 波动微分方程显式求解

地震波动场的求解需满足质量守恒、动量守恒、能量方程、边界条件及初始条件等方程。上述方程统一推导,可建立拉格朗日法的运动微分方程[19]:

$$M\ddot{a} = f^{\text{ext}} - f^{\text{int}} - C\dot{a} \qquad\qquad 式(2.2-1)$$

式中:M 为质量矩阵,在本书程序中采用集中质量矩阵形式;C 为阻尼矩阵;f^{ext}、f^{int} 分别表示结点外力和结点内力;$\ddot{a}$、$\dot{a}$ 分别表示加速度和速度矩阵。

本书程序采用显式中心差分法求解上式。中心差分法是条件稳定的算法,其临界步长取决于单元的特征长度。在静力计算等小变形问题中,单元形状变化不大,可在时步计算前确定同一的时间步长。对于地下洞室群地震分析,围岩、衬砌结构及断层接触面局部单元可能出现较大变形,我们在程序中需每迭代步计算系统临界时步,并进行相应调整,采用变步长的中心差分法,确保计算稳定。以下简要介绍本书程序变步长中心差分法的计算流程。

假定时刻 0, t^1, t^2, $\cdots$, t^n 的位移、速度和加速度均已知,用中心差分法求解 t^{n+1} 时刻的解。$t^{(n+1)/2}$ 时刻的速度 $\dot{a}^{(n+1)/2}$ 和 t^n 时刻的加速度 $\ddot{a}^n$ 分别近似表示为:

$$\dot{a}^{(n+1)/2} = \frac{a^{n+1} - a^n}{t^{n+1} - t^n} = \frac{1}{\Delta t^{(n+1)/2}} \left(a^{n+1} - a^n \right) \qquad 式(2.2-2)$$

$$\ddot{a}^n = \frac{\dot{a}^{(n+1)/2} - \dot{a}^{(n-1)/2}}{t^{(n+1)/2} - t^{(n-1)/2}} = \frac{1}{\Delta t^n} \left(\dot{a}^{(n+1)/2} - \dot{a}^{(n-1)/2} \right) \qquad 式(2.2-3)$$

其中,$\Delta t^{(n+1)/2} = t^{n+1} - t^n$,$\Delta t^n = \frac{1}{2} \left(\Delta t^{(n-1)/2} + \Delta t^{(n+1)/2} \right)$,$a^{n+1}$ 和 a^n 分别表示 t^{n+1} 和 t^n 时刻的位移,$\dot{a}^{(n-1)/2}$ 表示 $t^{(n-1)/2}$ 时刻的速度。时间轴如图2.2-1。

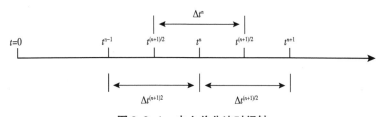

图2.2-1　中心差分法时间轴

式(2.2-2、2.2-3)可写成积分形式:

$$a^{n+1} = a^n + \Delta t^{(n+1)/2} \dot{a}^{(n+1)/2} \qquad 式(2.2-4)$$

$$\dot{a}^{(n+1)/2} = \dot{a}^{(n-1)/2} + \Delta t^n \ddot{a}^n \qquad 式(2.2-5)$$

不考虑系统阻尼时,由式(2.2-1)可得到 t^n 时刻的运动方程为:

$$M \ddot{a}^n = f^n = f^{ext} \left(a^n, t^n \right) - f^{int} \left(a^n, t^n \right) \qquad 式(2.2-6)$$

结点内力和结点外力矢量都是结点位移和时间的函数。由上式求得 t^n 时刻的加速度 $\ddot{a}^n$ 后,代入式(2.2-5)可得到 $t^{(n+1)/2}$ 时刻的速度 $\dot{a}^{(n+1)/2}$:

$$\dot{a}^{(n+1)/2} = \dot{a}^{(n-1)/2} + \Delta t^n M^{-1} f^n \qquad 式(2.2-7)$$

将上式代入式(2.2-4),求得 t^{n+1} 时刻的位移 a^{n+1}。

显式中心差分法计算过程如下:

1. 已知初始条件 a^0、$\dot{a}^0$,并根据结点不平衡力由式(2.2-6)计算加速度 $\ddot{a}^0$,记 $n=0$。初始化 $\Delta t^{(n-1)/2} = 0$, $\dot{a}^{(n-1)/2} = 0$。

2. 对每一时间步:

(1)根据单元特征尺寸计算系统时步 $\Delta t^{(n+1)/2}$, $\Delta t^n = \dfrac{1}{2} \left(\Delta t^{(n-1)/2} + \Delta t^{(n+1)/2} \right)$;

(2)由式(2.2-5)计算速度 $\dot{a}^{(n+1)/2}$;

(3)由式(2.2-4)计算 t^{n+1} 时刻的位移 a^{n+1} ;

(4)由 $\dot{a}^{(n+1)/2}$ 根据率本构关系计算单元结点内力,并根据力边界条件计算结点不平衡力 f^{n+1}。根据式(2.2-6)计算 t^{n+1} 时刻的加速度 $\ddot{a}^{n+1}$;

(5) $\Delta t^{(n-1)/2} = \Delta t^{(n+1)/2}$, $\dot{a}^{(n-1)/2} = \dot{a}^{(n+1)/2}$, $n=n+1$。

有限元显式计算是条件稳定算法,在大型地下洞室地震响应模拟中,常常受到求解稳定和计算耗时长的制约。这是因为要确保计算稳定,则一般需要取较小的计算时间步长 Δt,从而增加系统循环步数,延长计算时间,因此需要在确保计算稳定的前提下,尽量选取较大的 Δt。从波动有限元的物理意义考虑,Δt 可理解为保障在一个计算时步内波的传播距离不大于任何一个单元尺寸的最短时间。可采用下式估算:

$$\Delta t \leqslant \alpha \min_e \frac{l_e}{C_e} \quad (0.80 \leqslant \alpha \leqslant 0.98) \qquad \text{式}(2.2-8)$$

式中:C_e 为单元波速。对六面体八结点单元 l_e 为单元体积和单元6个表面的最大面积之比。

上式确定的系统时间步长,仅考虑地震波在计算模型中的传播稳定性,并未考虑人工边界条件、锚杆锚索等支护措施的计算稳定对系统时步的影响。因此,在实际工程计算中,需针对不同情况对系统时间步 Δt 进行调整。

2.2.2 率本构积分算法

根据结点速度计算单元积分点应力的算法,称为率本构积分算法。在率本构积分中,应变采用格林应变。这主要是因为,对几何非线性问题,即涉及地震灾变中整个洞室群模型的运动,单元应变与模型内部的相对位移对应,而与模型的整体运动无关。整体模型发生平移、转动时,内部应变必须为零。如果在模型运动或转动中应变度量不能满足这个条件,将产生非零应变,进而导致非零应力。有限元计算中常采用的柯西应变不能满足此要求,而格林应变能较好地描述此问题。本书程序采用拉格朗日法中的格林应变,描述运动模型中的应变。以下对格林应变、变形率、率本构积分做简要介绍。

1. 格林应变

在初始状态中由点 P_1、P_2、P_3 构成的一个三角形,运动后变为由 Q_1、Q_2、Q_3 构成的三角形,如图 2.2-2 所示。用 dX_i 和 δX_i 表示线元 dX 和 δX 的分量,用 dx_i 和 δx_i 表示线元 dx 和 δx 的分量。则此三角形的变形可用 $dx \cdot \delta x - dX \cdot \delta X$ 来度量:

$$dx \cdot \delta x - dX \cdot \delta X = dx_i\delta x_i - dX_i\delta X_i$$

$$= \left(\frac{\partial x_k}{\partial X_i}\frac{\partial x_k}{\partial X_j} - \delta_{ij}\right)dX_i\delta X_j \qquad 式(2.2-9)$$

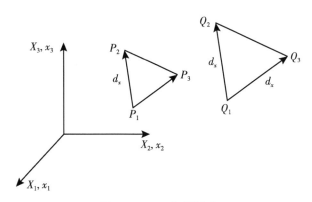

图2.2-2　三角形运动

如果该三角形做刚体运动,则式(2.2-9)为零,括号内因子应为零。定义格林应变张量为:

$$E_{ij} = \frac{1}{2}\left(\frac{\partial x_k}{\partial X_i}\frac{\partial x_k}{\partial X_j} - \delta_{ij}\right) \qquad 式(2.2-10)$$

2. 变形率

对于质点 P_1,在时刻 t 的坐标为 x_j,瞬时速度为 $v_i(x_j,t)$。相邻 P_2 点的坐标

为 $x_j + dx_j$ ，相对于 P_2 点的相对速度为：

$$dv_i = v_i\left(x_j + dx_j, t\right) - v_i\left(x_j, t\right) = \frac{\partial v_i}{\partial x_j}dx_j \qquad 式(2.2-11)$$

式中 $\partial v_i/\partial x_j$ 称为速度梯度张量。可表示为：

$$\frac{\partial v_i}{\partial x_j} = \frac{1}{2}\left(\frac{\partial v_i}{\partial x_j} - \frac{\partial v_j}{\partial x_i}\right) + \frac{1}{2}\left(\frac{\partial v_i}{\partial x_j} + \frac{\partial v_j}{\partial x_i}\right) \qquad 式(2.2-12)$$

定义旋率张量 Ω_{ij} 和变形率张量 D_{ij} 为：

$$\Omega_{ij} = \frac{1}{2}\left(\frac{\partial v_i}{\partial x_j} - \frac{\partial v_j}{\partial x_i}\right) \qquad 式(2.2-13a)$$

$$D_{ij} = \frac{1}{2}\left(\frac{\partial v_i}{\partial x_j} + \frac{\partial v_j}{\partial x_i}\right) \qquad 式(2.2-13b)$$

3. 率本构积分

率本构积分，即根据上述变形率、材料本构关系，计算单元积分点应力。在时间轴上，时刻 $t + dt$ 的应力 $\sigma_{ij}\left(t + dt\right)$ 可以通过对应力率 $\dot{\sigma}_{ij}$ 积分得到：

$$\sigma_{ij}(t + dt) = \sigma_{ij}(t) + \dot{\sigma}_{ij}dt \qquad 式(2.2-14)$$

由于柯西应力率 $\dot{\sigma}_{ij}$ 受刚体转动的影响，在本构关系中转换为焦曼应力率 $\sigma_{ij}^{\triangledown}$ 。

$$\sigma_{ij}^{\triangledown} = C_{ijkl}\dot{\varepsilon}_{kl} = C_{ijkl}D_{kl} \qquad 式(2.2-15)$$

其中， C_{ijkl} 是本构张量， D_{kl} 为变形率张量。

柯西应力率可表示为：

$$\dot{\sigma}_{ij} = \sigma_{ij}^{\triangledown} + \sigma_{ik}\Omega_{jk} + \sigma_{jk}\Omega_{ik} \qquad 式(2.2-16)$$

其中， Ω_{ij} 为旋率张量。

2.2.3 主要变量求解

2.2.1 和 2.2.2 介绍了采用更新拉格朗日中心差分法对式(2.2-1)进行逐步积分的主要流程和率本构积分形式。上述公式主要采用张量形式表示，为便于程序编写，本小节重点介绍式(2.2-1)中各参数的物理意义及采用矩阵形式表述的相应算式。

M 为质量矩阵，有集中质量矩阵和一致质量矩阵两种形式。文献[85]对两种质量矩阵的物理意义、数学格式等进行了详细论述,在此不再赘述。结合本书程序显式计算每时步需对质量矩阵求逆的计算特点,考虑到集中质量矩阵为对角阵,便于矩阵求逆,节省计算耗时,且在结构动力分析中能满足精度要求,本书程序采用集中质量矩阵形式,计算公式如下:

$$M = \int \rho [\psi]^T [\psi] dV \qquad 式(2.2 - 17)$$

式中:$[\psi]$ 为函数 ψ_i 的矩阵,ψ_i 在分配给结点 i 的区域内取 1,在域外取 0。对于本书程序中的六面体八结点单元,各结点分配质量即为单元总质量的 1/8。

C 为阻尼矩阵,$C\dot{a}$ 为阻尼力。本书程序为便于求解,采用局部阻尼力 f^{damp} 的形式表述[11],计算公式如下:

$$C\dot{a} = f^{\text{damp}} = \alpha \left| f^{\text{ext}} - f^{\text{int}} \right| sign(\dot{a}) \qquad 式(2.2 - 18)$$

式中:$sign(\dot{a})$ 为网格结点速度方向符号;α 为局部阻尼系数,$\alpha = \pi D$;D 为临界阻尼比,对于岩土材料,D 的范围一般为 2%~5%,较软围岩取大值,较硬围岩取小值。对于混凝土材料,D 一般可取 5%。

f^{ext} 为结点外力,主要包括重力、外荷载、人工边界虚拟力等单元外荷载。

f^{int} 为结点内力,计算量大,求解过程复杂,是式(2.2-1)求解的关键。在更新拉格朗日显式计算中,采用率本构方程由系统结点速度求解计算时步内单元应力增量。将更新后的单元应力积分到单元结点上,从而求得结点内力。具体过程如下。

(1)假设对 tn 时刻,系统结点速度矢量为 v,系统结点坐标更新后为 x,单元高斯点应力为 σ。

(2)根据结点速度 v,采用式(2.2-13)计算旋率张量 Ω_{ij} 和变形率张量 D_{ij}。注意,由中心差分法计算流程可知,在程序计算中此处结点速度 v 为 $t^{(n+1)/2}$ 时刻的旋率张量 $\Omega_{ij}^{(n+1)/2}$ 和变形率张量 $D_{ij}^{(n+1)/2}$。

根据有限元形函数插值理论[86],速度对整体坐标的偏导可表示为:

$$
\begin{bmatrix}
\dfrac{\partial v_x}{\partial x} & \dfrac{\partial v_x}{\partial y} & \dfrac{\partial v_x}{\partial z} \\[2mm]
\dfrac{\partial v_y}{\partial x} & \dfrac{\partial v_y}{\partial y} & \dfrac{\partial v_y}{\partial z} \\[2mm]
\dfrac{\partial v_z}{\partial x} & \dfrac{\partial v_z}{\partial y} & \dfrac{\partial v_z}{\partial z}
\end{bmatrix}
=
\begin{bmatrix}
\dfrac{\partial N_i}{\partial x}\cdot v_{xi} & \dfrac{\partial N_i}{\partial y}\cdot v_{xi} & \dfrac{\partial N_i}{\partial z}\cdot v_{xi} \\[2mm]
\dfrac{\partial N_i}{\partial x}\cdot v_{yi} & \dfrac{\partial N_i}{\partial y}\cdot v_{yi} & \dfrac{\partial N_i}{\partial z}\cdot v_{yi} \\[2mm]
\dfrac{\partial N_i}{\partial x}\cdot v_{zi} & \dfrac{\partial N_i}{\partial y}\cdot v_{zi} & \dfrac{\partial N_i}{\partial z}\cdot v_{zi}
\end{bmatrix}
\quad \text{式}(2.2-19)
$$

式中：v_{xi}，v_{yi}，v_{zi} 分别表示结点三方向速度分量；i 为结点数；$\dfrac{\partial N_i}{\partial x}$ 为形函数对整体坐标的偏导。

对于六面体八结点单元，形函数 $N_i = \left(1+\xi_i\xi\right)\left(1+\eta_i\eta\right)\left(1+\zeta_i\zeta\right)/8$。

由于形函数是用局部坐标表示，根据偏微分法则有：

$$
\begin{Bmatrix}
\dfrac{\partial N_i}{\partial \xi} \\[2mm]
\dfrac{\partial N_i}{\partial \eta} \\[2mm]
\dfrac{\partial N_i}{\partial \zeta}
\end{Bmatrix}
=
\begin{bmatrix}
\dfrac{\partial x}{\partial \xi} & \dfrac{\partial y}{\partial \xi} & \dfrac{\partial z}{\partial \xi} \\[2mm]
\dfrac{\partial x}{\partial \eta} & \dfrac{\partial y}{\partial \eta} & \dfrac{\partial z}{\partial \eta} \\[2mm]
\dfrac{\partial x}{\partial \zeta} & \dfrac{\partial x}{\partial \zeta} & \dfrac{\partial x}{\partial \zeta}
\end{bmatrix}
\begin{Bmatrix}
\dfrac{\partial N_i}{\partial x} \\[2mm]
\dfrac{\partial N_i}{\partial y} \\[2mm]
\dfrac{\partial N_i}{\partial z}
\end{Bmatrix}
= [J]
\begin{Bmatrix}
\dfrac{\partial N_i}{\partial x} \\[2mm]
\dfrac{\partial N_i}{\partial y} \\[2mm]
\dfrac{\partial N_i}{\partial z}
\end{Bmatrix}
\quad \text{式}(2.2-20)
$$

$$
[J] =
\begin{bmatrix}
\dfrac{\partial N_1}{\partial \xi} & \dfrac{\partial N_2}{\partial \xi} & \cdots & \dfrac{\partial N_m}{\partial \xi} \\[2mm]
\dfrac{\partial N_1}{\partial \eta} & \dfrac{\partial N_2}{\partial \eta} & \cdots & \dfrac{\partial N_m}{\partial \eta} \\[2mm]
\dfrac{\partial N_1}{\partial \zeta} & \dfrac{\partial N_2}{\partial \zeta} & \cdots & \dfrac{\partial N_m}{\partial \zeta}
\end{bmatrix}
\begin{bmatrix}
x_1 & y_1 & z_1 \\
x_2 & y_2 & z_2 \\
\vdots & \vdots & \vdots \\
x_m & y_m & z_m
\end{bmatrix}
\quad \text{式}(2.2-21)
$$

式中：$[J]$ 为雅克比矩阵；ξ、η、ζ 分别表示局部坐标三分量；x_m、y_m、z_m 分别表示 tn 时刻系统坐标更新后的单元结点坐标。

由式(2.2-19)、(2.2-20)、(2.2-21)可计算出速度对整体坐标的偏导。再根据旋率张量 Ω_{ij} 和变形率张量 D_{ij} 的定义式(2.2-13)，转换为矩阵形式为：

$$\Omega = \frac{1}{2}\begin{bmatrix} 0 & \left(\dfrac{\partial v_x}{\partial y} - \dfrac{\partial v_y}{\partial x}\right) & \left(\dfrac{\partial v_x}{\partial z} - \dfrac{\partial v_z}{\partial x}\right) \\[2ex] \left(\dfrac{\partial v_y}{\partial x} - \dfrac{\partial v_x}{\partial y}\right) & 0 & \left(\dfrac{\partial v_y}{\partial z} - \dfrac{\partial v_z}{\partial y}\right) \\[2ex] \left(\dfrac{\partial v_z}{\partial x} - \dfrac{\partial v_x}{\partial z}\right) & \left(\dfrac{\partial v_z}{\partial y} - \dfrac{\partial v_y}{\partial z}\right) & 0 \end{bmatrix} \quad \text{式(2.2 - 22a)}$$

$$D = \frac{1}{2}\begin{bmatrix} 2\dfrac{\partial v_x}{\partial x} & \left(\dfrac{\partial v_x}{\partial y} + \dfrac{\partial v_y}{\partial x}\right) & \left(\dfrac{\partial v_x}{\partial z} + \dfrac{\partial v_z}{\partial x}\right) \\[2ex] \left(\dfrac{\partial v_y}{\partial x} + \dfrac{\partial v_x}{\partial y}\right) & 2\dfrac{\partial v_y}{\partial y} & \left(\dfrac{\partial v_y}{\partial z} + \dfrac{\partial v_z}{\partial y}\right) \\[2ex] \left(\dfrac{\partial v_z}{\partial x} + \dfrac{\partial v_x}{\partial z}\right) & \left(\dfrac{\partial v_z}{\partial y} + \dfrac{\partial v_y}{\partial z}\right) & 2\dfrac{\partial v_z}{\partial z} \end{bmatrix} \quad \text{式(2.2 - 22b)}$$

（3）在程序显式积分中，存储 tn 时刻的应力 σ_{ij}^n 和 $t^{(n+1)/2}$ 时刻的旋率张量 $\Omega_{ij}^{(n+1)/2}$，根据式（2.2-16）$t^{(n+1)/2}$ 时刻的应力率 $\dot{\sigma}_{ij}^{(n+1)/2}$ 可以近似表示为：

$$\dot{\sigma}_{ij}^{(n+1)/2} = \sigma_{ij}^{\nabla(n+1)/2} + \sigma_{ik}^n \Omega_{jk}^{(n+1)/2} + \sigma_{jk}^n \Omega_{ik}^{(n+1)/2} \quad \text{式(2.2 - 23)}$$

根据式（2.2-14）、（2.2-15）、（2.2-23）可得到 $tn+1$ 时刻的柯西应力张量

$$\sigma_{ij}^{n+1} = \sigma_{ij}^n + \dot{\sigma}_{ij}^{(n+1)/2}\Delta t^{(n+1)/2} = \sigma_{ij}^n + r_{ij}^n + C_{ijkl}\Delta\varepsilon_{kl}^{(n+1)/2} \quad \text{式(2.2 - 24)}$$

式中：$r_{ij}^n = \left[\sigma_{ik}^n \Omega_{jk}^{(n+1)/2} + \sigma_{jk}^n \Omega_{ik}^{(n+1)/2}\right]\Delta t^{(n+1)/2}$、$\Delta\varepsilon_{ij}^{(n+1)/2} = \dot{\varepsilon}_{ij}^{(n+1)/2}\Delta t^{(n+1)/2}$。

焦曼应力率 $\sigma_{ij}^{\nabla(n+1)/2}$ 由材料本构关系式 $\sigma_{ij}^{\nabla(n+1)/2} = C_{ijkl}\Delta\dot{\varepsilon}_{kl}^{(n+1)/2}$ 得到。对于各向同性弹性材料，该本构关系可表示为：

$$s_{ij}^{n+1} = s_{ij}^n + 2G\,\dot{\varepsilon}_{kl}'^{(n+1)/2}\Delta t^{(n+1)/2} \quad \text{式(2.2 - 25a)}$$

$$p^{n+1} = p^n + K\dot{\varepsilon}_{kk}^{(n+1)/2}\Delta t^{(n+1)/2} \quad \text{式(2.2 - 25b)}$$

式中：s_{ij}、p 分别表示偏应力张量和体积应力；$\varepsilon_{kl}'^{(n+1)/2}$ 为偏应变率张量；$\dot{\varepsilon}_{kk}^{(n+1)/2}$ 为体积应变率；$G = E/2(1+\mu)$、$K = E/3(1-2\mu)$ 分别为剪切模量和体积模量。

由于上述本构关系在欧拉坐标系下建立，其应力、应变率、偏应变率和体积应变率均为欧拉坐标下的描述。而本书程序采用拉格朗日坐标下的变量描述，因此需将拉格朗日坐标下的应变率张量 D_{ij}，转换为欧拉坐标下。算式如下：

$$\left[\dot{\varepsilon}_x, \dot{\varepsilon}_y, \dot{\varepsilon}_z, \dot{\varepsilon}_{yz}, \dot{\varepsilon}_{xz}, \dot{\varepsilon}_{xy}\right] = \left[D_{11}, D_{22}, D_{33}, D_{23}, D_{13}, D_{12}\right] \quad \text{式(2.2 - 26)}$$

根据弹性力学，

$$\dot{\varepsilon}_{kk}^{(n+1)/2} = \dot{\varepsilon}_{x}^{(n+1)/2} + \dot{\varepsilon}_{y}^{(n+1)/2} + \dot{\varepsilon}_{z}^{(n+1)/2} \qquad 式(2.2-27)$$

$$\dot{\varepsilon}_{kl}^{(n+1)/2} = \left[\dot{\varepsilon}_{x}^{(n+1)/2}, -\dot{\varepsilon}_{kk}^{(n+1)/2}, \dot{\varepsilon}_{y}^{(n+1)/2}, -\dot{\varepsilon}_{kk}^{(n+1)/2}, \dot{\varepsilon}_{z}^{(n+1)/2}, -\dot{\varepsilon}_{kk}^{(n+1)/2}, \dot{\varepsilon}_{yz}^{(n+1)/2}, \right.$$

$$\left. \dot{\varepsilon}_{yz}^{(n+1)/2}, \dot{\varepsilon}_{xz}^{(n+1)/2}, \dot{\varepsilon}_{zy}^{(n+1)/2} \right] \qquad 式(2.2-28)$$

（4）采用式（2.2-29）将上述计算单元高斯点应力积分至结点力。

$$f^{\mathrm{int}} = \iiint \left[B \right]^{T} \{\sigma\} \, dxdydz \qquad 式(2.2-29)$$

其中，$\left[B \right]$ 为单元应变矩阵。

对单元的 8 个高斯点分别重复（1）～（4），累积计算单元结点内力 f^{int}。

综上可见，在式（2.2-1）的四个参数中，M 采用集中质量的形式，在计算过程中不改变，可在时步计算前计算完成；结点外力和局部阻尼力计算较简单，结点内力 f^{int} 的求解最为复杂耗时，是在程序速度优化中重点考虑的部分。

2.2.4 更新拉格朗日显式有限元程序实现

如上简要阐述了三维波动方程采用更新拉格朗日显式有限元求解的基本流程和主要变量。下面给出上述理论的程序框图。

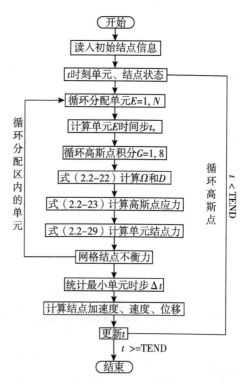

图2.2-3　更新拉格朗日显式有限元流程图

2.2.5 程序验证

为了验证本书更新拉格朗日显式有限元程序在求解波动微分方程中的正确性,采用本书程序模拟日常生活中常见的水面波纹的激振过程。

采用直径6000 m 的薄板圆盘,模拟平静水面。采用六面体八结点单元划分网格。采用弹性本构模型。由于水的弹性模型及泊松比不易选取,本算例模型材料采用岩体材料,弹性模量取 1.6875 GPa,泊松比 0.25,密度 2700 kg/m³。为保障波在模型内的持续传播,不考虑阻尼,模型边界均采用自由面。在模型中部施加一激振正弦波。计算时,激振波以速度形式输入: $v_z = A\sin\left(\dfrac{t}{T}2\pi + \dfrac{\pi}{2}\right)$,振幅 $A=2$ m/s,周期 $T=1$ s,$t \in \left[0,1\right]$。计算持时 20 s。

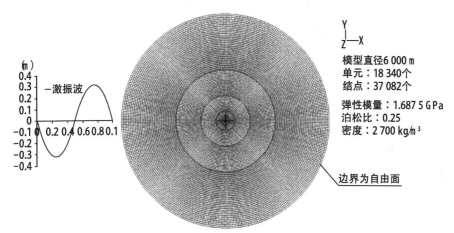

图 2.2-4　水面激振模拟模型图

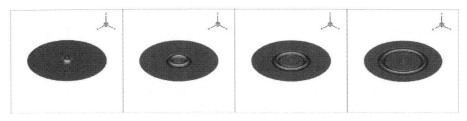

图 2.2-5　水面波激振过程($t=0\sim4$ s)

从图 2.2-5 可见,在 0~4 s 的时间内,水面激振波自模型中心向周围逐渐传播。随着激振波向四周扩散,波形振幅逐渐降低。激振波自模型边缘反射,向模型中心传播。整体过程基本模拟了激振波的扩散及反射过程,计算规律基本合理。

2.3 工程岩体动力弹塑性损伤本构模型

洞室围岩的动力损伤本构模型是地下洞室地震灾变过程模拟的基础。这需要在理论研究的基础上,结合大量的室内、室外试验,建立科学实用的岩石动力损伤本构模型。由于这项工作的复杂性,目前国内外尚未有普遍认可的适用于地下洞室围岩地震分析的本构模型。鉴于此,笔者基于对地震灾变中地下洞室围岩特性的认识,在 Mohr-Coulomb 屈服准则基础上,提出一种适用于地下洞室围岩地震灾变分析的本构模型。

2.3.1 地震动荷载作用下围岩特性

与准静态洞室开挖过程相比,地震灾变中围岩承受地震波循环荷载作用,表现出围岩材料的动力强化特性和疲劳损伤特性。由于大型地下洞室群规模庞大,地质条件复杂,初始应力场复杂,以致目前国内外学者对地下洞室群模型进行室内振台试验相对较少,试验成果资料非常匮乏。且我国大型地下洞室群大多为近年来建成,相应地震记录及震害调查资料较少。这成为我们研究地震灾变中洞室围岩的动力特性和破坏特征的最大制约。尽管如此,国外学者[87-89]以及我国钱七虎[33,90,91]院士、李海波[92,93]研究员等在岩石动力学方面的研究,林皋[94-96]院士在坝体混凝土动力特性方面的研究,葛修润[97-99]院士在岩石疲劳破坏方面的研究,为我们研究岩石的动力强化特性和疲劳损伤特性积累了丰富的试验资料和理论分析成果。

2.3.1.1 岩石动力特性研究

岩石的动力性能和静力性能是有差异的,这种差异主要来自加载速度或变形速率。应变率是描述材料动力特性的一个重要指标。在目前的研究中,根据应变率的大小,可分为以下三大等级[32,100]。

表 2.3-1　应变速率等级分类

分类	应变率(s^{-1})	荷载状态	试验方式
低应变率	低于 10^{-7}	蠕变	蠕变试验机
	$10^{-7} \sim 10^{-4}$	蠕变—静态	普通试验机,刚性伺服试验机
中等应变率	$10^{-4} \sim 10^{2}$	静态—准动态	气动快速加载机
高应变率	$10^{2} \sim 10^{4}$	动态	Hopkinson 压杆
	大于 10^{4}	超动态	轻气泡、平面波发生器

注:不同文献对应变率分级界限可能存在一定差异,但区别不大。

表 2.3-2　不同学者对地震荷载的应变率范围的估计

来源	应变率范围(s^{-1})	地震荷载作用对象
文献[101]	$10^{-5} \sim 10^{-1}$	混凝土坝
文献[88]	$5 \times 10^{-3} \sim 5 \times 10^{-1}$	纤维混凝土
文献[102]	$10^{-3} \sim 10^{-1}$	未明确
文献[94-96]	$10^{-5} \sim 10^{-2}$	混凝土坝
文献[103]	$10^{-6} \sim 10^{-1}$	大岗山花岗岩岩样

不同的应变率反映不同的材料受力过程,采用的试验设备不同,分析理论基础不同。统计不同学者对地震荷载应变率的范围估计(表 2.3-2),及笔者对多个地下洞室群的动力有限元分析经验,洞周围岩和深部岩体在地震荷载作用下的应变率量级大约在 $10^{-4} \sim 10^{-2}$,属中等应变率范畴。

自 20 世纪 50 年代,日本在对混凝土拱坝进行大坝频率和振动模态的现场实测时,发现混凝土的动弹性模量一般高于静弹性模量。随后,美国垦务局也进行了钻孔取样测试,得到相似结果[94]。这些实测成果在各国的抗震规范中均有反映,普遍认为混凝土材料结构的动弹模较静弹模高,并给出相应的建议值。欧洲国际混凝土委员会(CEB)统计众多混凝土动态特性试验结果,给出混凝土材料动态抗压、抗拉强度与应变率的关系。我国《水工建筑物抗震设计规范》DL 5073 - 2000 也指出,"混凝土动态强度和动态弹性模量的标准值可较其静态标准值提高 30%;混凝土动态抗拉强度标准值可取为动态抗压强度标准值的 10%。"文献

[87],[88],[103-105]等分别对花岗岩等不同材料进行了动力试验,也得到相似结论。受试验条件限制,目前的研究多集中在混凝土材料、岩块试样等,对实际洞室围岩动力特性的研究较少。但从已有的试验成果,我们可以得到一些定性结论:围岩的动弹性模量大于静弹性模量,动力强度高于静力强度。但对于地下洞室的复杂围岩介质,动弹模、动强度等与应变率之间的关系尚未有统一公式。

赵坚[27]、李海波[92]等基于摩尔库仑准则的理论研究和室内试验表明,材料动强度的提高主要由粘聚力反映,与内摩擦角无关。即,材料粘聚力随应变率的增加而提高。这一点,在胡聿贤院士所著《地震工程学(第二版)》[82]对材料动力特性试验的总结"应变率对粘土强度的影响要比钢材和混凝土两者更大;但是,应变率对砂的强度影响很小,而对木材的影响又很大"中,也可以得到佐证。钱七虎[33]院士、戚承志[90]教授对岩石等脆性材料动力强度依赖应变率的物理机制进行了深入研究,提出:在应变率较低阶段,变形的热活化机制起主导作用,材料强度随应变率缓慢增加,类似于温降对材料的影响;当应变率大于某一值时,材料强度随应变率的增加而急剧增加,此时粘性阻尼机制起主导作用;当应变率很大时,粘性系数随应变率增加而减少,开始出现裂纹。可见,若不考虑低应变率下热活化机制的影响,粘聚力随应变率的显著提高是动力强度提高的主要因素。

从上述已有的研究成果,我们可以得到以下结论:①岩石动力强度及弹性模量随应变率的增加而增加;②对于中应变率情况下,岩石动力强度随应变率的提高而增加,主要是因为粘聚力随应变率的提高而增加;③中等应变率的岩石动力特性受加载方式、加载速率、岩石类型及试验设备影响,各种试验结果存在较大的离散性,尚难在试验基础上统计出弹性模量与应变率的定量关系。

根据上述第二点,在建立动力塑性本构时,我们可只考虑修正静力强度准则(摩尔库仑屈服准则等)中的粘聚力项,使其能反映应变率对应力空间屈服面的影响。按照此思路,钱七虎院士[33]提出了岩体的动力破坏强度准则。该理论公式有几个参数需根据大量材料试验确定,很大程度上制约了该动力强度准则的普遍应用。

2.3.1.2 岩石疲劳特性研究

岩石的动力性能和静力性能相比,除了应变率的差别外,也与循环加载次数有关。在地震灾变中，假设地震持时 20 s，主频 5 Hz，则循环加载次数约 100 次。因此，地震中围岩的疲劳特性应该属于低周疲劳问题。以往国内外众多对岩石低周疲劳特性的研究[97-99]表明：与低周疲劳关系密切的循环荷载的应力或应变幅值很大时，会出现明显的强度与刚度的退化现象。从试件的破坏过程看，这种现象的根本原因在于大应力或应变下材料出现微裂纹。这些微裂纹导致了刚度降低，而在后续的循环荷载下，微裂纹发展，使刚度持续下降，直到破坏。我们可以采用材料的损伤机理描述这种疲劳破坏过程。

岩体损伤分析的基础是损伤门槛值的确定。葛修润[97-99]院士对岩石在低周荷载作用下岩石的破坏进行了研究，认为岩石疲劳破坏存在一个应力门槛值，只有荷载应力幅值超过门槛值时，才会发生不可逆损伤破坏。从试验结果看，该门槛值与岩样常规三轴试验的屈服值接近。同时，众多试验结果[106]也表明岩体低周疲劳破坏前，一般会出现明显的屈服现象。因此，我们可以采用损伤模型描述岩石的疲劳破坏，同时认为屈服极限是损伤发生的门槛值。

围岩损伤破坏是在荷载作用下岩体内微裂纹产生和原有节理裂隙扩展，使得岩体材料的强度降低，最终破坏的过程。围岩损伤有拉损、压损、剪损等多种形式。近年来我国大型洞室的大规模开挖实践表明，洞室围岩以剪损和拉损为主。剪损主要由剪切破坏引起，实际上反映塑性应变的累积；拉损主要由张拉破坏引起，反映裂纹的产生、扩展。文献[107]，[108]分别对花岗岩和大理岩进行了循环加载试验，表明随着塑性应变的累积，岩石的粘聚力逐渐降低，表现为软化特征，岩石的内摩擦角逐渐增加，表现为硬化特征。而对于围岩材料，其力学性质与原有解理、裂隙及结构面有很大关系，与试验岩块有很大区别。从洞室开挖工程实践看，受开挖扰动和应力重分布影响，洞周围岩更多表现为材料的软化。从工程分析偏安全的角度考虑，在本构模型中我们可只考虑损伤对围岩粘聚力的影响及围岩软化特征，而忽略围岩硬化特征。

2.3.2 地震动荷载作用下围岩弹塑性损伤本构的建立

从 2.3.1 小节我们可知：动荷载作用下，围岩随应变率的提高，其材料弹性模量和抗破坏性能均有所提高，表现出材料的强化；循环加载情况下，围岩疲劳损伤,对围岩材料的弹性模量和抗破坏特性均有所降低,表现出材料的劣化。两因素相互对立,又同时存在,在本构模型中均应考虑。围岩的变形特性受应变率、损伤、塑性破坏的相互影响和耦合作用,本构关系复杂。本小节分别从弹性本构、塑性强度准则、损伤模型等三方面,详细叙述地下洞室围岩动力弹塑性损伤本构。

1. 弹性本构

从已有的材料动力特性试验研究结果,可以得到"围岩弹性模量随应变率的增加而增加"的定性结论。我们可在静力弹性模量的基础上,将围岩动弹模 E_0 表述为:

$$E_0 = P(\dot{\varepsilon})E \qquad\qquad 式(2.3-1)$$

式中:E 为围岩静弹性模量;$P(\dot{\varepsilon})$ 为大于1的应变率函数。

$P(\dot{\varepsilon})$ 受材料、围压、试件尺寸等的影响,需根据实际工程试验确定。在工程设计前期,没有试验条件确定 $P(\dot{\varepsilon})$ 时,对于围岩材料从偏安全角度考虑,可取 $P(\dot{\varepsilon}) = 1.0$;对于混凝土材料可根据规范建议值,取 $P(\dot{\varepsilon}) = 1.3$。

在显式有限元计算中,弹性本构采用剪切模量 G 和体积模量 K 描述。根据上式,动剪切模量 G_0 和动体积模量 K_0 可表示为:

$$G_0 = E_0/2\left(1+\mu\right) = P(\dot{\varepsilon})E/2\left(1+\mu\right) \qquad 式(2.3-2a)$$

$$K_0 = E_0/3\left(1-2\mu\right) = P(\dot{\varepsilon})E/3\left(1-2\mu\right) \qquad 式(2.3-2b)$$

众多试验结果和工程实践表明,围岩破坏主要以剪切、拉裂破坏为主,而静水压力造成的破坏较少,可以忽略。结合下文中提到的损伤模型,弹性参数受损伤程度的影响可表述为:

$$G_0^* = \left(1-D\right)G_0 \qquad\qquad 式(2.3-3a)$$

$$K_0^* = K_0 \qquad\qquad 式(2.3-3b)$$

式中:G^*、K^* 分别表示考虑损伤的动剪切模量和动体积模量;D 表示损伤系数。

2. 塑性强度准则

关于围岩的强度准则,主要是屈服函数,一直是岩土工程学界研究的重点。国内外很多学者经过严格的理论推导和大量的试验研究,提出了众多的岩石破坏准则[109]，经典强度理论也从第一强度理论发展到第五强度理论。1900 年，摩尔库仑(Mohr-Coulomb)准则[110]的提出，标志着第五强度理论时代的到来，此后摩尔库仑准则一直在岩土强度理论中占统治地位。由于摩尔库仑准则没有反应中间主应力的影响，不能解释岩土在静水压力下也能破坏的现象，1952 年德鲁克-普拉格提出了 Drucker-Prager 准则。由于 D-P 准则不能区分岩石的拉伸子午线和压缩子午线的差别，在实际应用中受到一些限制。1985 年我国俞茂宏教授提出了双剪强度理论[111]。由于这些强度准则均存在角点奇异性，不便于计算机程序计算，为了适应有限元计算分析，辛格维茨-潘迪将 M-C 准则在 π 平面上存在的尖角修圆，提出了辛格维茨-潘迪准则[112]。这些强度准则分别适用于不同的材料受力状态。岩体与土体不同，较少发生静水压力引起的塑性破坏情况，工程界和学术界目前多采用 Mohr-Coulomb 准则。从目前商业软件 Abaqus、Flac3D、Adina 等提供的本构模型看，对岩体介质主要采用 M-C 准则，而对土体多采用 D-P 准则。在分析动力问题时，依然沿用静力屈服准则或需进行相应的二次开发。

上述强度准则均是在静力加载情况下确定，未考虑应变率影响。对于动力强度准则目前研究相对较少。2008 年钱七虎院士在孙均讲坛上倡议加大对动力强度理论的研究，并提出了考虑应变率的 Mohr-Coulomb 准则。但该理论公式有几个参数需根据围岩大量现场试验确定，很大程度上制约了该动力强度准则的普遍应用。

在目前尚未有普遍适用的动力强度准则的情况下，本书在带拉伸截止限的 Mohr-Coulomb 静力屈服准则[11]（见图 2.3-1）基础上，综合多种试验结果和机理认识，进行了详细的理论推导，提出了考虑应变率和损伤系数对材料粘聚力值的影响动力强度屈服准则。另外，采用带拉伸截止限的 M-C 屈服准则也便于与其他商业软件对比验证程序的正确性。假定压应力为负，拉应力为正，线 AB 为剪切屈服准则 $f^s = 0$，线 BC 为拉伸屈服准则 $f^t = 0$，屈服表达式为：

$$\left. \begin{array}{l} f^s = \sigma_1^* - \sigma_3^* N_\varphi + 2Tc(\dot{\varepsilon})\ \sqrt{N_\varphi} \\ f^t = \sigma_3^* - \sigma^t \end{array} \right\} \qquad 式(2.3-4a)$$

$$N_\varphi = \frac{1 + \sin\varphi}{1 - \sin\varphi} \qquad 式(2.3-4b)$$

式中：φ 为内摩擦角；$c(\dot{\varepsilon})$ 表示与应变率相关的黏聚力 c 值；σ_1^*，σ_3^* 分别为损伤后的有效第一、第三主应力；σ^t 为极限抗拉强度，其最大值 $\sigma^t_{max} = c(\dot{\varepsilon})/\tan\varphi$；$T$ 为损伤影响系数，二阶张量形式下，$T = 1 - \sqrt{D_1^2 + D_2^2 + D_3^2}$，$D_1$，$D_2$，$D_3$ 为各主应变方向损伤系数，由损伤演化方程求解。

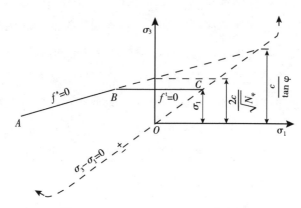

图 2.3-1　Mohr-Coulomb 屈服准则

正如 2.3.1 小节中岩石动力特性和疲劳损伤特性的讨论，应变率对材料内摩擦角的影响较小，可忽略不计；洞室开挖工程实践表明，受开挖扰动和应力重分布影响，洞周围岩更多表现为材料的软化。因此，从工程分析偏安全的角度考虑，式 (2.3-4) 未考虑应变率和损伤系数对围岩内摩擦角的影响。

$c(\dot{\varepsilon})$ 表示考虑应变率的岩体粘聚力，是动力屈服准则与静力屈服准则的主要区别。对重大工程分析时，应根据现场试验确定。没有条件进行试验的情况下，可采用下文理论推导表达式，根据常规室内试验结果确定。

摩尔库仑屈服准则采用主应力表示为：

$$\frac{\sigma_1 - \sigma_3}{2} = \frac{\sigma_1 + \sigma_3}{2}\sin\varphi + c\cos\varphi \qquad \text{式}(2.3-5)$$

式中：σ_1、σ_3 分别为最大主应力和最小主应力。

由此可得，在单轴压缩情况下粘聚力 c 可表示为：

$$c = \frac{\sigma_Y}{2} \cdot \frac{1 - \sin\varphi}{\cos\varphi} \qquad \text{式}(2.3-6)$$

式中：σ_Y 为单轴压缩时的强度极限。

欧洲国际混凝土委员会(CEB)在统计众多混凝土动力加载试验结果的基础上,给出混凝土动抗压强度与加载应变率的推荐公式[113]:

$$f_c = f_{cs} \left(\dot{\varepsilon}_d / \dot{\varepsilon}_s \right)^{1.026\alpha}, \dot{\varepsilon}_d \leqslant 30\text{s}^{-1} \qquad 式(2.3-7)$$

式中:$\dot{\varepsilon}_s = 3 \times 10^{-6}\text{ s}^{-1}$ 是静态应变率;$\dot{\varepsilon}_d$ 是动态应变率,介于$3 \times 10^{-6}\text{ s}^{-1}$ 与 30 s^{-1} 之间;f_c、f_{cs} 分别表示动态压缩强度和静态压缩强度;$\alpha = \left(5 + 3f_{cu}/4 \right)^{-1}$,$f_{cu}$ 为混凝土静态立方体抗压强度。

将该公式应用到洞室围岩中,f_{cs}、f_{cu} 取为围岩的抗压强度。考虑到洞室围岩受节理、裂隙、结构面的切割,其强度随应变率的提高会比单纯岩块要小。将式(2.3-7)中的指数 1.026α 改为 1.0α,并与已有的花岗岩、砂岩、大理岩等试验结果对比,见图 2.3-2。

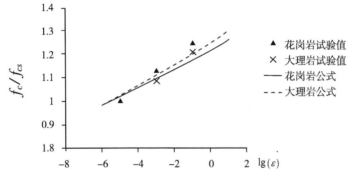

图 2.3-2　抗压强度与加载应变率关系图(试验数据来自文献[106])

从试验对比看,式(2.3-7)经过修正后基本能合理描述岩石抗压强度与加载应变率的关系。

将式(2.3-6)中的 σ_Y 用式(2.3-7)中的 f_c 替代,可得:

$$c = \frac{f_{cs} \left(\dot{\varepsilon}_d / \dot{\varepsilon}_s \right)^{1.0\alpha}}{2} \cdot \frac{1 - \sin\varphi}{\cos\varphi}, \dot{\varepsilon}_d \leqslant 30\text{ s}^{-1} \qquad 式(2.3-8)$$

对于通过直剪试验确定的岩石粘聚力 c_s,若认为单轴压缩与直剪试验测试的粘聚力相差不大,则上式可转换为:

$$c = c_s \left(\dot{\varepsilon}_d / \dot{\varepsilon}_s \right)^{1.0\alpha}, \dot{\varepsilon}_d \leqslant 30\text{ s}^{-1} \qquad 式(2.3-9)$$

式(2.3-4)与式(2.3-8)或式(2.3-9)组成洞室围岩的考虑应变率影响的摩尔库仑屈服准则。

在显式有限元时步计算中,每计算时步内,T,$c(\dot{\varepsilon})$ 为常数,按照围岩非关联性,屈服准则相应的势函数为:

$$\left. \begin{array}{l} g^s = \sigma_1^* - \sigma_3^* N_\psi \\ g^t = \sigma_3^* \end{array} \right\} \qquad \text{式}(2.3-10a)$$

$$N_\psi = \frac{1 + \sin\psi}{1 - \sin\psi} \qquad \text{式}(2.3-10b)$$

式中:ψ 为围岩的剪胀角。

3. 损伤模型

考虑到围岩在地震周期荷载作用下的疲劳破坏特性,本书在本构中考虑了损伤破坏情况,并在上述的屈服准则表达式中,引入了考虑损伤的等效应力概念和损伤影响系数。围岩在地震灾变中的损伤破坏是指随着地震波在围岩介质中的传播,由于张力和剪切作用导致材料颗粒间距增大,围岩中微裂纹产生、扩展,最终导致围岩宏观裂纹形成失稳破坏。在地震周期荷载作用下,会显著加剧围岩原有节理、裂隙及破碎带的错动,使整体围岩的强度降低,从而导致围岩失稳。为描述这种现象,本书程序引入二阶损伤张量,并给出损伤判别准则和损伤演化方程。为在程序中实现屈服与损伤的统一,下面简要论述地下洞室围岩屈服与损伤的关系。

从损伤力学角度讲,"损伤"主要用于描述地震荷载作用下围岩微裂隙的发展和物理力学材料参数的降低。损伤反映的是围岩变形过程所引发的破坏,是一个应变空间的概念。围岩是否发生损伤破坏,由岩体材料的极限应变确定。损伤程度在某些情况可通过岩体应变确定。"塑性屈服"主要描述围岩的应力状态,是一个应力空间的概念。围岩是否发生塑性屈服,由岩体材料的屈服函数(如Mohr-Coulomb屈服准则)确定。屈服程度在某些情况下可通过屈服函数值的大小反映。两者分别从不同角度描述围岩所处状态,是相互独立的描述体系。两者可能同时存在,也可能单一存在。但两者都反映材料发生了不可逆的变化。如,塑性应变不能恢复,损伤系数不会减小等。且两者是相互关联的,当岩体发生损伤,造成岩体材料弹性模量和粘聚力降低,从而影响屈服面和围岩的应力状态。

"塑性屈服"围岩的应力状态可分为:弹性和塑性;"损伤破坏"围岩的应变状态可分为:拉裂损伤、压裂损伤和剪裂损伤。几种状态组合,可得出以下几种围岩应力状态及破坏机理:

EA—围岩处于弹性状态(-1)

PA—围岩处于塑性状态(0)

TD—围岩处于拉裂状态(1)

TP—围岩处于塑性应力和拉裂破坏状态(2)

FD—围岩处于压裂状态(3)

FP—围岩处于塑性应力和压裂破坏状态(4)

TF—围岩处于拉裂破坏和压裂破坏状态(5)

AA—围岩处于塑性、拉裂和压裂破坏状态(6)

弹塑性应力状态可根据屈服准则判断。围岩的损伤判据表述如下。

在三维情况下,单元应力状态进入塑性,则发生剪损[97-99];单元第一主拉应变超过极限拉应变,则发生拉损;单元第一主压应变超过极限压应变,则发生压损。即:

$$D = \begin{cases} 0 & f^s \leq 0 \,\&\, \varepsilon_3 < \left[\varepsilon_l\right] \,\&\, \varepsilon_1 < \left[\varepsilon_y\right] \\ h\left(\varepsilon_{ij}\right) & f^s > 0 \\ l\left(\varepsilon_{ij}\right) & \varepsilon_3 \geq \left[\varepsilon_l\right] \\ y\left(\varepsilon_{ij}\right) & \varepsilon_1 \geq \left[\varepsilon_y\right] \end{cases} \quad 式(2.3-11)$$

式中:$h\left(\varepsilon_{ij}\right)$ 为三维剪损演化方程,$l\left(\varepsilon_{ij}\right)$ 为三维拉损演化方程,$y\left(\varepsilon_{ij}\right)$ 为三维压损演化方程,f^s 为剪切屈服准则,ε_3、ε_1 为围岩第三主应变和第一主应变,$\left[\varepsilon_l\right]$、$\left[\varepsilon_y\right]$ 为围岩极限拉应变和极限压应变。说明,本书第一主应力为压,第三主应力为拉,第一主应变为压,第三主应变为拉。

由于围岩极限剪切应变测定较为困难,在式(2.3-11)中,我们采用了2.3.1小节中对围岩损伤门槛值的讨论结果,从偏安全角度考虑,将围岩应力进入塑性状态作为剪损发生的门槛值。

对于在实际工程中未测试围岩的极限拉、压应变的情况,在本书程序中用岩石抗拉、压强度 R_s 和弹性模量 E 的比值代替[114],即

$$[\varepsilon] = R_s/kE \qquad \text{式}(2.3-12)$$

式中:k 为安全系数。

损伤破坏是围岩微裂隙发展和微观孔隙率增加的过程,是不可逆的。围岩的损伤主要取决于其应变的发展。如式(2.3-11)损伤判据,当围岩应力进入塑性状态,即发生剪损破坏,围岩应力和物理参数都随累积的塑性偏应变的增大而减小,累积塑性变形越大,围岩损伤程度越高。同理,围岩进入拉损或压损状态,围岩应力和物理参数都随应变的增大而减小。在围岩材料失稳破坏前的相邻阶段内微裂纹损伤增加是非常迅速的,对于这种损伤破坏的发展特征通常可以用指数函数来描述。

三维剪损演化方程可以用下式表示:

$$D_i^h = h(\varepsilon_i) = 1 - \exp\left(-R\sqrt{\varepsilon_i^p \varepsilon_i^p}\right) \quad (i=1,2,3) \quad \text{式}(2.3-13)$$

式中:D_i、ε_i^p 分别为第 i 个主应变方向上的剪损系数和塑性偏应变,R 为材料的损伤常数。考虑到体积应变不产生剪切破坏,式中采用塑性偏应变计算剪损系数。

同理,三维拉、压损演化方程可表示为:

$$D_3^l = l(\varepsilon_3) = 1 - \exp\left(-R\sqrt{(\varepsilon_3 - [\varepsilon_l])(\varepsilon_3 - [\varepsilon_l])}\right)$$

$$\text{式}(2.3-14a)$$

$$D_1^l = l(\varepsilon_1) = 1 - \exp\left(-R\sqrt{(\varepsilon_1 - [\varepsilon_y])(\varepsilon_1 - [\varepsilon_y])}\right)$$

$$\text{式}(2.3-14b)$$

由于剪切损伤系数、拉裂损伤和压裂损伤系数均采用主应变计算,方向上保持一致,在同时发生情况下,可对损伤系数进行求和计算。

为便于在后处理中显示围岩损伤状态,在结果文件输出时,将二阶损伤张量转换为一阶损伤标量 $D = \sqrt{D_1^2 + D_2^2 + D_3^2}$,表示单元整体损伤状态。

Frantziskt 和 Desai 在描述岩石中的混凝土结构材料出现裂隙时[115],提出由

于结构受力后产生微裂隙,在微裂隙区应力将被释放和减小,从而形成应力损伤区。该情况同样适用于洞室围岩应力损伤状态。我们可将应力损伤程度用等效应力的形式表示为:

$$[\sigma^*] = \begin{bmatrix} \sigma_1(1 - D_1 h) & 0 & 0 \\ 0 & \sigma_2\left(1 - D_2 h\right) & 0 \\ 0 & 0 & \sigma_3(1 - D_3 h) \end{bmatrix}$$

式(2.3 - 15)

式中:受拉情况下取 $h = 1.0$,受压情况下取 $h = 0.2$[116]。

2.3.3 弹塑性损伤本构的显式有限元计算方法

显式计算无需组装分解刚度矩阵,在塑性位移求解中无需进行迭代计算。单元高斯点应力的塑性修正是显式有限元计算的核心。

在显式中心差分法 $tn+1$ 时步弹塑性损伤计算中,首先根据2.2小节所述采用单元材料初始参数计算各高斯点弹性应力,并判断单元是否处于损伤状态[$D(tn) \neq 0$,此时单元损伤系数为 tn 步计算所得]。若单元处于损伤状态,则采用式(2.3-19)修正各高斯点应力为有效应力。在此基础上,采用式(2.3-4)进行屈服判断。若发生屈服,则将塑性应力修正回空间屈服面,并计算剪切损伤系数。判断第一主拉应变是否超过极限拉应变。若超过,则认为单元发生拉裂损伤,并计算拉裂损伤系数;判断第一主压应变是否超过极限压应变。若超过,则认为单元发生压裂损伤,并计算压裂损伤系数。

将超出屈服面的高斯点应力修正到屈服面上有多种方法,本书程序采用文献[11]中所述的 Mohr-Coulomb 屈服准则塑性应力修正方法。该应力修正方法遵循正交流动法则,将应力沿法向拉回到屈服面。该应力修正法理论上仅需修正一次,便可将应力拉回。较塑性力学中常用的应力修回方法中的牛顿迭代法计算量有所减少,但该方法仅适用于屈服函数 $f(\sigma_n)$ 是线性函数的情况,对于辛格维茨-潘迪等非线性函数表示的屈服准则不适用。

根据塑性应力在屈服面上流动的原则,对 $tn+1$ 时刻的塑性应力有:

$$f(\sigma_n + \Delta\sigma_n) = 0 \qquad 式(2.3 - 16)$$

对于线性函数,式(2.3-16)可转换为

$$f(\sigma_n) + f^*(\Delta\sigma_n) = 0 \qquad \text{式}(2.3-17\text{a})$$

$$f^*(\cdot) = f(\cdot) - f(0_n) \qquad \text{式}(2.3-17\text{b})$$

式中: $f^*(\cdot)$ 为屈服函数减去其常数项 $f(0_n)$。

基于该变换,文献[11]推导了线性屈服函数塑性应力修正公式:

$$\sigma_i^N = \sigma_i^I - \lambda S_i \left(\frac{\partial g}{\partial \sigma_n}\right) \qquad \text{式}(2.3-18)$$

式中: λ 为塑性流动因子; S_i 为弹性本构; σ_i^I, σ_i^N 分别为弹性假定应力和塑性修正后应力。

本书程序本构模型在每计算时步内 T、$c(\dot{\varepsilon})$ 为常数,屈服函数为线性函数,可采用式(2.3-18)对考虑损伤后的单元有效应力进行塑性修正。对于塑性剪切破坏,有:

$$\left.\begin{aligned}
\sigma_1^N &= \sigma_1^{I*} - \lambda^s(\alpha_1 - \alpha_2 N_\psi) \\
\sigma_2^N &= \sigma_2^{I*} - \lambda^s \alpha_2(1 - N_\psi) \\
\sigma_3^N &= \sigma_3^{I*} - \lambda^s(-\alpha_1 N_\psi + \alpha_2)
\end{aligned}\right\} \qquad \text{式}(2.3-19\text{a})$$

$$\lambda^s = \frac{f^s(\sigma_1^{I*}, \sigma_3^{I*})}{(\alpha_1 - \alpha_2 N_\psi) - (-\alpha_1 N_\psi + \alpha_2)N_\varphi} \qquad \text{式}(2.3-19\text{b})$$

其中,

$$\alpha_1 = K + \frac{4}{3}G, \quad \alpha_2 = K - \frac{2}{3}G$$

式中: K, G 分别为体积模量和剪切模量; σ_n^{I*} 为损伤修正后的等效弹性假定应力。

对于极限拉破坏,有:

$$\left.\begin{aligned}
\sigma_1^{Nt} &= \sigma_1^{I*} - (\sigma_3^{I*} - \sigma^t)\frac{\alpha_2}{\alpha_1} \\
\sigma_2^{Nt} &= \sigma_2^{I*} - (\sigma_3^{I*} - \sigma^t)\frac{\alpha_2}{\alpha_1} \\
\sigma_3^{Nt} &= \sigma^t
\end{aligned}\right\} \qquad \text{式}(2.3-20)$$

在损伤计算中,每时步需根据损伤演化方程计算剪损系数 D_i^h 和拉、压损系数

D_3^l，D_1^y，计算公式如下：

$$\varepsilon_{i(tn+1)}^{\mathrm{p}} = \varepsilon_{i(tn)}^{\mathrm{p}} + \lambda^{\mathrm{s}} \frac{\partial F}{\partial \sigma_i^{I*}} \qquad 式(2.3-21)$$

$$D_{i(tn+1)}^h = 1 - \exp\left(-R\sqrt{\left(\varepsilon_{i(tn+1)}^{\mathrm{p}} - \varepsilon_0^{\mathrm{p}}\right)^2}\right) \qquad 式(2.3-22a)$$

$$D_{3(tn+1)}^l = 1 - \exp\left(-R\sqrt{\left(\varepsilon_{3(tn+1)} - [\varepsilon_l]\right)^2}\right) \qquad 式(2.3-22b)$$

$$D_{1(tn+1)}^y = 1 - \exp\left(-R\sqrt{\left(\varepsilon_{1(tn+1)} - [\varepsilon_y]\right)^2}\right) \qquad 式(2.3-22c)$$

其中，

$$\varepsilon_0^{\mathrm{p}} = \left(\varepsilon_{1(tn+1)}^{\mathrm{p}} + \varepsilon_{2(tn+1)}^{\mathrm{p}} + \varepsilon_{3(tn+1)}^{\mathrm{p}}\right)/3$$

式中：F 为屈服函数，R 为损伤常数，D_i 为损伤系数。

综上所述，已知 tn 时刻模型结点速度矢量为 $v(tn)$，系统结点更新后的坐标为 $x(tn)$，单元应力为 $\sigma(tn)$，对于动力弹塑性损伤本构，则 $tn+1$ 时刻系统计算流程如图 2.3-3 所示。

2.3.4 程序验证

本书程序所用屈服准则是在 Mohr-Coulomb 屈服准则基础上，考虑了围岩动力强化和疲劳损伤软化特性，本质是对 Mohr-Coulomb 屈服准则的一种修正。为验证计算程序的正确性，采用本书程序对 FLAC3D 使用手册[11] 中所采用的薄板圆孔验证算例进行计算，并将计算结果与 FLAC3D 计算结果进行比较。需要说明的是：本书程序虽主要用

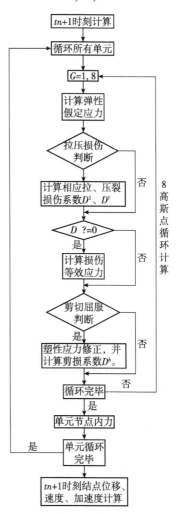

图 2.3-3　tn+1 时刻计算流程图

于求解动力时程问题,但通过增大局部阻尼,采用动态松弛算法也可求解静力问题。为保障与 FLAC3D 中 Mohr- Coulomb 本构模型计算条件的一致性,在该算例中本书程序本构模型设置三种工况:

①不考虑应变率对弹模、粘聚力的影响,不考虑损伤影响。程序屈服准则完全退化为带拉伸截止限的 Mohr-Coulomb 屈服准则;

②考虑应变率对粘聚力的影响,不考虑损伤影响,$P(\dot{\varepsilon}) = 1.0$;

③不考虑应变率对粘聚力的影响,考虑损伤影响,$P(\dot{\varepsilon}) = 1.0$。

假设无限域薄板中赋存三向初始应力均为-30 MPa(压为负),内有一圆孔开挖,计算孔周应力分布。采用非关联流动法则,剪胀角取 0。材料参数详见表2.3-3。

表2.3-3 薄板圆孔算例材料参数

$\rho(\text{T} \cdot \text{m}^{-3})$	$E(\text{GPa})$	μ	$c(\text{MPa})$	$\varphi(°)$	剪胀角 $\psi(°)$	$\sigma^t(\text{MPa})$
2.7	6.78	0.21	3.45	30	0	0

工况一:

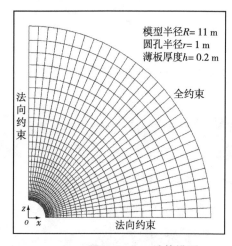

图2.3-4a 计算模型

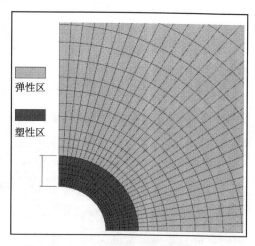

图2.3-4b 工况一破坏区分布图

(1)从图2.3-4b 和彩图1、彩图2可见,洞周应力分布规律与塑性区分布较一致。第一主应力最大值位于弹性与塑性区的交界处,与解析解规律完全一致。

洞周第三主应力基本为 0,表明塑性迭代计算结果较好。

(2)单元相对应力σ_1/P_0,σ_3/P_0($P_0 = -30$ MPa)沿径向分布如图 2.3-5 所示,应力分布规律及量值与解析解基本相同,差值在 1.0% 之内。从洞周位移看,本书程序计算结果为 11.28 mm,解析解计算结果为 11.35 mm。(解析解公式及结果来自 Salençon[8])

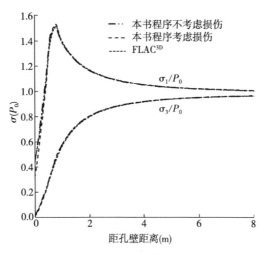

图 2.3-5 应力径向分布

工况二:由于本算例属静力计算,其应变率为伪应变率,没有真实的物理意义。但当考虑应变率对粘聚力的影响时,洞周位移减小为 10.63 mm。这说明,应变率对材料粘聚力的提高,造成塑性位移减小。

工况三:从彩图 3 可以看出,由内向外损伤系数逐渐减小,规律合理。损伤区范围与塑性区范围一致,洞周损伤以剪切损伤为主。

2.4 显式动力有限元计算机高效求解

显式动力有限元对求解近场波动问题虽然有较大的优越性,但目前实际工程中地下洞室群抗震计算的动力时程分析法依然未能广泛推广。除了岩体动力本构、动力时程抗震分析理论等尚不成熟外,仍有一主要原因是:大型工程动力时程分析采用显式有限元方法,计算机运算耗时较长,计算消耗资源过大。笔者曾在普通办公计算机上分别采用 LS-DYNA、FLAC3D 和 ABAQUS 进行过波动过程动力时程测试。对于 50 万六面体八结点单元模型,求解 20 s 的地震过程,模型网格最小时步维持在 10^{-4} s 量级,LS-DYNA 需耗时 88.6 h(约 3.7 d),FLAC3D 需耗时 456.3 h(约 19 d),ABAQUS 需耗时 486.1 h(约 20.3 d)。LS-DYNA 耗时虽较其他两个商业软件少,但对波动场的求解精度却大大降低。在实际工程抗震设计中,往往要求计算人员在较短的时间内提供计算结果。动则十几天甚至几十天的计算耗时,常使数值分析人员无法忍受。动力时程分析显式有限元求解需要较长的时间,严重制约了其在工程设计中的广泛应用。成熟的商业有限元程序尚且如此,考虑到笔者的编程效率,本书的显式动力有限元程序所需的求解耗时会更长。

针对显式动力有限元程序在地震波动问题求解中的长耗时问题,本书程序依照"开源节流"的思想,采取的主要措施有:①"开源",采用计算机并行算法(MPI、OPENMP),拓展计算资源,大量扩容参与计算 CPU 的数目和内存空间;②"节流",优化单元积分点数目,在保障计算精度的条件下,大幅减小运算量。

2.4.1 显式动力有限元的并行计算

随着科学技术的发展,计算机的处理能力大大提升。由 1946 年的第一台计算机 ENIAC 每秒 5 000 次浮点运算,到现在 IBM 的蓝基因每秒可以完成 280 万亿的浮点计算。个人电脑的处理器主频也由原来的几十兆上升到现在的 4.0G。但同时,人们进行科学计算的计算量也越来越大,尤其是天气预报、地理信息、工程仿真等领域。仅靠单核 CPU 的计算能力,已远远不能满足计算要求。以地下洞室地震灾变仿真分析为例,若选取 500 m×500 m×500 m 的计算区域,平均单元长度 5 m,则是 100 万个单元,这样单核 CPU 就很难满足计算要求,需要并行计算来完成。

并行计算是指用多个处理器相互协调,同时计算同一个任务的不同部分,从而提高问题求解速度,或者求解单个处理器无法求解的大规模问题[117]。即通过对计算任务的适当分配,使得原来由一个处理器完成的事情,转变为由多个处理器同时完成,从而达到提高计算效率,缩短计算时间的目的。

并行计算能成倍提高计算效率,已成为当前解决大规模计算的主要技术手段。目前,很多商业有限元程序均充分运用了此功能。如 FLAC3D、ABAQUS 等均支持并行计算。但受国外商业程序知识产权的限制,一般需花费高昂的资金,才能获取其限定 CPU 数的并行运算功能,而且很多程序对最大单元数目进行了限制,这使得很多大型工程问题的解决受到很大的限制。本小节将结合显式有限元程序的计算流程,重点阐述本书程序采用的并行计算处理方法。

2.4.1.1 基本思路

从流程框图 2.2-3 可见,每时间步内对模型所有单元进行积分以求解结点不平衡力是程序计算的主体。单元结点力由各单元单独积分计算所得,单元之间不相互干扰,最终统一到结点力矢量中。各单元内部的积分是完全独立的,这为计算任务的并行分配提供了理论基础。因此,本书程序并行的基本思路是:对模型单元进行划分,分别用不同的 CPU 完成对一定数量单元的求解。

目前较通用的并行编程技术主要有两种:共享内存式并行计算(OPENMP)和分布式内存并行计算(MPI)[118,119]。OPENMP(Open Multi-Processing)是由 SUN、HP、IBM、Intel 等多家顶级计算机厂商和软件开发商联合推出的一种用于共享内存并行系统的多线程程序设计的工业标准[120-124]。MPI(Message Passing Interface)是全球工业、政府和科研部门联合推出的适合进程间进行标准消息传递的并行程序设计平台。两者均是一种计算机并行计算的协议,仅告诉计算机按照哪种方式进行并行计算,而并非特定的编程语言[125-128]。两者的主要特点对比见表 2.4-1。对于不同的计算任务和不同的硬件平台,我们应选用不同的并行协议。从硬件平台看,MPI 适用于大型计算机群,OPENMP 适用于单台多核计算机。大型机群可支持几千甚至上万个 CPU 同时运算,而目前民用单台计算机的 CPU 核数最大仅达到 6 核。因此,在硬件上大型机群更适用于大规模计算;从消息传递时间看,MPI 采用分布式存储,各进程间需经常交换计算数据,这无疑会花费大量的信息传递时间,而 OPENMP 采用共享式存储,各进程共享同一内存空间,这将节省大量信息传递时间。简单说来,与 OPENMP 相比,MPI 通过增加更多的 CPU,从而降低了运算耗时,但同时增加了信息传递的耗时;从计算费用看,大型机群工作站硬件价格昂贵,需要专门的工作环境和专业人员管理维护,而多核计算机硬件相对便宜,与普通办公电脑基本相同,无需专业人员维护。因此,我们应根据计算任务的不同,并行任务的分配等特点,总体计算耗时最短的并行算法,同时综合考虑计算费用,以便选用不同的并行方式。

表2.4-1 OPENMP 和 MPI 并行算法对比

分类	OPENMP	MPI
硬件	适用于单机多线程并行计算,可并行线程有限	适用于机群并行计算,可并行上万个线程
存储方式	共享内存	分布式存储
信息通信	内存读写速度快	消息传递耗时长
适用性	移植性强,可直接在不同单机上运行	需针对不同的机群平台进行并行编程设计

为适应不同计算任务的要求,本书显式有限元程序分别采用了 OPENMP 和 MPI 两种并行方式,并编写了不同的并行程序版本。从计算测试效果看,一般计算规模超过百万单元,则 MPI 并行计算效率较高,百万级以下的一般采用 OPENMP 并行计算效率较高。

2.4.1.2 共享内存并行计算(OPENMP)

OpenMP 是由 OpenMP Architecture Review Board 牵头提出的,并已被广泛接受的,用于共享内存并行系统的多线程程序设计的一套指导性注释(Compiler Directive)。有 FORTRAN、C、C++等语言版本。最新的 Intel Compiler、GNU Compiler、Sun Compiler 和 Microsoft Visual C++等多种编译器也均支持 OpenMP。OpenMP 提供了对并行算法的高层的抽象描述,程序员对计算任务进行人为的特定划分,干预底层并行任务的创建和分配,只需在并行源代码部分加入专门的 pragma 告诉编译器哪部分计算任务需要并行处理,编译器可以自动将程序进行并行化,并保障存储安全。当编译器关闭 OpenMP 并行语言识别时,程序变成一般的串行代码,便于大型程序的调试。OpenMP 通过编译过程自动完成并行分配,大大降低了程序员的工程量,是目前多核计算机并行的主要工具。

OpenMP 主要采用 FORK-JOIN 类型的并行模型(图2.4-1)。开始时,主进程会从程序开始处按照串行程序代码执行,当遇到并行域(parallel),主进程会自动创建设定数目的从进程,并根据并行域的串行代码,自动为各自进程分配计算任务。各子进程可以拥有共同的存储空间,也可分配私有存储空间。并行域执行

完成后(END parallel),各子进程销毁,由主进程继续沿串行代码执行。FORK–
JOIN 模式适用于计算任务集中,各子任务基本相同的问题的并行求解。

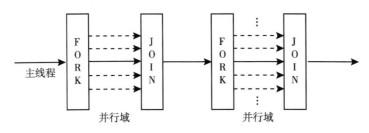

图 2.4–1　FORK–JOIN 并行模型示意图

　　从显式有限元计算流程图 2.4–2 可见,对所有单元积分求解结点力是计算量
最大的部分。其符合计算任务集中,各单元计算任务基本相同的特点。因此,本
书显式有限元程序的 OpenMp 并行计算主要是对单元结点内力计算部分的并行
处理,其余部分由主进程执行。本书程序的 OpenMP 计算流程见图 2.4–2。

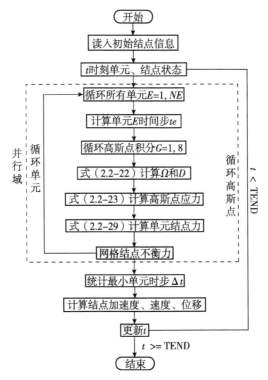

图 2.4–2　更新拉格朗日显式有限元 OPENMP 并行示意图

本书程序采用 FORTRAN 语言编写,采用 Intel @ Visual Fortran Compiler 11.0 编译器。由于该编译器支持 OPENMP 并行技术,在编译前仅需将[工程]>[属性]>[Fortran]>[Language]中 Process OpenMP Drictives 项设置为 Generate Parallel Code (/Qopenmp)。即,告知编译器代码中需识别 OpenMP 代码。这是因为, OpenMP 本身为一种协议,而非程序语言。它本身寄宿于不同的程序语言上。如对于 Fortran 源码的程序,OpenMP 语句的开头必须是"! $OMP"。若不进行上述设置,则编译器不识别 OpenMP 语句,而通过"!"判别,该语句为 fortran 源码中的注释行。

本书程序的 OpenMP 并行程序源码实现如下:

程序开始阶段:

num_cpu = OMP_get_num_procs( )

通过调用 OpenMP 自带函数库,取得计算机的 CPU 数目 num_cpu;

Call OMP_set_num_threads(num_cpu)

通过调用 OpenMP 自带函数,设置并行计算的线程数。num_cpu 可视情况人为设定。

单元结点内力计算阶段,即框图 2.4-2 中的并行域部分:

! $OMP PARALLEL DEFAULT (NONE) SHARED (Acc, element _ list, kwnull, history_list, Pos, Vel, Gauss8_DNG, mat_list, DTk1, EleDistortion, DTk, lck, lck _ acc, nb _ element, num _ cpu, DTk1 _ id, EleDistortion _ id, Acc _ id) PRIVATE (vol, den, xyz, v, ijac, rjac, de, vort, pkxj, DXG, djg, zhi, ie, i, j, p, gspoint, dte, at, c, el, mat, his, phis, bxid, kxc)

bxid = omp_get_thread_num( )   ! 得到线程号

do e = bxid+1, nb_element, num_cpu

   单元结点内力积分……

end do

! $OMP END PARALLEL

其中,! $OMP PARALLEL……! $OMP END PARALLEL 结构,为告诉编译器该部分为并行域。SHARED( )关键字表示,括号内这些变量为共享变量,各线

程采用相同的内存地址；PRIVATE( )关键字表示，括号内这些变量为私有变量，各线程采用独立的内存地址。

2.4.1.3 分布式内存并行计算(MPI)

MPI 全称 Message Passing Interface，即消息传递的接口。它本身不是程序语言，而是规范各进程间进行消息传递的一种协议。目前，针对 FORTRAN、C、C++等常用编程语言，国际 MPI 协会分别推出了相应的 MPI 库。即在用户实际编程中，MPI 实际为各种串行编程语言的一个扩充库。用户只需调用库中的函数，实现消息传递的某种功能即可，而无需考虑具体函数内部是如何实现的。目前网上有很多免费下载的 MPI 库，其中以 MPICH 和 LAN-MPI 较为常用。本书程序采用 MPICH 函数库。

MPI 并行程序的调试及运行，一般还会涉及并行工作站系统配置，Linux 系统下的程序编译等内容。本书 MPI 并行程序在 Linux 操作系统下编译完成，在水资源与水电国家重点实验室大型机群工作站上运算。该工作站装备 HP 刀片系统，理论计算峰值：大于 1 万亿次浮点运算/秒。现有节点 18 个，其中 14 个计算节点，2 个管理节点，2 个 I/O 节点，1 个存储阵列。各计算结点 CPU 采用 2 颗 2.4 GHz Intel Xeon E5530 四核 64 位处理器。各用户一般可申请 4 个计算结点。关于工作站的配置、操作、任务管理、代码编译与本书程序并行设计理论关联较少，在此不详细描述。

MPI 并行编程模式一般分为主从模式、对称模式和多程序模式三种。其中主从模式包括一个主进程和多个从进程。本书程序采用主从模式，其中一个进程作为主进程，主要进行计算数据的前后处理、并行区域划分、共享数据消息传递、结果输出等工作，其余进程在主进程的任务分配下进行计算，并及时通过主进程进行各种数据交换。其基本构架如图 2.4-3 所示。

MPI 与 OPENMP 的并行思路不同，需要程序员提前对并行任务进行划分，然后由各进程独立计算，仅在必要的时刻，通过主进程进行各项数据的交换。本书程序显式有限元的 MPI 并行计算流程如 2.4-4 所示。

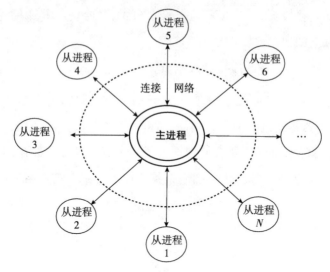

图 2.4-3　MPI 主从并行模型

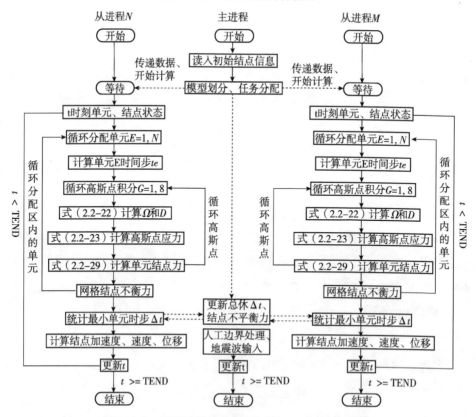

图 2.4-4　更新拉格朗日显式有限元 MPI 并行示意图

考虑到本书程序的复杂性和整体性,为节省篇幅,不便详细列出 MPI 并行程序源码,并加以说明。现简要将程序中应用到的 MPI 函数罗列如下:

MPI_INIT(ierr):初始化 MPI 调用

MPI_COMM_SIZE(MPI_COMM_WORLD,nprocs,ierr):得到总的进程数

MPI_COMM_RANK(MPI_COMM_WORLD,myid,ierr):得到当前进程号

MPI_BCAST(Freenum,1,MPI_INTEGER,mastorid,MPI_COMM_WORLD,ierr):在所有进程中广播并获得数据

MPI_SEND(commonlfile,50,MPI_CHARACTER,id,11,MPI_COMM_WORLD,ierr):向某进程发送数据

MPI_RECV(for077file,50,MPI_CHARACTER,mastorid,12,MPI_COMM_WORLD,status,ierr):从某进程得到数据

MPI_FINALIZE(ierr):注销 MPI 调用

2.4.1.4 计算效率比较

数值分析采用并行计算的主要目的是加大问题的解决规模和加快问题的求解速度。对于有限元动力计算来讲,主要是通过并行计算能提高模型的总体单元数量和缩短问题的求解耗时。科学计算中,通常采用加速比和并行效率来衡量并行计算的性能。其中,加速比是指同等硬件条件下串行程序所用的求解时间与并行计算所用的求解时间之比,可表示为:

$$S(p) = \frac{T_s}{T(p)} \qquad\qquad 式(2.4-1)$$

其中,T_s 表示串行程序所用时间,$T(p)$ 表示 p 个处理器并行所用的时间。

加速比一般取值范围为 $0 < S(p) < p$,$S(p) = p$ 时为线性加速比。实际情况中,受到处理器间通信耗时、并行代码效率、主从进程任务不平衡、处理器资源浪费等限制,很少有计算能达到线性加速比。

并行效率是衡量并行计算中处理器利用率的指标,可表示为并行计算处理器利用率与串行程序处理器利用率之比,即:

$$E(p) = \frac{S(p)}{p} = \frac{T_s}{pT(p)} \qquad\qquad 式(2.4-2)$$

并行效率一般取值范围是 $0 < E(p) < 1$。$E(p) = 1$ 表示并行计算具有线性加

速比。

采用下述算例检验本书程序的计算规模及程序并行计算的效率。

算例:计算一正弦脉冲在岩柱内的传播过程。一竖直的岩柱,截面为正方形 20 m×20 m,长 2 500 m,各方向间隔 1m 划分单元,共划分 1 000 000 个六面体八结点单元,1 102 941 个结点。弹性模量取 1.687 5 GPa,泊松比 0.25,密度 2 700 kg/m³。为保障波在岩柱内持续传播,不考虑阻尼,模型边界均采用自由面。计算不考虑初始应力和自重等外力影响。脉冲以速度形式输入:$v_z = A\sin\left(\dfrac{t}{T}2\pi\right)$,振幅 $A = 2$ m/s,周期 $T = 1$ s,$t \in \begin{bmatrix} 0,1 \end{bmatrix}$。计算持时 20 s。

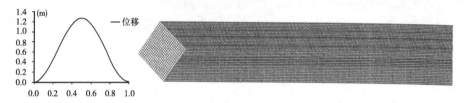

图 2.4-5 百万单元波动计算模型图

为比较并行处理程序的效率,本算例分别采用三种计算方案:

方案一:本书程序串行程序代码,在普通办公电脑上计算,使用单进程,处理器为 Intel(R) Core(TM) i5 @2.8GHz;

方案二:本书程序 OPENMP 并行程序代码,在 IBM@ X3650 工作站上计算,使用 24 个核,处理器为 Intel(R) Xeon(R) @3.46GHz;

方案三:本书程序 MPI 并行程序代码,在水资源与水电国家重点实验室大型计算机群上计算,使用 32 个核,处理器为 Intel Xeon E5530 @2.4GHz。

图 2.4-6 模型波形图(t =7.5 s)

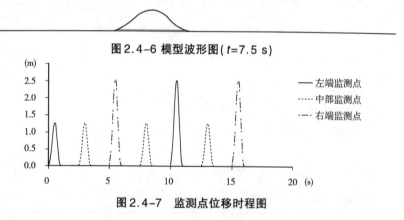

图 2.4-7 监测点位移时程图

(1)从计算结果看,三种方案计算结果完全一致。根据模型材料参数计算可知,模型剪切波波速为 500 m/s,杆件长 2 500 m,波自左端传到右端需耗时 5 s。从图 2.4-6 模型波形图看,杆件中传播波形与输入荷载基本一致;从图 2.4-7 模型两端及中部监测点的位移时程图可以看出,两端监测点位移相差 5 s;从两端监测点的位移时程可见,波在两端自由面处发生反射,波形振幅扩大 2 倍。这些均说明,计算真实反映了波在杆件内部的传播过程,计算结果基本合理。

(2)从计算量看,本模型共划分一百万个单元,1 102 941 个结点,采用 8 高斯点积分算法,最小时间步 4.157×10^{-4} s,计算持时 20 s,整体模型单元内力求解 481 112 次。从计算过程看,方案二耗时约 17.4 h,方案三耗时约 14.7 h,分别占方案一耗时的 7.9% 和 6.7%。计算时长基本能满足工程设计的时间要求。从加速比指标看,由于方案三采用的 CPU 核数较方案二多,其并行计算的加速效果更加明显。但从并行计算单个 CPU 核的利用效率来看,方案二为 0.527 5 较方案三 0.466 4 略高,这主要是因为 OPENMP 采用共享内存的信息存储方式,信息传递耗时较 MPI 分布式存储要少得多,从而提高了 CPU 的利用率。考虑到共享存储的工作站购买价格比大型机群工作站低得多,建议在百万单元计算量以下的波动问题求解,可优先采用 OPENMP 并行方式,对千万单元计算量以上的工程计算问题,采用 MPI 并行方式,并在大型计算机群上计算。

表 2.4-2　三方案计算效率对比表

	方案一(单核)	方案二(OPENMP)	方案三(MPI)
总耗时	792 152 s(约 220 h)	62 580 s(约 17.4 h)	53 074 s(约 14.7 h)
加速比	1	12.66	14.93
并行效率	1	0.5275	0.4664

(3)从图 2.4-8 可以看出本书程序在 OPENMP 并行方式运行时,主进程(最后一个)利用率基本在 100%,而其余 23 个从进程利用率仅达到 60%。这主要是因为,本书 OPENMP 并行采用 FORK-JOIN 并行模式,使得从进程仅处理单元内部结点力积分部分并行域代码的运行,其余运算均由主进程负责。若想进一步提高从进程的利用效率,需在程序并行结构设计、主从任务分配、代码优化、计算理

论、计算量优化等方面做较多工作。

总体看来,采用并行算法对显式有限元算法进行处理后,使其百万级单元 20 s 波动过程的计算基本能在 18 个小时内完成,基本能满足工程设计对计算时间的要求。同时,通过算例试算及笔者的计算经验,考虑到共享存储的工作站购买价格比大型机群工作站低得多,建议在百万单元计算量以下的波动问题求解,可优先采用 OPENMP 并行方式,对千万单元计算量以上的工程计算问题,采用 MPI 并行方式,并在大型计算机群上计算。

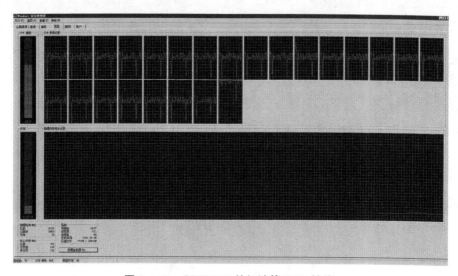

图 2.4-8　OPENMP 并行计算 CPU 性能

2.4.2 单多高斯点混合积分

为提高显式有限元的求解效率,我们必须在保证计算任务的前提下,尽量减小程序的运算量。这方面,除了要求程序员有较高的编程水平,在充分考虑计算与存储的平衡关系下,尽量优化程序结构代码外,还应在计算理论方面有所创新改进,以从理论上减小计算量。

从 2.2.4 小节显式有限元的计算流程看,每时步单元结点内力的运算量是最大的。从流程框图 2.2-3 可见,积分高斯点数的减少,可成倍减小计算量。其实,对于积分点数量的优化,商业显式有限元程序已做过很多成功的实践。代表性的有：LS-DYNA 和 FLAC3D。以六面体八结点单元为例，LS-DYNA 采用单高斯点积分，并通过沙漏阻尼力弥补对单元旋转的控制；FLAC3D 采用高斯散度原理积分，相当于将一个六面体单元分解为 5 个四面体常应变单元积分，计算量得到成倍降低。这也是 FLAC3D 称为"快速"拉格朗日有限差分法的主要原因。总体看来，这两种方法均较隐式有限元计算中常用的 8 高斯点积分，计算量大大降低，但均不可避免地带来一定计算精度上的损失。如 LS-DYNA 虽然采用沙漏阻尼力尽量弥补单高斯点积分引起的沙漏模态（hourglass modes），但依然无法完全避免因沙漏基矢量丢失而引起的数值震荡，对波动计算中结点加速度的求解产生较大误差。而在爆炸、冲击等高速动力学问题分析中，数值震荡的误差可以满足问题分析的精度要求。这也是如今 LS-DYNA 广泛应用于爆破塌落分析、汽车碰撞分析等领域的主要原因；FLAC3D 虽然采用 5 个四面体常应变单元代替六面体八结点单元，但这样无疑"硬化"了单元，降低了单元形函数的阶数，计算精度受到一定影响。而在岩土工程领域，其计算精度的降低，依然可以满足岩土问题分析的精度要求。这也是如今 FLAC3D 在岩土领域广泛应用的重要基础。借鉴商业有限元程序的成功实践，本书程序亦期待在有限元积分方法上有所优化，以达到减少计算量的目的。为此，本书提出了单元分区单多高斯点混合积分算法。

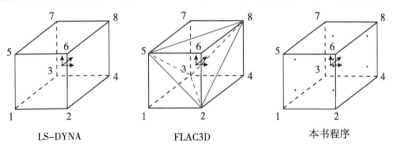

图 2.4-9　单元不同积分格式示意图

2.4.2.1 基本思路

从流程框图 2.2-2 可见，单元结点力由各单元单独积分计算所得，单元之间不相互干扰，最终统一到结点力矢量中。这为不同单元间采用不同数目的高斯点积分提供了统一的数学格式。单元采用单高斯点积分，计算量小，计算耗时短，但存在数值震荡误差；单元采用 8 高斯点积分，计算量大，计算耗时长，但计算精度高。为此,本书程序在计算中,根据计算任务精度要求对单元进行积分区域划分,对重点分析的计算区域、边界单元等部位采用 8 高斯点积分,确保计算精度和人工边界的数值稳定。对其余模型区域采用单高斯点积分,节省计算耗时。

2.4.2.2 混合高斯点积分算法

显式有限元结点内力的积分流程在 2.2 小节中已系统阐述,以下重点说明,不同积分点上,单元形函数偏导的计算。

对于六面体八结点单元,8 高斯点积分时,其积分点的局部坐标分别为:
$\left(-\sqrt{3}/3, -\sqrt{3}/3, -\sqrt{3}/3\right)$、$\left(\sqrt{3}/3, -\sqrt{3}/3, -\sqrt{3}/3\right)$、$\left(-\sqrt{3}/3, \sqrt{3}/3, -\sqrt{3}/3\right)$、$\left(\sqrt{3}/3, \sqrt{3}/3, -\sqrt{3}/3\right)$、$\left(-\sqrt{3}/3, -\sqrt{3}/3, \sqrt{3}/3\right)$、$\left(\sqrt{3}/3, -\sqrt{3}/3, \sqrt{3}/3\right)$、$\left(-\sqrt{3}/3, \sqrt{3}/3, \sqrt{3}/3\right)$、$\left(\sqrt{3}/3, \sqrt{3}/3, \sqrt{3}/3\right)$;单高斯点积分时,其积分点位于单元形心处,局部坐标为 $(0, 0, 0,)$。

六面体八结点单元的形函数可表示为:

$$N = \frac{1}{8}\left(\sum{}^{T} + \Lambda_1^T \xi + \Lambda_2^T \eta + \Lambda_3^T \zeta + \Gamma_1^T \xi\eta + \Gamma_2^T \eta\zeta + \Gamma_3^T \xi\zeta + \Gamma_4^T \xi\eta\zeta\right)$$

$$式(2.4-1)$$

其中,$N = \begin{bmatrix} N_1 & N_2 & N_3 & N_4 & N_5 & N_6 & N_7 & N_8 \end{bmatrix}^T$

$\sum = \begin{bmatrix} 1 & 1 & 1 & 1 & 1 & 1 & 1 & 1 \end{bmatrix}^T$

$\Lambda_1 = \begin{bmatrix} -1 & 1 & 1 & -1 & -1 & 1 & 1 & -1 \end{bmatrix}^T$

$\Lambda_2 = \begin{bmatrix} -1 & -1 & 1 & 1 & -1 & -1 & 1 & 1 \end{bmatrix}^T$

$\Lambda_3 = \begin{bmatrix} -1 & -1 & -1 & -1 & 1 & 1 & 1 & 1 \end{bmatrix}^T$

$\Gamma_1 = \begin{bmatrix} 1 & -1 & 1 & -1 & 1 & -1 & 1 & -1 \end{bmatrix}^T$

$\Gamma_2 = \begin{bmatrix} 1 & 1 & -1 & -1 & -1 & -1 & 1 & 1 \end{bmatrix}^T$

$\Gamma_3 = \begin{bmatrix} 1 & -1 & -1 & 1 & -1 & 1 & 1 & -1 \end{bmatrix}^T$

$$\Gamma_4 = \begin{bmatrix} -1 & 1 & -1 & 1 & 1 & -1 & 1 & -1 \end{bmatrix}^T$$

基矢量 $\sum$ 描述单元的刚体平动，Λ_1 描述单元的拉压变形，Λ_2 和 Λ_3 描述单元的剪切变形。基矢量 Γ_1、Γ_2、Γ_3、Γ_4 称为沙漏基矢量。

在结点内力计算中，单元形函数的偏导可表示为：

$$\partial N/\partial \xi = \frac{1}{8}\left(\Lambda_1^T + \Gamma_1^T \eta + \Gamma_3^T \zeta + \Gamma_4^T \eta \zeta \right) \qquad 式(2.4-2a)$$

$$\partial N/\partial \eta = \frac{1}{8}\left(\Lambda_2^T + \Gamma_1^T \xi + \Gamma_2^T \zeta + \Gamma_4^T \xi \zeta \right) \qquad 式(2.4-2b)$$

$$\partial N/\partial \zeta = \frac{1}{8}\left(\Lambda_3^T + \Gamma_2^T \eta + \Gamma_3^T \xi + \Gamma_4^T \xi \eta \right) \qquad 式(2.4-2c)$$

由式(2.4-2)可见，$\partial N/\partial \xi$、$\partial N/\partial \eta$、$\partial N/\partial \zeta$ 在单积分点计算时，由于积分点局部坐标为 $(0,0,0,)$，造成沙漏基矢量 Γ_1、Γ_2、Γ_3、Γ_4 被丢失了。这在动力响应计算时，单元形态将不受控制，进而产生单元结点的数值震荡。而采用 8 积分点进行计算时，由于各积分点局部坐标均不为零，不会造成沙漏基矢量丢失，计算精度较高。

为了弥补单高斯点积分时，由于沙漏基矢量丢失引起的数值震荡，可以使用沙漏粘性阻尼力算法来控制，即施加一个与沙漏模态变形方向相反的沙漏阻尼力。为此，本书程序在单高斯点积分时，引入沙漏阻尼力修正算法：

根据沙漏基矢量和其他基矢量的正交特性，即 $\Gamma_k^T \sum = 0$，$\Gamma_k^T \Lambda_l = 0$，$k=1,2,3,4$；$l=1,2,3$。如果，

$$h_{ik} = \Gamma_k^T v_i \neq 0 \qquad 式(2.4-3)$$

则表示该单元速度场存在沙漏模态，此时可在单元的各结点处引入与 h_{ik} 有关且与沙漏模态 $\Gamma_k^T(k=1,2,3,4)$ 的变形方向相反的沙漏粘性阻尼力

$$f_{ik}^l = -\alpha_h h_{ik} \Gamma_{kl} \qquad 式(2.4-4)$$

式中 Γ_{kl} 表示沙漏基矢量 Γ_k 的第 I 个分量，系数 α_h 由下式确定

$$\alpha_h = Q_h \rho V_e^{2/3} \frac{c}{4} \qquad 式(2.4-5)$$

式中，V_e 为单元体积，c 为材料的波速，Q_h 为常数，通常取 0.05~0.15。

2.4.2.3 计算流程

在模型计算前,首先根据计算任务要求,人为对模型单元进行分区,标示分别采用单高斯点和8高斯点进行积分运算的单元。在程序计算中,根据单元标示,分别对单元采用不同的积分算法。由于采用单高斯点积分较8高斯点积分减小了7/8的运算量,且仅增加了沙漏阻尼力的计算量,程序总体计算量得到显著降低。因此,在前期划分单元积分类型时,应在满足计算任务精度要求前提下,尽量使单元采用单高斯点积分。整体程序的计算流程可优化为图2.4-10所示。

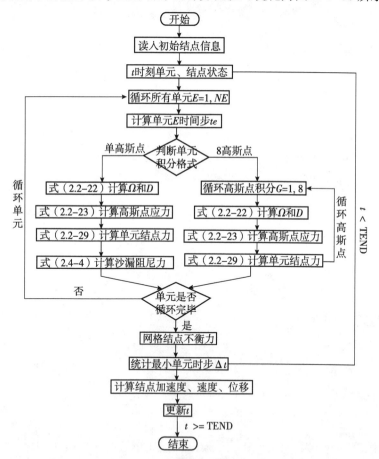

图2.4-10 混合积分点更新拉格朗日显式有限元流程图

2.4.2.4 计算效果验证

1.计算精度验证

为了验证单多高斯点混合计算的合理性,应用本书动力时程计算程序,采用动态松弛法对薄板圆孔静力问题进行分析。正方形薄板长宽 19.0 m,弹模 $E = 7 \times 10^3$ MPa,泊松比 $\mu = 0.21$,容重 $r = 2.7$ T/m³。单元初始应力 $(-30, -30, -30, 0, 0, 0)$ MPa。对中部直径 2.0 m 的圆洞进行开挖,采用单高斯点、8 高斯点和混合高斯点三种积分方法进行计算,计算模型及结果见图 2-4-11。

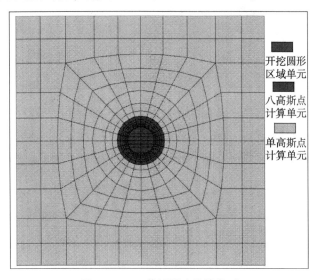

开挖圆形
区域单元

八高斯点
计算单元

单高斯点
计算单元

图 2.4-11　薄板圆孔计算模型

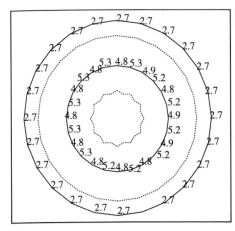

图 2.4-12　单高斯点计算孔周位移图

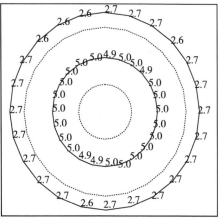

图 2.4-13　八高斯点计算孔周位移图

从计算结果看,模型整体采用单高
斯点积分计算,孔周存在明显的沙漏现
象,相邻结点位移相差 0.5 mm。而 8
高斯点孔周位移分布均匀,在 5 mm 左
右。模型采用 1、8 高斯点分区混合计
算,孔周位移分布均匀,在 5 mm 左右。
应力分布均匀,规律良好。说明,1 和 8
高斯点分区混合计算,吸收了 1 高斯点
和 8 高斯点积分的优点,在保障计算精
度的同时,大大提高计算速度。

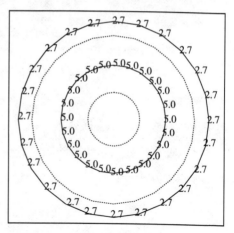

图 2.4-14　混高斯点混合计算位移图

2. 工程实用性验证

为了说明显式动力有限元多高斯点分区混合计算的实用性,对某地下厂房洞
室进行地震动力时程分析计算。该地下洞室群由主厂房、主变室、尾水调压室及
母线洞、尾水洞等组成。厂区岩体以灰白色、微红色黑云二长花岗岩为主,岩体较
完整,以 Ⅱ~Ⅲ 类围岩为主。综合考虑,计算采用弹性模量 15 GPa,泊松比 0.25,
粘聚力 1.2 MPa,内摩擦角 45°。根据地应力测试结果,该初始地应力场为以自重
为主的构造地应力场。本算例侧压力系数取 $kx = 0.55, ky = 1.2, kz = 1.0$。根据地
下厂房洞室群结构特点和地质结构特征,从厂房中部选取厚 20 m 的断面进行分
析计算。计算模型及支护见图 2.4-15。

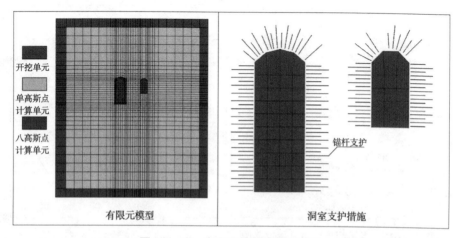

图 2.4-15　有限元模型及锚杆布置

z向加速度(cm·s^{-2})计算地震波采用汶川地震中卧龙地震台监测到的20~80 s加速度时程曲线,转换为计算时间0~60 s(见图2.4-16)。通过对原始地震监测加速度曲线进行滤波、基线校正、幅值折减等处理后得到计算加速度时程曲线。模型动力边界采用底部顶部为粘弹性边界,四周为自由场人工边界。局部阻尼采用0.17。关于本书程序人工边界、锚杆等的计算理论在后续章节详细阐述,在此算例中不做重点描述。

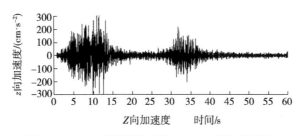

图2.4-16 汶川地震波 Z 向加速度时程(卧龙台)

(1)从计算速度看,全部模型采用8高斯点积分耗时1 608 s,而采用1和8高斯点分区混合积分耗时283 s,缩短计算时间1 325 s,占82.4%。可见,采用多高斯点分区混合积分计算,有效减少了显式动力有限元的求解耗时,很大程度上提高了显式有限元计算效率。

(2)从围岩塑性区的发展规律看,采用多高斯点分区混合积分,单元模型塑性区随地震附加应力场的变化而表现出波动发展的状态,计算规律基本合理。

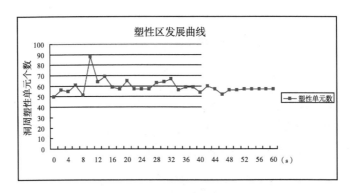

图2.4-17 塑性区发展时程图

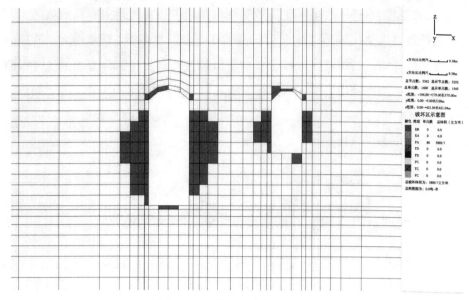

图2.4-18 塑性区分布(*t*=10 s)

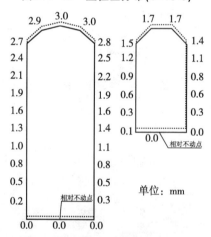

图2.4-19 相对位移图(*t*=10 s)

从两支护方案塑性区时程发展看(图2.4-17),塑性区发展规律与地震波时程规律相同,在 *t*=10 s 时刻塑性破坏区最大。在 *t*=10 s 时刻,洞间塑性区未贯穿(图2.4-18),这主要因为锚杆支护作用有效限制了洞周塑性区的开展。说明采用多高斯点混合计算,锚固支护规律基本正确。

(3)从 *t*=10 s 洞周围岩相对变形规律看,采用多高斯点分区混合积分,呈现出离相对点越远,相对变形量值越大的规律。说明地震波动场主要以弹性波动场为主,这与洞周塑性区的分布规律基本一致。从 $t=10$ s 时刻洞周围岩相对变形量值看,最大相对位移 3.0 mm,与类似工程基本相同。说明,采用多高斯点分区混合积分计算,结果是正确的。

综上所述,本书提出的混合高斯点积分算法,计算精度能满足地下洞室动力时程抗震分析方法的计算任务要求,计算速度较传统方法有了大幅提高。

2.5 本章小结

地下洞室群地震响应问题属于近场波动问题,其工程区波动场的时域求解是围岩抗震稳定分析的基础。本章首先论证了三维波动场有限元积分格式的选择,其次采用中心差分法实现了三维波动场的逐步积分求解,构建了数值计算平台的基本框架。针对地下洞室群岩体的动力特性,在理论上研究了工程岩体动力本构模型。同时,针对显式有限元求解耗时长的问题,从计算机求解技术和有限元积分方法等方面进行了研究。主要工作及结论如下:

(1)以能高效解决材料非线性、几何非线性和边界非线性等三种非线性问题,作为选择有限元计算坐标描述和求解方式的基本原则。本书程序采用拉格朗日网格描述法,采用更新拉格朗日格式的显式中心差分法求解。

(2)详细推导了更新拉格朗日显式有限元计算的数值计算过程,给出了主要方程的矩阵运算,构建了计算程序的基本框架。

(3)考虑地震动荷载作用下岩体材料在中应变率下的材料强化特性和循环荷载作用下材料的疲劳损伤劣化特性,在引入应变率的摩尔库仑准则基础上,建立了三维弹塑性损伤非线性动力本构模型,并推导了其在显式有限元计算中应力修正公式。

(4)采用“开源节流”的思想缩短显式动力有限元计算程序的求解耗时。“开源”主要通过计算机并行算法(MPI、OPENMP),拓展计算资源,大量扩容参与计算的 CPU 数目和内存空间;“节流”主要采用单多高斯点混合积分算法,减少总的计算量。

第三章　动力时程分析中地下
洞室群的人工边界

地震灾变中,地下洞室群工程区是我们关心的重点区域,需要对洞室赋存介质、地下结构、介质—结构相互接触进行精细非线性波动模拟,而对工程区外的相对无限远地质体的波动细节则不感兴趣。地震学界将此类问题归结为近场波动问题。洞室群工程区相对整个地震区域是微小的,远域地震的非线性波动对工程区影响较小,因此可以将工程区外的地震区域假设为弹性无限介质体。由此,地下工程地震模拟的力学模型可简化为如图3-1所示。将地下结构及其周围赋存介质视为广义结构,无限域介质体视为均匀的弹性半空间体。广义结构的波动问题可采用第二章论述的显式有限元逐步积分法进行精细求解。本章重点讨论的问题是广义结构体边界波动场。对整个地震区域的无限域进行有限元波动模拟是不可能的,而且是完全没有必要的,我们仅关心的是广义结构体与无限域间波动效应的相互影响。在数值计算领域,国内外学者多采用人工边界来解决该问题。人工边界实质上是波动有限元离散计算中,为实现无限介质的有限化处理而人为虚设的计算边界。该边界应尽量模拟无限域波动场在此边界的主要特性,其应满足的条件称为人工边界条件(Artificial boundary condition)。结合地下洞室群工程实践,人工边界主要模拟特征有:波的入射和透射、边界处无限域波动场、边界处无限域弹性位移场等。

本章围绕无限介质有限化处理问题,以人工边界为中心,重点阐述:①地下工程地震灾变数值动力时程计算中人工边界的满足条件、计算理论及程序实现;②竖向和斜向入射条件下地下洞室群人工边界的设置。

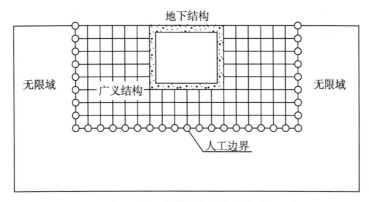

图3-1　地下结构-地基系统波动反应分析示意图

3.1 人工边界概述

在早期的近场波动有限元求解中,主要采用建立较大的计算区域来避开人工边界的设置问题。因为如果计算边界至广义结构的距离 $L \geqslant \dfrac{cT}{2}$, c 为无限域的最大波速, T 为结构反应计算时长,则从计算边界反射回模型的波在到达广义结构前计算完成,不会干扰计算结果。如考虑无限域阻尼对波的衰减作用,则只需满足边界反射波在到达广义结构前已衰减完毕。早在 1986 年,Alterman[129] 就采用这种远置边界对近波场波动进行了数值模拟,并与解析解做了对比。这种边界设置在近场波动问题有限元求解中,可以提供精确地消除边界条件影响的数值解。但是这种远置人工边界随着计算时长的增加,使得无限域建模范围呈几何级数增加,计算量浩大,很难应用到地下洞室群地震灾变的高效数值仿真中。为提高计算效率,应尽量缩小无限域的建模范围,以至将计算边界设置在广义结构边界上,而这样计算边界就需满足人工边界条件,从而形成人工边界。

从波动力学观点看,人工边界条件应保证广义结构外行波能进入外部无限域。基于不同的计算理论,人工边界条件可以分为两种[43]:其一是模拟外形波穿过整个人工边界进入无限域;其二是模拟外形波穿过人工边界上的离散点进入无限域。前者称为全局人工边界,后者称为局部人工边界。

3.1.1 全局人工边界

全局人工边界保证人工边界处的外行波满足无限域内的所有场方程和物理边界条件,是边界条件的解析解。因为其在空间与时间上均满足全局条件,在建立时需通过傅里叶变换及离散化积分求解。目前主要包括:边界元法、薄层法、惠更斯边界等。

1. 边界元法[130,131]

边界元法基于满足无限域内任何物理数学方程叠加原理而建立的边界积分方程,通过对边界划分进行离散化求解。该方法边界条件精确,适用于任何线性无限域。该方法的应用前提为边界积分方程存在基本解,对于非均匀介质等问题难以应用。并且,边界元的边界求解方程组系数矩阵为非对称阵,与广义结构内部有限元计算存在耦合误差问题,限制了计算模型的规模。

2. 薄层法[132,133]

薄层法将无限域划分为有限的成层弹性介质,人工边界条件在与分界面垂直的竖向人工边界上建立。采用有限元法将介质沿竖向划分为薄层,将外行波波面函数展开,采用迭代法求解边界积分方程本征问题的解。该方法在水平方向是精确的,在竖向具有有限元法的精度,较适用于成层介质的无限域模拟。该方法将人工边界条件的建立归结为本征问题的求解,避免了对基本解的要求,但不适用于外行波在竖向方向的传播模拟。

3. 标准边界元方法[134,135]

标准边界元方法在几何和物理性质上满足相似条件的无限域中,直接运用标准有限元方法确定动力刚度矩阵,其思想是 1982 年 Dasgupta 提出的。该方法与边界元相比,无需基本解;和薄层法相比,无需求解本征方程。该方法的缺点是相似性条件不易满足。

3.1.2 局部人工边界

局部人工边界条件满足外行波从人工边界离散点上穿出,其主要特征是时空解耦,即某一时刻边界点的波动仅与相邻结点有关,而与其他时刻和其他结点运动无关。这一特征将广义结构有限元计算与人工边界条件积分求解统一到相同的数学格式下,便于边界条件的耦合求解,大大简化了计算难度。局部人工边界以其良好的实用性和易计算性,受到工程研究人员的重视。目前较成熟的商业数值分析软件,均采用局部人工边界。如 Abaqus[136]采用无限元边界、Flac3D[11]采用粘性边界。此外廖振鹏、刘晶波、杜修力等人对粘弹性人工边界做了系统研究,并应用到多种商业软件。

1. 无限元边界[136,137]

无限元边界最早由 Bettess(1977)提出[138],现已在近场波动人工边界条件的设置问题中得到成熟应用。其主要通过修改边界单元在某无限方向上的形函数,使其局部坐标趋于 1 时,单元整体坐标趋于无穷远,从而实现对无限区域的模拟。通过形函数对无限域的模拟,实现边界外行波向无限域的传播。以下简要介绍无限元边界在有限元计算中的实现。

在人工边界处,引入虚拟阻尼力:

$$\sigma_{damp} = - d_p \dot{u} A \qquad\qquad 式(3.1-1)$$

其中:d_p 为阻尼系数,$\dot{u}$ 为速度分量,A 为结点等效面积。

$$对于压缩波,d_p = \frac{\lambda + 2G}{C_p} = \rho C_p \qquad\qquad 式(3.1-2a)$$

$$对于剪切波,d_s = \rho C_s \qquad\qquad 式(3.1-2b)$$

其中:ρ 为介质密度,C_p 为压缩波波速,C_s 为剪切波波速。

无限元边界在静力与动力有限元计算中有统一格式,便于地下工程静动力分析,能较好模拟对结构外行波的吸收,及实现无穷远处位移为 0,但在无限元边界上实现外源地震动荷载输入较困难。

2. 粘性边界[139,140]

粘性边界早在 1969 年由 Lysmer 和 Kuhlemeyer 提出。通过在人工边界离散点的各自由度方向设置阻尼器,吸收结构内传播来的外行波。该方法物理概念清晰,计算简单,便于引入有限元求解。阻尼器提供的边界力仅与该离散点速度有关,计算公式如下:

$$t_n = - \rho C_p v_n \qquad\qquad 式(3.1-3a)$$

$$t_s = -\rho C_s v_s \qquad\qquad 式(3.1-3b)$$

式中:v_n 和 v_s——边界离散点的法向速度和切向速度;

ρ——密度;

C_p 和 C_s——p 波和 s 波波速。

有限元时步求解中,可以将阻尼器产生的力作为边界外力直接作用在边界离散点上。该边界在吸收入射角大于 30° 的体波时,完全有效。但是对较小入射角或者面波,能量吸收并不理想。并且粘性边界条件仅从能量吸收条件考虑,不能模拟无限域的弹性恢复性能,在低频作用下易出现整个模型漂移现象。

3. 粘弹性边界

为了克服粘性边界在低频作用下整体模型漂移问题,避免基于一维波动理论推导的三维粘性边界的误差,Deeks[141],刘晶波[142,143],杜修力[144]等根据柱面波动方程建立了三维粘弹性人工边界。该人工边界通过在边界离散点各自由度方向设置"阻尼器+弹簧"系统,既满足了对外行波的吸收,也反映出无限介质的弹性恢复性能,避免整体计算模型的漂移。

3.2 地下洞室群人工边界的有限元实现

地下洞室群深埋于山体之下,位于整个地壳的无限域介质中。在动力时程分析中,为了实现对工程区波动场的求解,我们需将地下洞室群部位的工程岩体人为地切割出来,并划分有限元网格进行波动场积分求解。同时,需在模型边界进行一定的人工边界算法处理,以模拟人为切割面上的波动场特征。从波场分离角度看,模型边界处的人工边界算法需能模拟以下四个波动场:①自模型内部向无限域透射的外行波动场;②自无限域向模型内部传播的入射波动场;③模型内部平行于边界的非透射波动场;④无限域中平行于边界的波动场,称为自由场。波场③和波场④传播方向与边界平行,不发生透射和入射。目前尚未有可以同时模拟这四个波动场的人工边界算法。在地下洞室群力灾变时程计算中,需针对不同的地震波入射情况,考虑模型边界地震波动场的分布特征,选择不同的人工边界模拟上述四个波动场。本小节重点介绍三维粘弹性人工边界和自由场人工边界的基本原理、计算方法和程序实现。

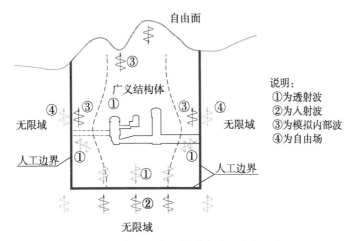

图 3.2-1　地下洞室群模型波动场分布示意图

3.2.1 粘弹性人工边界

粘弹性人工边界是应用较广泛的一种局部人工边界,其主要用于模拟人工边界面处模型内部波的透射和模型外部波的入射。该理论最早由 Deeks 和 Randolph[47,48]提出,后经刘晶波、杜修力等教授研究完善。粘弹性人工边界理论完善,算法简单,实现了波动问题分析的数值解耦,便于在显式有限元中实现。如下简要介绍其基本原理及其在本书程序中的实现方法。

3.2.1.1 三维粘弹性人工边界基本原理

三维粘弹性人工边界为应力型人工边界,其基本思路是根据无限域弹性介质中球面膨胀波(P波)和球面剪切波(S波)的理论波动方程,求解有限元模型边界处相应的应力状态。通过在有限元模型边界上设置阻尼器、弹簧等虚拟物理元件形成人工边界,使得相同波动状态下人工边界处的应力状态与理论波动方程求解的应力状态相一致,从而实现对无限域波动场的模拟。文献[49]对压缩波与剪切波在模型边界处的应力状态及物理元件设置进行了详细推导说明,下文仅对其原理进行简单介绍。

根据波动学理论,球坐标系中球面膨胀波(P波)的波动方程为:

$$\frac{\partial^2 \left(R\varphi \right)}{\partial R^2} = \frac{1}{c_p^2} \frac{\partial^2 \left(R\varphi \right)}{\partial t^2} \qquad\qquad 式(3.2-1)$$

其中，φ 为位移势函数，c_p 为介质的 P 波波速，R 为径向坐标。

式(3.2-1)的通解为：

$$\varphi\left(R,t\right) = \frac{1}{R}f(R - c_p t) + \frac{1}{R}g(R + c_p t) \qquad 式(3.2-2)$$

其中，$f\left(\cdot\right)$ 和 $g\left(\cdot\right)$ 为任意函数，分别表示外行波和内聚波。

人工边界处只考虑外行波，则垂直边界的法向应力和位移满足：

$$\sigma + \frac{R}{c_p}\dot{\sigma} = -\frac{4G}{R}\left(u + \frac{R}{c_p}\dot{u} + \frac{\rho R^2}{4G}\ddot{u}\right) \qquad 式(3.2-3)$$

其中，G 为剪切模量，ρ 为介质密度。

观测式(3.2-3)的自变量由 u、$\dot{u}$、$\ddot{u}$ 组成，在有限元模型人工边界处施加连续的弹簧、阻尼器、集中质量系统来分别模拟3个自变量，如图3.2-2。

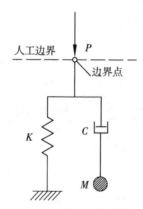

图3.2-2　弹簧+阻尼器+集中质量物理系统示意图

根据人工物理系统运动学基本方程，可推导出施加于人工边界点应力与位移满足的微分方程为：

$$\sigma + \frac{M}{C}\frac{\partial\sigma}{\partial t} = K\left(u_R + \frac{M}{C}\frac{\partial u_R}{\partial t} + \frac{M}{C}\frac{\partial^2 u_R}{\partial t^2}\right) \qquad 式(3.2-4)$$

为保障人工边界处应力状态的一致性，将式(3.2-3)与式(3.2-4)进行比较，可发现物理元件参数为：

$$K = \frac{4G}{R}; C = \rho c_p; M = \rho R \qquad 式(3.2-5)$$

在地下工程动力计算中，无限域介质地基的质量可认为是无穷大的，即弹簧+

阻尼器+集中质量物理系统中,集中质量 M 是无穷大,可以看做是固定端。边界人工物理系统从而简化为弹簧+阻尼器系统。

同理,对于球面剪切波(S 波)可以通过弹簧、阻尼器系统模拟人工边界应力状态,并推导物理元件参数为:

$$K = \frac{2G}{R}; C = \rho c_s \qquad 式(3.2-6)$$

3.2.1.2 三维粘弹性人工边界在显式有限元计算中的实现

1. 粘弹性人工边界等效荷载计算

在有限元模型边界上,粘弹性人工边界离散为在每个边界结点的 3 个自由度上施加一组弹簧+阻尼器系统,称为集中粘弹性人工边界,如图 3.2-3 所示。

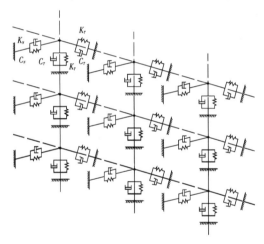

图 3.2-3 三维粘弹性人工边界离散示意图

粘弹性人工边界为应力型人工边界,其对模型边界提供的应力根据弹簧+阻尼器物理系统的运动特征计算:

垂直边界方向:

$$\sigma_N = K_N u + C_N \dot{u} \qquad 式(3.2-7a)$$

平行边界方向:

$$\sigma_T = K_T u + C_T \dot{u} \qquad 式(3.2-7b)$$

其中,$K_N = \alpha_N \dfrac{G}{R}$,$K_T = \alpha_T \dfrac{G}{R}$,分别表示法向和切向弹簧刚度,$\alpha_N, \alpha_T$ 分别为

修正系数；

$C_N = \rho c_p, C_T = \rho c_s$，分别表示法向和切向阻尼系数；

$u, \dot{u}$ 分别为边界结点有限元计算位移、速度；

c_p, c_s 为介质压缩波与剪切波波速，G 为剪切模量，ρ 为介质密度，R 为波源至人工边界点的距离；

对比式(3.2–7)和粘性边界计算式(3.1–3)，可见若 K_N、K_T 为零，则粘弹性边界退化为粘性边界。

通过式(3.2–7)可计算出人工边界系统作用到边界点上的应力，则人工边界作用到边界点上的集中作用力可表示为：

垂直边界方向：

$$P_N = \sigma_N A \qquad 式(3.2 - 8a)$$

平行边界方向：

$$P_T = \sigma_T A \qquad 式(3.2 - 8b)$$

其中，A 为边界点的代表面积。

本书显式有限元程序采用真实的集中质量矩阵计算，各网格结点代表其周围真实质量的分布，因此边界点的代表面积也为其真实代表的面积。为确保人工边界计算中采用的结点代表面积与结点代表质量的一致性，对于 8 结点 6 面体单元，边界点代表面积 A 为与结点相关的边界网格面面积的 $1/4$，计算公式如下：

$$A = \frac{1}{4} \sum_{i=n}^{n} A_i \qquad 式(3.2 - 9)$$

其中，n 为结点相关边界网格面数，A_i 为相应网格面面积。

2.粘弹性人工边界与显式有限元耦合计算

从式(3.2–8)可以看出，在数值计算中，人工边界算法实现了将模型网格结点的运动状态转换为有限元计算所认可的力学条件，即将波动问题转化为波源问题。通过力的形式，将边界点的波动状态引入到边界结点的运动学平衡方程中，从而实现人工边界与有限元计算的耦合。为简化计算，提高效率，同时增强程序各计算模块间的独立性，本书程序将粘弹性人工边界作用在边界点的集中力 P_N、P_T 看做是施加在模型边界的外力。在每时步计算完毕后，根据边界点的位移、速度计算相应的边界力，反向施加到模型边界点上，进入下一时步循环。这样处理有两大好处：①使人工边界计算与结构内部有限元计算完全分离，简化计算，提高效率；②将动力边界与静力边界形式相统一。

　　基于波场分解原理，本书程序中对入射波和透射波分别进行处理。具体而论，在人工边界处，对于入射波可根据式（3.2-7）和式（3.2-8）计算边界结点力 P_N、P_T。此时，式（3.2-7）中的 u，$\dot{u}$ 应分别为入射波的位移和速度。在具体的工程计算中，入射波的位移和速度一般可根据特定的加速度荷载时程曲线积分求得；而对于透射波情况，则亦需根据式（3.2-7）和式（3.2-8）计算边界结点修正力 P_N、P_T。但此时，式（3.2-7）中的 u，$\dot{u}$ 应分别为模型有限元逐步积分计算出的结点位移和速度。根据波场叠加原理，入射波与透射波计算出的边界结点力可相互叠加，作为有限元计算的外荷载参与积分运算。

　　由于计算机无法识别结点的运动状态是属于入射波还是透射波，因此，在本书程序中对人工边界先进行入射计算，再进行透射计算。由此却带来入射波直接被透射出去，而无法传入模型的问题。鉴于此，在地震波入射时，需将荷载放大至原来的两倍，其中一半用于透射出边界，而另一半用于传入计算模型内部。如此一来，人工边界处入射波的结点力计算公式可表示为：

　　垂直边界方向：

$$P_N = -2\sigma_N A \qquad\qquad 式（3.2-10a）$$

　　平行边界方向：

$$P_T = -2\sigma_T A \qquad\qquad 式（3.2-10b）$$

　　其中，A 为边界点的代表面积。

　　根据上述粘弹性人工边界计算理论和波场分离原理，本书程序人工边界计算的基本框架如图3.2-4所示：

　　另需说明的是，从上述粘弹性人工边界与显式有限元耦合计算的流程框图可以看到，在显式有限元计算中，我们将 tn 时刻边界点上的位移、速度计算出的透射波结点边界力作为边界力荷载参与 $tn+1$ 时刻的计算，以便实现对无限域波动透射效果的模拟。同时对比2.2节所述的中心差分法积分流程，可见人工边界计算在时域上的离散与有限元中心差分法在时域上的离散相差半个时步，从而引入了潜在的数值稳定问题。笔者曾从各种途径试图解决该问题，但目前尚未能得出根本解决方案。但在以往的多次计算中,笔者发现可以通过适当缩短计算时间步长 Δt ,以达到求解稳定的目的。笔者发现计算时间步长 Δt 的估算式中,α 在大于 0.40 小于 0.49 的情况下,一般可保障数值计算的稳定。即:

$$\Delta t \leqslant \alpha \min_{e} \frac{l_e}{C_e} \quad (0.40 \leqslant \alpha \leqslant 0.49) \qquad 式(3.2-11)$$

从波动有限元的物理意义考虑,上式 α 值较式(2.2-8)中减小 50%,可理解为由于人工边界时间离散与中心差分法时间离散相差半个时步。要同时保障两种时间离散法的计算精度的话,系统计算时间步长 Δt 需小于两时间步长的差值,从而实现对两种时间离散的全模拟。

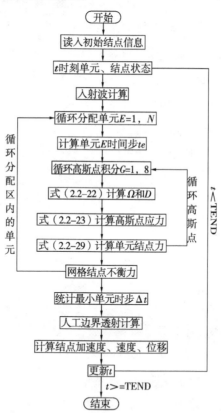

图3.2-4 粘弹性人工边界与显式有限元耦合计算流程图

3.2.1.3 三维粘弹性人工边界的验证算例

为验证本书程序粘弹性人工边界的正确性,采用 FLAC3D 用户使用手册[8]中的验证算例进行计算,同时与 FLAC3D 计算结果进行对比。

算例:一根水平的弹性杆,长 50 m,宽 1 m,弹性模量为 25.7 MPa,泊松比为 0.286,密度 1 000 kg/m³。杆的左端施加一竖直向脉冲荷载,右端为自由面,左端施加粘弹性人工边界。计算不考虑初始应力、自重等。具体计算分三种工况:工况 1,粘性边界不考虑阻尼($K = 0$);工况 2,粘性边界考虑阻尼($K \neq 0$);工况 3,粘弹性边界不考虑阻尼($K \neq 0$)。计算模型如下:

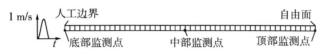

图 3.2-5 粘弹性人工边界验证模型图

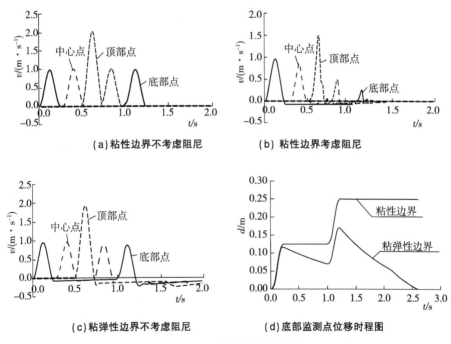

(a)粘性边界不考虑阻尼 (b)粘性边界考虑阻尼

(c)粘弹性边界不考虑阻尼 (d)底部监测点位移时程图

图 3.2-6 各监测点时程图

记录分析弹性杆底部、中心、顶部三个典型结点的速度和位移时程。可见:

工况 1,采用粘性边界并不考虑阻尼时,见图 3.2-6(a),模型底部监测点的速度响应与输入荷载完全一致,说明采用式(3.2-9)的输入方法,可以保证地震波形的精确输入。根据材料参数可计算得杆内的剪切波波速为 100 m/s,波自底部传播至顶部需耗时 0.5 s,这与计算中底部监测点与顶部监测点的波形相位差为 0.5 s 非常吻合,说明真实模拟了波的传播过程。由图 3.2-6(a)还可见,顶部监测点自由面速度幅值是输入波形的 2 倍,这是由于波的传播方向与自由面垂直,发生全反射造成的。图 3.2-6(a)中最后两个脉冲是从模型自由面反射回来的波,反射波传播至底部后,经人工边界透射出去,模型基本结束振动。该计算结果的规律、量值与 FLAC3D 用户使用手册中的验证算例完全一致。

工况 2,采用粘性边界并考虑阻尼时,见图 3.2-6(b),波的传播规律与工况 1 基础相同,但表现出明显的衰减性。说明,随着波的传播,在材料阻尼的作用下,波会逐渐衰减殆尽。

工况 3,采用粘弹性边界并不考虑阻尼时,见图 3.2-6(c),波的传播规律与工况 1 基本相同,但在反射波传播至底部后,模型呈现整体向下运动的趋势。这主要是因为,输入脉冲荷载向上,模型整体向上移动,脉冲作用完毕后,模型在弹性边界的作用下,恢复初始位置,向下运动。图 3.2-6(d)模型底部监测点的位移时程图,更可以充分表明,采用粘弹性边界充分考虑了无限域弹性恢复力的作用,整体模型在脉冲作用后逐步恢复至初始位移状态。而粘性边界则使模型出现了明显的漂移。

综上可见,本书程序粘弹性人工边界退化为粘性人工边界后,其计算结果与 FLAC3D 完全一致,说明本书人工边界计算理论和程序实现的正确性。同时本书的粘弹性人工边界考虑无限域的弹性恢复性能,计算结果合理。在整体计算过程中,无计算失稳现象,说明本书对显式有限元计算中人工边界时间步长的理解是合理的,时间步长估算式是可取的。

3.2.2 自由场人工边界

上述粘弹性人工边界能对外行波和入射波进行较好的模拟,且能反映无限域介质的弹性恢复性能。但粘弹性人工边界采用的"弹簧+阻尼器"模拟系统,未能反映不同传播方向波的透射特性,由此而带来不可避免的计算误差。在此,我们将外行波传播方向与人工边界的夹角定义为透射角。试验表明,透射角越大,粘弹性人工边界的透射精度越高,反之,则精度越低。如 3.2.1 中的算例,其透射角为90°,计算精度较好,与理论边界较吻合。而在透射角为0°的情况下,即模型内部波的传播方向与人工边界平行,如图3.2-1中的波形③所示,理论上模型边界不发生透射,边界点的波形状态不发生改变。但在采用粘弹性人工边界时,由于其采用"弹簧+阻尼器系统"来模拟波的透射,其会吸收掉部分波形,而这在实际中是不会发生的。这就造成采用粘弹性人工边界时,会出现边界点波形扭曲的现象。从数值计算的角度,观察粘弹性人工边界的计算式(3.2-7),我们发现该式并未能反映波的传播方向,而是在空间解耦的基础上,仅考虑了边界离散点的振动状态。因此,要弥补粘弹性人工边界的这个缺点,我们就需要在式(3.2-7)中排除掉与人工边界平行的波,而只透射与人工边界垂直的波。根据波场分离原理,人工边界点的运动状态可以分解为平行波动场与透射波动场两种。由运动学定理可知:

透射波动场 = 合运动状态-平行波动场

其中,边界点的合运动状态由显式有限元逐步积分求解,平行波动场需独立计算。

这样,我们仅需采用粘弹性边界对透射波动场进行透射,而不对平行波动场进行任何处理,即可保障边界点波形的精度。理论上,我们认为边界处平行波动场不受洞室结构等影响,其运动状态与无限域中的波动状态完全一致。因此,对平行波动场的计算就转换为对无限域自由场的计算。这样对粘弹性人工边界进行修正后,考虑了自由场的影响,我们将其称为自由场人工边界。众所周知,FLAC3D在动力时程分析时,亦使用了自由场人工边界(Free-Field Boundaries),其计算原理及功能特性与本书的自由场人工边界基本相同。不同点在于,FLAC3D中自由场人工边界是基于对粘性人工边界的修正,而本书自由场人工边界是基于对粘弹性人工边界的修正。

基于上述原理,本小节重点介绍自由场的求解、透射波动场的求解及其在本书程序中的实现方法。

3.2.2.1 自由场人工边界基本原理

自由场人工边界,即在原有粘弹性人工边界的基础上进行适当修正,使其能反映平行边界传播的波不发生透射的特性。其主要任务是,基于波场分离原理,将模型内部显式有限元逐步积分求解的模型边界点运动状态,分解为透射波动场和平行波动场两种运动状态,其中透射波动场采用粘弹性人工边界进行透射修正,而平行波动场不做处理。因此,粘弹性人工边界的修正式(3.2-7)可转换为如下:

垂直边界方向:

$$\sigma_N = K_N \left(u - u_0 \right) + C_N \left(\dot{u} - \dot{u}_0 \right) \qquad 式(3.2-12a)$$

平行边界方向:

$$\sigma_T = K_T \left(u - u_0 \right) + C_T \left(\dot{u} - \dot{u}_0 \right) \qquad 式(3.2-12b)$$

其中,$u,\dot{u}$ 分别为有限元计算出的边界结点合运动状态下的位移、速度;u_0,$\dot{u}_0$ 分别为边界点的平行波的位移、速度。

将上式转换为显式有限元逐步积分计算中结点力的形式,对于 x 轴垂直边界的情况,可表示为:

$$F_x = K_N \left(u - u_0 \right) A + C_N (v_x - v_x^0) A \qquad 式(3.2-13a)$$

$$F_y = K_T \left(u - u_0 \right) A + C_T (v_y - v_y^0) A \qquad 式(3.2-13b)$$

$$F_z = K_T \left(u - u_0 \right) A + C_T (v_z - v_z^0) A \qquad 式(3.2-13c)$$

其中,$K_N = \alpha_N \dfrac{G}{R}$,$K_T = \alpha_T \dfrac{G}{R}$ 分别表示法向和切向弹簧刚度,α_N,α_T 分别为修正系数;

$C_N = \rho c_p$,$C_T = \rho c_s$ 分别表示法向和切向阻尼系数;

u,u_0 分别为有限元计算的结点位移和平行波的结点位移;

v_x,v_y,v_z 分别为有限元计算的结点速度分量,v_x^0,v_y^0,v_z^0 分别为平行波的结点速度分量;

c_p,c_s 为介质压缩波与剪切波波速,$c_p = \sqrt{(K + 4G/3)/\rho}$,$c_s = \sqrt{G/\rho}$,$K$ 为体积模量,G 为剪切模量,ρ 为介质密度,R 为波源至人工边界点的距离。

上式中结点合运动状态由模型内部显式有限元逐步积分求解,而平行波的运动状态则需单独求解。在弹性半无限结构中,平行波场可根据傅里叶变换从理论上求解。同样,我们也可以通过显式有限元逐步积分求解,但这样需在模型波动计算的同时,单独建立边界平行波计算模型,并进行独立的积分计算。两种方法,一种采用理论解析解,一种采用数值计算解,均可以准确求解边界平行波动场。在实际工程计算中,由于模型边界点较多,且显式有限元计算时间步较短,若采用傅里叶变换,虽然可节省计算量,却大大提高了对存储空间的需求。而采用数值求解,则存储空间大大减小,但计算量却有所增大。在内存与CPU的选择中,本书程序采用"运算优于存储"的原则,这主要得益于并行运行条件下 CPU 较容易迅速扩容的计算机硬件的发展。FLAC3D 中的自由场边界即采用有限元逐步积分法求解。在采用有限元求解边界平行波场时,为保障数值计算的精度及稳定性,需使模型波动场时间积分步长与边界模型平行波场时间积分步长相同,从而保障两者在时间离散上的一致性。有限元模型分布如图3.2-7 所示。

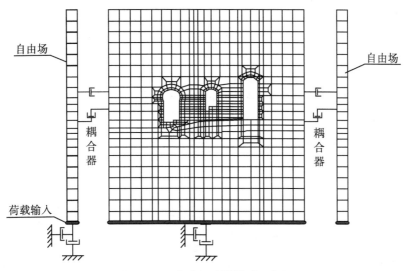

图 3.2-7 自由场边界模型示意图

3.2.2.2 自由场人工边界在显式有限元计算中的实现

根据上述自由场边界计算理论,本书程序框架如图 3.2-8 所示。

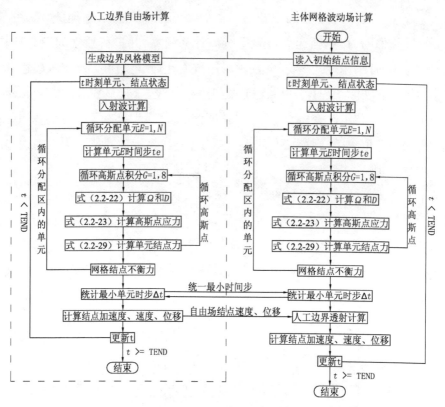

图 3.2-8　自由场人工边界与显式有限元耦合计算流程图

3.2.2.3 自由场人工边界的验证算例

下文分别采用粘弹性人工边界和自由场人工边界,模拟半无限弹性介质体中波的传播过程,说明粘弹性人工边界的计算误差及自由场人工边界对其改进的效果。

算例:采用长 100 m、宽 50 m 的平板模拟半无限介质,其中底部及两个侧边采用人工边界,顶部为自由面。模型采用弹性本构,弹性模量为 25.7 MPa,泊松比为 0.286,密度 1 000 kg/m^3。计算不考虑阻尼、初始应力和自重等外力影响。脉冲以速度形式输入:$v_x = A\sin\left(t/T \cdot 2\pi\right)$,振幅 $A = 2$ m/s,周期 $T = 1$ s,$t \in \left[0, 1\right]$。计算持时 20 s。具体计算分两种工况:工况 1,模型底部及两侧施加粘弹性边界;工况 2,模型底部施加粘弹性边界,两侧施加自由场边界。由于没有与模型底部平行传播的波,所以,两工况底部均采用粘弹性人工边界对计算结果并无影响。

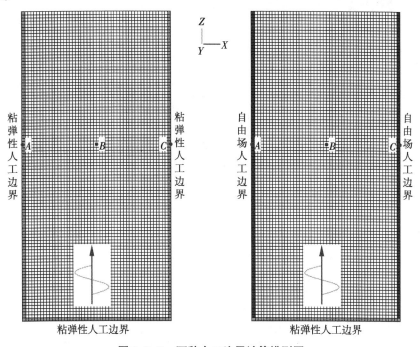

图 3.2-9　两种人工边界计算模型图

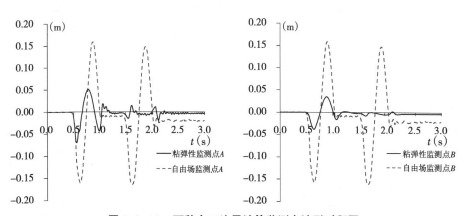

图 3.2-10　两种人工边界计算监测点波形时程图

不考虑阻尼的情况下,理论上模型各点的运动形态均应一致,仅随间距不同,存在相位差。从图 3.2-10 可以看出,在采用粘弹性边界时,模型边界点 A 的运动波形有明显的扭曲和衰减,而在采用自由场边界时,模型边界点 A 的运动波形则与入射波保持一致。对比监测点 A 与监测点 B 的时程曲线,在粘弹性边界时,两监测点波形均表现出明显的衰减,但两波形并不一致,模型边界点 A 的波形扭曲更为严重,说明粘弹性边界对边界点的影响更为严重;而在自由场边界时,A、B 两监测点波形均与输入波形完全一致,说明自由场人工边界防止了"弹簧+阻尼器"系统下平行边界波的吸收。

从彩图 5 可以看出,在 $t=1.0$ s 时刻自由场人工边界下整体波形较一致,位移云图为水平层状。而在粘弹性人工边界下,由于受到人工边界系统的吸收,呈现出上凸的位移云图规律,这主要是因为越靠近边界,其波形吸收越明显。

综上可见,在粘弹性人工边界基础上改进的自由场人工边界,很好地克服了粘弹性人工边界对平行波的吸收误差,较好地反映了波动场的真实规律。

3.3 地下洞室群人工边界的设置

前文详细阐述了地下洞室群有限元动力时程分析中主要的两种人工边界(粘弹性人工边界、自由场人工边界)的计算理论及有限元实现方法。但在实际工程抗震分析中,我们需结合不同地震波入射方向下洞室群工程区地震波动场的分布特征,在模型周围施加相应的人工边界。为与《水工建筑物抗震设计规范》中地震加速度的作用方向相区别,特此说明,本书地震波的入射方向,是指地震波的传播方向,而非质点的振动方向。对于纵波,质点振动方向与波的传播方向是一致的;对于横波,质点振动方向与波的传播方向是垂直的。对于深源地震,基于地壳构造深部弹性波速大于地表弹性波速的特征,理论上地震波在接近地表数百米范围的传播方向基本垂直于水平地表面。但是由于近地表岩层、结构面地质调整、起伏地形条件,导致地震波传播过程中发生反射和散射,使得任意地震观测点的地震动有少部分能量来自非垂直入射波。因此,在浅埋地下洞室群动力时程计算中,我们一般可认为地震波是竖直向上传播的。但对于深埋近场地震,地震波则可能从任意方向传播至地下洞室工程区。因此,在工程设计中为确保工程抗震安全,在以地震波竖直传播为抗震设计理论的基础上,必要时需校核地震波传播方向对地下洞室群围岩抗震安全的影响。

针对地震波不同入射方向下地下洞室群波动场的不同分布特性,本小节重点阐述竖直向和斜向入射下有限元动力时程分析中地下洞室群人工边界的设置方法,并对比地震灾变中竖直入射和斜入射对地下洞室群围岩稳定的影响。

3.3.1 竖直入射时人工边界的设置

根据地壳特征,一般我们认为在地表数百米范围内,地震波是自地壳内部竖直向上传播的。在地震波竖直入射的情况下,文献[103]、[145]-[149]分别采用不同的有限元程序对溪洛渡、大岗山、映秀湾等水电站地下厂房洞室群的围岩抗震特性进行了动力时程分析,其模型边界设置均采用底部和四周施加人工边界,而模型顶部建立到地表的形式。模型建立到地表是为了反映地表自由面反射波对洞室群波动场的影响。对于埋深较浅的地下洞室群,这样模拟是可行的。但对于埋设较深的地下洞室群,则使得计算很难完成。这是因为,动力有限元计算中单元最大尺寸一般需在地震波长的1/10之内[150]。若以地震波荷载高频20 Hz,最小波速1 000 m/s算,单元允许最大尺寸为5 m。对于埋深200 m的地下厂房洞室群,将模型建立到地表,将增加几十甚至上百万的单元,从而成倍增加动力时程计算的求解耗时,使得普通微机或小型工作站无法完成计算。

本小节针对动力时程分析中深埋地下洞室群有限元模型不便于建立到山顶地表的现实情况,提出了一种考虑半无限空间自由波动场传播特性的人工边界设置方法。采用该方法,模型顶部不必建立到山顶地表,而是在模型顶面设置粘弹性人工边界。同时,采用解析法求解模型顶部至地表范围的波动场,并通过人工边界将求解的地表反射波入射到计算模型内。对于模型四周边界,采用波场分离技术,使模型四周边界仅透射外行散射波。将该方法应用到西南某大型水利工程左岸地下厂房洞室群有限元动力时程抗震分析中,既大量减少了模型单元量,又准确反映了地表反射波对洞室工程区波动场的影响。

3.3.1.1 竖直入射时地下洞室群人工边界的设置思路

3.2小节中的粘弹性人工边界将地震波动场转化为有限元计算中的力学边界条件,是无限域波动场与模型内动力有限元计算相互交换的桥梁。地下洞室群人工边界设置的关键是求解无限域的内行波动场,并将其通过人工边界入射到计算模型中。基于波场分离原理,地下洞室群工程区的波动场分布如图3.3-1所示。

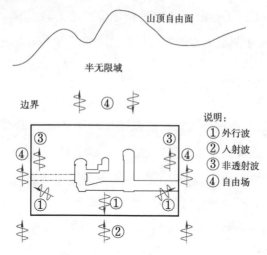

图 3.3-1　工程区波场分布图

从波场分布图可以看出：

（1）模型底部边界。该边界处的波动场主要有自地壳无限域传入模型的入射波（波②）和自模型内部向下的外行波（散射波①）。其中，入射波即为计算采用的设计地震波时程，外行波通过显式有限元逐步积分计算求得。因此，模型底部可设置为 3.2 小节中阐述的粘弹性人工边界。

（2）模型四周边界。该边界处的波动场主要有无限域内竖直向上传播的地震波（边界自由场④）、模型内竖直向上传播的地震波（非透射波③）、自模型内部向外传播的散射波（波①）。其中，无限域中的边界自由场和模型内部的非透射波均与模型边界平行传播，不在边界处发生透射，仅模型内的散射波需透射入无限域中。因此，模型四周边界可采用 3.2 小节中阐述的自由场人工边界。

（3）模型顶部边界。该边界处的波动场主要有自模型内向外传播的外行波和山顶地表自由面反射传入模型的内行波。其中，外行波通过显式有限元逐步积分求解计算，山顶地表反射波可采用解析法求解。模型顶部可通过设置粘弹性人工边界实现模型与顶部半无限域波动场的波场交换。

3.3.1.2 地表反射波动场的解析解

假定模型顶部至山顶地表的区域为均匀弹性介质，根据弹性波在介质中的传播规律可计算地表反射至模型顶部人工边界处的内行波动场。由波动理论可知，平面波在自由面发生反射会产生波形转换现象。当入射波为 P 波时，反射波系中既有 P 波，也有 S 波；当入射波为 S 波时，反射波系中既有 S 波，也有 P 波。将各种反射波进行叠加，可得到半无限域的自由波场。下以 P 波为例说明。

入射角为 α 的 P 波在自由面发生反射，形成反射角为 α 的 P 波和反射角为 β 的 S 波，如图 3.3-2 所示。反射角和反射波的幅值根据弹性半空间表面规律确定。

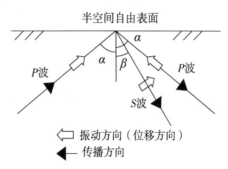

图 3.3-2　平面 P 波反射示意图

$$\sin\beta = \frac{c_s \sin\alpha}{c_p} \qquad \text{式}(3.3-1a)$$

$$B_1 = -\frac{c_s^2 \sin2\alpha \sin2\beta - c_p^2 \cos^2 2\beta}{c_s^2 \sin2\alpha \sin2\beta + c_p^2 \cos^2 2\beta} \qquad \text{式}(3.3-1b)$$

$$B_2 = \frac{2c_p c_s \sin2\alpha \cos2\beta}{c_s^2 \sin2\alpha \sin2\beta + c_p^2 \cos^2 2\beta} \qquad \text{式}(3.3-1c)$$

其中，B_1 为反射 P 波幅值与入射 P 波幅值的比值；B_2 为反射 S 波幅值与入射 P 波幅值的比值；c_p 和 c_s 分别为 P 波和 S 波波速。

将模型顶部向上透射的波表示为 $u_i(t)$，则考虑波在传播过程中的耗时及幅值衰减，模型顶部的人工边界处的内行波场可由反射角为 α 的 P 波 $U_i(t+\Delta t_1)$ 和反射角为 β 的 S 波 $U_i(t+\Delta t_2)$ 构成，内行波动场位移可以写为

$$U_i^R(t) = \beta B_1 U_i\left(t + \Delta t_1\right) + \beta B_2 U_i\left(t + \Delta t_2\right) \qquad \text{式}(3.3-2)$$

式中，U 为地震波位移、速度、加速度；i 为 3 个坐标分量；Δt_1、Δt_2 分别表示从模型顶部透射到地表，再反射回顶部人工边界所需的时间，可通过传播距离除以波速求得；β 为考虑阻尼情况下，地震波幅值沿传播距离的衰减系数。对于不同频率的地震波、不同的地质参数、不同的岩体阻尼，β 值均有所不同。为此，在实际工程计

算中我们需反演试算在给定地震波、地质条件和岩体阻尼情况下的 β 值。

水电站地下洞室群深埋于山体之中,地表一般崎岖不平。计算时,我们可采用平面网格覆盖的方法,将崎岖地表离散为有限个空间平面,并分别计算相应的反射波。

3.3.1.3 人工边界设置的精度验证

模型一:采用长 100 m、宽 50 m 的平板模拟半无限介质,其中底部采用粘弹性人工边界。理论上,在均匀弹性介质中,波竖直向上传播与模型两侧边界平行,不发生透射。因此,我们可将该模型计算结果作为精确解。

模型二:采用长 50 m、宽 50 m 的平板模拟计算工程区,四周采用粘弹性人工边界。模型外行波的透射及自由面反射波的入射,采用本书提出的人工边界处理方法。

两模型均采用同一弹性介质,弹性模量为 25.7 MPa,泊松比为 0.286,密度 1 000 kg/m³。输入地震波以位移形式表示为:$y = \sin(t/T \cdot 2\pi)$,周期 $T = 0.25$ s, $t \in [0, 0.25]$ 。计算持时 5s。分别对考虑阻尼比 5% 和不考虑阻尼比两种工况进行计算。

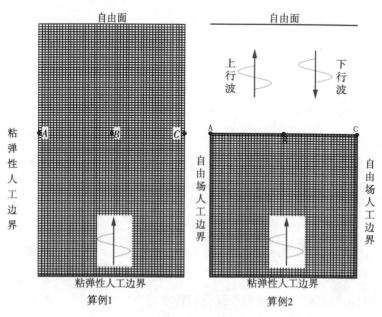

图 3.3-3　计算模型

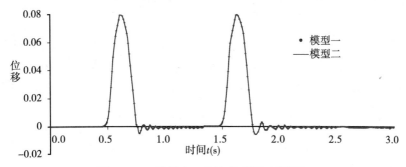

图 3.3-4　监测点 A 竖向位移图(无阻尼)

对比两模型监测点 A 的位移时程曲线,可以看出两模型计算结果基本一致。说明采用本书提出的模型四周人工边界设置方法,能在计算中仅透射外行散射波,确保模型四周边界处波场的计算精度。

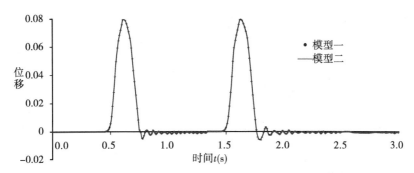

图 3.3-5a　监测点 B 竖向位移图(无阻尼)

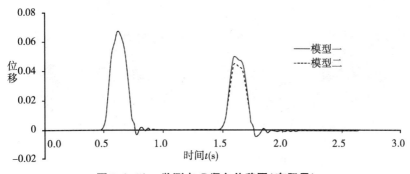

图 3.3-5b　监测点 B 竖向位移图(有阻尼)

从两模型监测点 B 的位移时程可以看出,在无阻尼情况下,模型计算结果基本一致。说明采用本书提出的模型顶部人工边界设置方法是可行的,计算精度满足要求;在有阻尼情况下,两模型 B 点的波形略有差别。这主要是因为,在自由面反射波场的计算中,采用衰减系数 β 来综合反映地震波传播过程中的衰减效应。虽然 β 经试算求得,但 β 值并不能全面反映不同频率波随距离的衰减效应,从而造成一定的误差。

3.3.1.4 工程实例

1. 工程概况

我国西南某水利枢纽工程区地处青藏高原东南川滇山区,板块边缘。中国地震局批复,场地对应基本烈度为 Ⅶ 度,需进行地下洞室群围岩抗震稳定分析。该工程左岸地下厂房洞室群垂直埋深 270 ~ 430 m 之间,初始地应力相对较高,围岩以 Ⅱ 类为主,部分主厂房位于落雪组第二段的 Ⅲ 类围岩中,岩体材料参数见表3.3-1。有限元模型涵盖洞室群主要建筑物,包括主厂房、主变洞、尾闸室、引水管及尾水管等。模型四周范围以 3 倍洞跨控制,顶部建至 1 倍洞高。模型网格最大单元特征尺寸以 5 m 控制,共划分六面体 8 结点等参单元 188 906 个(图 3.3-6a)。若将模型建至山顶地表,则需增加 582 184 个单元(图 3.3-6b)。

图 3.3-6a 模型一

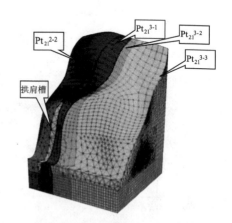

图 3.3-6b 模型二

表3.3-1　左岸厂房洞室群模型材料参数表

材料	E(GPa)	μ	C(MPa)	φ(°)	抗压强度(MPa)
Pt_2^{12}	15	0.26	1.3	47.7	70
Pt_{21}^{3-1}	21.5	0.24	1.6	52.4	75
Pt_{21}^{3-2}	17.5	0.25	1.3	47.7	57.5
Pt_{21}^{3-3}	21.5	0.24	1.6	52.4	75

　　计算输入地震波采用按照50年内超越概率P_{50}为0.05的标准合成的人工加速度时程(图3.3-7)。地震波自模型底部入射,水平面内沿顺水流向振动,竖直向振动取水平向振动的2/3。阻尼比取0.05。初始地应力采用洞室模拟开挖后的围岩扰动应力场。模型一采用本书提出的人工边界设置方法,模型二采用底部粘性、四周自由场人工边界的设置方法。

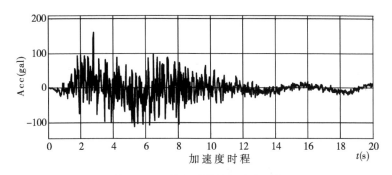

图3.3-7　输入地震波加速度时程

2.结果分析

　　(1)采用同一台普通微机分别对模型一和模型二进行显式有限元动力时程计算。模型二计算耗时147.7 h,模型一耗时38.1 h,相应减少74.2%。对比主厂房3#机组顶拱监测点水平向和竖直向位移时程曲线(图3.3-8),可见两模型计算波形结果基本吻合。说明,采用本书提出的深埋地下洞室群人工边界设置方法,能在准确模拟地表反射波对工程区波动场影响的同时,大量减少模型单元数量,从而减少动力有限元的求解耗时。

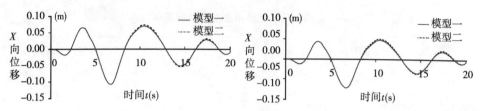

图 3.3-8 主厂房顶拱监测点位移时程

(2)在地震波动荷载作用下,左岸厂房洞室群围岩开裂体积由地震前的 307 992.0 m³,逐渐增大,到地震完成时达 339 866.9 m³,增加 10.3%。这是因为,在地震波的作用下,洞周围岩处于加卸载循环状态,塑性应变不断累积,使得围岩总应变逐渐增加。洞室群塑性体积由震前的 324 592.0 m³,震荡发展,在 7.6 s 时刻达到最大 708 363.2 m³,到地震完成时达 376 944.6 m³,增加 16.1%。这是地震波附加应力场和岩体塑性应力流动共同作用的结果。

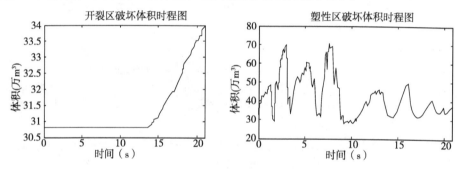

图 3.3-9 洞周破坏体积时程图

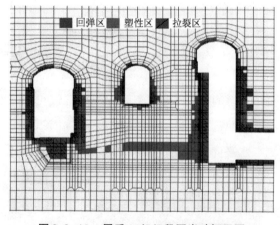

图 3.3-10 震后 1#机组段围岩破坏区图

(3)从破坏区深度看,主厂房下游侧边墙最大开裂区深度由地震前的6.6 m,增大到地震后的8.5 m;主变洞两侧边墙最大开裂区深度增加1.7~2.0 m;尾闸室下游边墙开裂区深度增加2.0 m左右。总体看来,在地震作用下左岸地下厂房洞室群洞周围岩破坏区有一定程度的发展,且表现出震前破坏区较大的区域在地震中损伤会更严重。

总体看来,采用本小节提出的人工边界设置方法,基本能满足地下洞室群有限元动力时程计算对人工边界的精度要求。

3.3.2 斜入射时人工边界的设置

在已有的针对地下洞室群进行的动力时程计算中,多是在假设地震波为竖直向上入射剪切波或压缩波的条件下进行的。而通过对近年来强震动观测记录的统计,却发现基岩场地的地震波入射角平均在60°左右[151,152],而非通常认为的90°。为了确保我国大型水电站地下厂房在地震作用下的安全性,有必要在抗震设计中考虑地震波斜入射的影响。尤红兵等[153]研究了地震波斜入射时水平层状场地的非线性地震反应;李山有等[154,155]利用有限元法研究了地震体波斜入射情形下台阶地形引起的波形,分析说明了研究斜入射的必要性;徐海滨等[62]研究了地震波斜入射时高拱坝的地震反应;苑举卫等[63]研究了地震波斜入射时重力坝的地震反应;杜修力[156]等研究了地震波斜入射时地铁站地下结构的地震反应。诸多地震波斜入射研究均是针对地表或地基建筑物,而针对地下洞室群围岩抗震特性研究甚少。地下洞室群的特殊性在于其完全深埋于山体无限域中,时域分析中模型各边界均需设置人工边界,且需考虑地表反射波对工程区波动场的影响。

基于地震波斜入射情况下水电站地下厂房洞室群工程区地震波动场的分布特征,本书提出了一种地下洞室群围岩动力时程分析中地震波斜入射及相应人工边界的处理方法,并将其应用到鲁基场水电站地下厂房洞室群的围岩抗震分析中,研究斜入射情况下地下洞室群围岩的抗震稳定特性。

3.3.2.1 地震波斜入射计算的基本思路

3.2小节中的粘弹性人工边界将地震波动场转化为有限元计算中的力学边

界条件,是无限域波动场与模型内动力有限元计算相互交换的"桥梁"。模型内波动场可由有限元逐步积分求得,因此,地下洞室群地震波斜入射实现的关键是求解无限域的斜向波动场及相应地表反射波动场,并通过人工边界实现模型内外波动场的交互。基于波场分解原理,斜入射情况下地下洞室群工程区的波动场分布如图 3.3-11 所示。

从波场分布图可以看出,除了模型内向外透射的散射波(外形波①)外,在 OB 边界还有内行的入射波②;在 OA 边界有内行的入射波②和内行的反射波③;在 AC 边界有内行的反射波③;BC 边界无内行波。由波动理论可知,均匀弹性半空间介质中的波动场存在理论解。

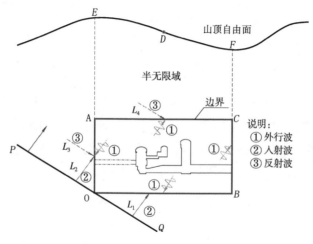

图 3.3-11 工程区波场分布图

本书假定模型外无限域为均匀弹性介质,并认为地震灾变中地下洞室工程区域相对广大地震区域是微小的,可以看做质点,工程区域的地震波可以看做平面波。进而可以认为,与地震波传播方向垂直的平面(PQ 平面)内各质点波动状态是一致的。这样既为设计地震波的输入确定了统一基准面,又将地震波的斜入射问题转化为根据 PQ 平面上的地震波形,采用行波公式求解计算模型边界上的入射波和反射波的问题。该方法物理意义清楚,程序实现简单,适于计算均匀介质内行波动场。

3.3.2.2 边界处斜入射波的解析解

定义:地震平面波最先到达的模型边界点为输入基准点(O 点);与地震波传

播方向垂直,且通过输入基准点的空间平面为输入基准面(PQ 面)。

假定:若输入基准面与计算模型边界间的围岩为均匀介质,根据文献[157]研究成果,可认为地震波在较小的工程区域内传播时,仅地震波幅值受岩体阻尼影响,呈线性衰减。

设入射基准面 PQ 上地震波时程为 $u_i(t)$,则 OA、OB 入射边界上各结点的入射波(波②)的波形为:

$$U_i^R\left(t\right) = \beta U_i\left(t + \Delta t\right) \qquad 式(3.3-3)$$

式中:$\Delta t = L/c$ 表示地震波从入射基准面到模型入射边界结点的传播时间,L 为入射网格结点到入射基准面距离,c 为地震波视波速;β 为考虑阻尼情况下,地震波幅值沿传播距离衰减系数;U 为地震波位移、速度、加速度;i 为 3 个坐标分量。对于不同频率的地震波、不同的地质参数、不同的岩体阻尼,β 值均有所不同。为此,在实际工程计算中我们需根据地表实测波对 β 值进行反演计算。

实际地震波的传播过程中,在同一阻尼情况下,不同频率地震波的衰减特性不同。其表现为,高频波衰减效应较低频波明显得多。而上述无限域波场求解式(3.3-3)并未考虑入射地震波中各种频率波形振幅的不同衰减特性,而是统一地采用衰减系统 β 值来综合反映。这样不可避免地会带来理论上的误差,是式(3.3-3)的有待改进之处。但目前,我们依然主张采用该公式。这是因为:①地震灾变中洞室围岩稳定主要受低频波的影响。在实际工程时域分析中,一般先通过滤波处理去掉地震波荷载中的高频部分,用于计算的入射波频率一般在 25 Hz以下。由于输入地震波荷载以低频波为主,衰减系数 β 未考虑不同频率波形的衰减特性所引起的误差将会很小;②衰减系数 β 采用反演试算确定,能保障计算结果与实际观测点波形的一致性。

式(3.3-3)主要反映地震波从入射基准面传播到入射边界的幅值衰减和地震波到达各入射边界点的时间差,表现为入射边界点上波动场的相位差。

对于边界面上的内行反射波③,可根据入射基准面 PQ 上地震波时程为 $u_i(t)$,通过 3.3.1.2 小节中半无限域自由面的反射规律求解,在此不再赘述。

3.3.2.3 输入荷载及 β 值的反演

地下洞室时域分析中一般采用反演试算法,根据地表设计地震波计算

3.3.2.2 小节中所述入射基准面地震波和地震波幅值沿传播距离的衰减系数 β。地下厂房洞室深埋于山体中,在动力时程分析时,受内存容量和计算速度限制,常常不能将网格建到地表。为此,本书中地震波动场的反演采用单独划分到地表监测点的大模型,而需另行建立进行洞室动力时程分析的小模型。两模型应保障地震波入射基准点和入射基准面的一致性。结合示意图 3.3-11,具体反演过程如下。

(1)设地表监测点为 D 点。建立整个工程区域包括地表监测点、断层、不同岩层、地形地貌等在内的大模型 $OEFB$。该大模型网格主要用于对区域波动场的反演,网格尺寸可设置较大,但需满足地震波频谱分析的计算频域要求。由于一般强震台附近不存在大型地下洞室,或者根据场地类型确定的设计地震波并未考虑地下洞室的影响,因此笔者认为用于反演的大模型应不考虑洞室开挖的空洞效应。

(2)将工程区域选取或合成的设计地震波 $U_i = W_i(t)$ 作为监测点 D 的地震波。仅考虑地震波幅值的衰减,则大模型输入基准面 PQ 上的地震波为 $U_i = W_i(t)(1 - \beta L_3)$。通过式(3.3-3),计算大模型多个入射面(边 OE、OB)上的入射地震波波形,并作为入射波场通过粘弹性人工边界输入到计算大模型内,进行有限元波动场求解。

(3)以计算所得监测点 D 的加速度反应谱与设计地震波的加速度反应谱的吻合程度,同时考虑监测点 D 的波形和设计地震波波形的一致性,作为收敛控制标准。将加速度反应谱作为收敛控制指标,主要是因为其能较全面反映反演波形的振幅、频率等特征。通过不断调整地震波衰减系数 β,循环(1)~(3)步,求得满足收敛控制标准的 β 值及输入基准面入射地震波波形。衰减系数 β 值与输入地震波幅值呈线性关系,在反演试算中采用二分法试算即能较快达到收敛。

(4)建立用于洞室弹塑性损伤动力时程分析的小模型 $OACB$。根据反演所得地震波衰减系数 β 及基准面波形,计算小模型入射边界地震波波形,进行三维弹塑性损伤动力时程计算。

从上述地震波的反演过程看,地震波衰减系数 β 值的调整直接关系到计算收敛的快慢。因此,在迭代计算前选取合理的 β 值范围是非常必要的。从式(3.3-

3）可知，β 值是沿长度的系数，单位为 m^{-1}。β 值主要受到围岩阻尼、弹性模量、泊松比等的影响。为此，本书建立了 10 m 长的杆状有限元模型，对各因素对 β 值的影响做了大量数值试验，得到关系图如图 3.3-12 和图 3.3-13。

从图 3.3-12 可以看出，围岩阻尼与衰减系数 β 值呈线性关系，阻尼越大，波的衰减系数越大。在相同围岩阻尼条件下，围岩弹模越大，波的衰减系数越小，且在低弹模区域更为明显；从图 3.3-13 可以看出，在弹模、阻尼相同的情况下，围岩泊松比越大波的衰减系数越小。衰减系数 β 与泊松比呈非线性关系，随着泊松比的增大，β 值减小更为显著。在地震波动场反演前，可先根据区域围岩的物理力学参数，参照图 3.3-12、3.3-13 选取合理的衰减系数 β 值的范围，有利于反演迭代收敛。

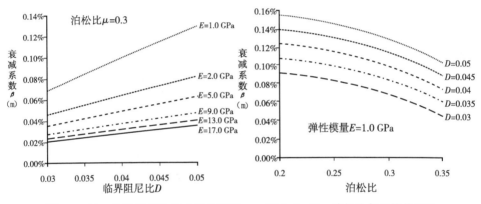

图 3.3-12　临界阻尼比与 β 值关系图　图 3.3-13　泊松比与 β 值关系图

3.3.2.4　不同方向入射地震波对洞室围岩的影响

1. 工程概况

为了说明不同方向地震波入射对地下厂房洞室动力时程计算结果的影响，分别选用本书提出的地震波空间斜入射法与常用的模型底部入射法进行试算比较。所选工程为位于云南普渡河干流上的某地下厂房。该地下厂房洞室群由主厂房、尾闸室、引水洞、母线洞、尾水洞等洞室组成。厂房共 3 台机，从窑洞口向内依次分布。工程区地震烈度为 Ⅷ 度，需校核地下厂房的抗震稳定特性。为突出重点，本次试算不考虑锚杆、锚索、衬砌等支护措施。初始地应力场采用考虑河谷及开挖边坡影响的自重应力场。围岩临界阻尼比取 5%。洞室群处于寒武系下（∈1）弱风化白云质灰岩中，岩质坚硬，裂隙中等发育。围岩主要为Ⅲ类，局部Ⅳ

围岩。围岩物理力学参数见表3.3-2。

表 3.3-2　鲁基场地下厂房围岩力学参数

$\rho(T/m^3)$	E(GPa)	μ	c(MPa)	$\varphi(°)$	$\psi(°)$	σ^t(MPa)
2.7	4.0	0.3	0.8	45	43	0.3

考虑到地下厂房距地表较近,工程区域地震波动场反演模型和地下厂房洞室分析模型可采用同一模型。建立有限元计算模型包括主厂房、尾闸室、尾水洞、母线洞及引水洞,共272 304 个六面体八结点单元,包含301 112 个结点。主厂房轴线方向为 y 方向,x 轴与 y 轴垂直指向下游,z 轴与大地坐标重合。沿 x,y,z 轴三个方向的计算范围分别为176.0 m,108.0 m,141.0 m。计算模型见图 3.3-14、图 3.3-15。

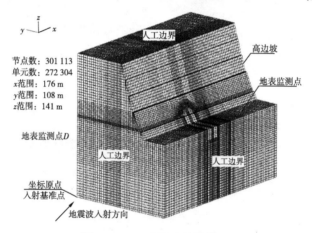

图 3.3-14　有限元计算模型

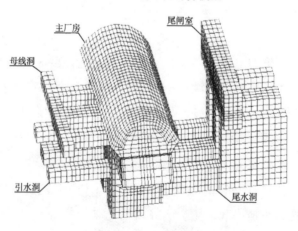

图 3.3-15　开挖模型

为反映三维输入特性,本书采用汶川地震中卧龙台记录的三向地震加速度时程,并截取其中20 s,作为设计地震波。对原始记录地震波进行滤波、基线校正等处理后,荷载加速度时程见图3.3-16。工况一:采用地震波空间斜入射法,地震波入射基准点为模型坐标原点,入射方向矢量为(1,-1,1);工况二:地震波自模型底部入射。

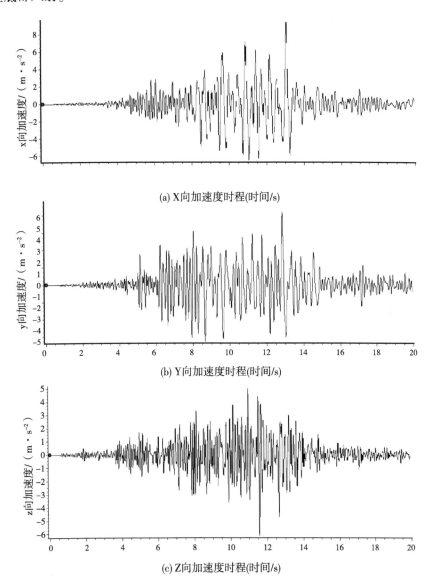

(a) X向加速度时程(时间/s)

(b) Y向加速度时程(时间/s)

(c) Z向加速度时程(时间/s)

图3.3-16　汶川地震卧龙台实测加速度时程曲线

2. 工程区域波动场反演

根据 3.3.2.3 小节中所述波动场反演方法,认为设计地震波为该地下厂房工程区地表监测点实测波形,并将其加速度反应谱作为反演收敛控制标准,采用本书程序,反演输入地震波折减系数,并计算地震波衰减系数 β。经试算反演,地表监测点计算波形和实测波形见图 3.3-17。工况一反演相关性系数为 0.92,工况二为 0.94,波形吻合均较好。工况一输入地震波衰减系数 $\beta = 0.000\,8$;工况二地震波衰减系数 $\beta = 0.000\,7$。两工况反演地震波衰减系数相差较小,进一步说明 β 值是围岩介质属性的一种反映,与有限元数值计算的地震波输入方式无关。同时,基本相同的 β 值使两工况入射地震波波形相差不大,便于数值计算结果对比。

3. 结果对比

在对地下厂房洞室群进行静力开挖的基础上,考虑开挖应力扰动和围岩损伤,分别对工况一和工况二进行三维弹塑性损伤动力时程计算。为说明不同输入方式对动力时程计算结果的影响,以下从洞周位移、塑性损伤区发展等方面进行对比分析。

(1)从动力计算过程主厂房顶拱监测点位移时程曲线看(见图 3.3-18),两工况波形基本与输入波形一致。工况一监测点的整体位移较工况二大。工况一监测点绝对位移峰值 0.18 m,工况二绝对位移峰值 0.08 m。位移时程表明,地震波的空间斜入射特性和入射边界的非一致特性对洞室动力时程计算位移结果影响较大。

(2)从模型塑性损伤破坏区时程曲线看(图 3.3-19),随着地震波的传播,部分围岩长时间处于弹性应力和塑性应力交替变化状态。塑性损伤破坏区范围最大时刻与地震波荷载位移峰值时刻基本一致。在整个地震过程中塑性损伤破坏区范围,工况一比工况二明显增大,这主要是因为斜入射考虑了地震波输入的非一致性。从主厂房顶拱围岩塑性损伤系数时程曲线看(图 3.3-20),地震结束后工况一围岩损伤情况比工况二明显增大。

(3)从图 3.3-19 可见,在 13 s 时刻两工况洞周围岩塑性损伤区均为最大。从 13 s 时刻两工况围岩塑性区分布(图 3.3-21、图 3.3-22)看,工况一较工况二破坏区范围明显增大。说明考虑地震波斜入射特性,对地下洞室群围岩的时域分析结果有较大影响。

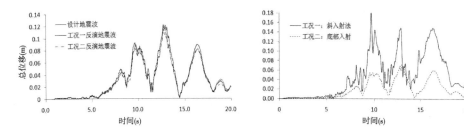

图3.3-17　监测点反演及设计地震波位移时程曲线　图3.3-18　顶拱监测点位移时程曲线

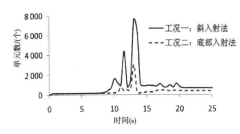

图3.3-19　整体模型塑性损伤单元数　图3.3-20　主厂房顶拱围岩损伤系数
　　　　　　时程曲线　　　　　　　　　　　　　时程曲线

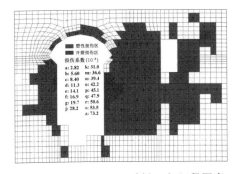
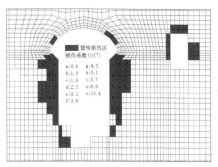

图3.3-21　工况一13 s时刻3#机组段围岩　图3.3-22　工况二13 s时刻3#机组段围岩
　　　　　塑性损伤区分布　　　　　　　　　　　塑性损伤区分布

4.小结

　　基于地震波斜入射情况下水电站地下厂房洞室群工程区地震波动场的分布特征,提出了一种地下洞室群围岩动力时程分析中地震波斜入射及相应人工边界的处理方法。该方法体现了地震波入射在计算模型边界上的非一致性和方向性,同时考虑了地表自由面反射波对洞室工程区波动场的影响。将该方法应用于某窑洞式地下厂房洞室群的围岩抗震时域分析,计算结果表明:地震波斜入射时洞室群围岩各项抗震指标均较竖直向上入射时差。建议大型地下厂房洞室群抗震设计时,在传统竖直向上入射时域分析的基础上,应校核斜入射情况下洞室群围岩的抗震稳定特性。

3.4 本章小结

人工边界是近场波动问题求解中的重点和难点。本章从计算机程序实现的角度,阐述了粘弹性和自由场人工边界在显式有限元中的计算理论。同时,针对不同入射情况下地下洞室群地震波动场的分布特征,讨论了动力时程分析中洞室群模型人工边界的设置理论。主要研究内容和结论如下:

(1)介绍了三维粘弹性人工边界和自由场人工边界的基本原理,推导了其在显式有限元求解中的计算理论,阐述了其程序实现过程。

(2)针对地震波竖直入射情况下,地下洞室群模型边界地震波动场的分布特征,研究了其人工边界的设置理论。

(3)针对地震波斜入射情况下,地下洞室群模型边界地震波动场的分布特征,研究了相应人工边界的设置理论。

第四章　动力时程分析中地下洞室支护分析方法

　　锚固支护是保证地下厂房洞室群围岩抗震稳定的重要工程手段。目前地下工程洞室锚固支护方式主要包括,锚索、锚杆和混凝土喷层等。对于局部岩体破碎的地带采用全断面混凝土衬砌。锚杆、锚索与围岩结合后,加强了围岩的整体性,提高了围岩抗弯、抗拉和抗剪的能力,改善了围岩的三维受力条件,使得围岩的整体稳定性得到有效提高。喷锚支护的效果在我国大型地下洞室群开挖实践中得到普遍证实。在目前的工程设计中,锚杆、锚索支护也成为确保洞室围岩抗震稳定的重要手段。由于缺少实际地震中围岩锚杆、锚索等支护措施的监测资料,围岩的抗震支护设计主要凭借洞室静力开挖中的工程经验[158,159]。因此,研究动力时程计算中锚杆、锚索等支护措施的计算方法对评估地震灾变中洞室围岩的抗震稳定特性,并对支护方式和设计参数提出合理建议是十分必要的。

　　混凝土结构是地下厂房建筑物的主要形式。汶川地震的震害调查表明,混凝土衬砌、机墩、梁板柱等结构是地震中受损最严重的部位。混凝土结构在地震灾变中的损伤、开裂、变形、垮塌直接关系到生产设施的正常运行和生产人员的生命安全。因此,研究地震灾变中混凝土结构的抗震特性具有重要意义。

　　基于地震灾变中地下厂房洞室群围岩锚杆、锚索、衬砌等支护措施的受力机理,本章重点阐述动力时程计算中锚杆和混凝土衬砌的抗震计算方法。

4.1 锚杆支护模拟

　　目前,地震灾变中锚杆的作用机理及计算方法尚未有成熟的理论。在传统的静力有限元分析中,锚杆的模拟思路可分为两类:一类是锚杆计算与单元相互独立,如杆单元、FLAC3D 中的桩单元[11]等;一类是锚杆作用等效到单元弹性矩阵,如复合单元法[160]、隐式锚杆柱单元法[67,161]、等效弹模法[65,162]等。两类方法各有优缺点,前者适于对锚杆受力机理进行精细模拟,后者便于在大型三维有限元计算中应用。上述方法多在有限元隐式积分求解中应用,仅 FLAC3D 属显式积分运算,其锚杆模拟方法值得本书程序借鉴。但众多地下洞室支护开挖 FLAC3D 的工程计算表明,模拟锚杆后,程序的求解速度会有明显下降。这是因为,FLAC3D 认为同一锚杆相邻计算段之间受力是连续的,使得其在求解中需迭代计算同一锚杆不同计算段间的受力平衡,耗时较多。本书显式有限元锚杆模拟在借鉴 FLAC3D 锚杆模拟方法的基础上,对其进行一定改进,计算中并不要求各锚杆计算段间的受力平衡,从而减少求解耗时。这样处理是因为,笔者认为在地震灾变中全长粘结式的锚杆受力由围岩变形引起,与围岩协调变形。同一锚杆的不同离散段之间相互独立,当锚杆屈服后,其受力不能增加,荷载不向其余离散锚杆段传递,锚杆相邻计算段间的受力是不连续的。

为此,本节在分析地震灾变中洞室围岩全长粘结式锚杆作用机理的基础上,对 FLAC3D 中采用的锚杆模拟数值计算方法进行了改进。该方法对锚杆、锚杆与砂浆接触面、锚固砂浆、砂浆与围岩接触面及围岩本身共 5 种结构材料的受力破坏情况进行模拟,但不采用其在求解中对相邻锚杆计算段之间的受力平衡迭代方法,而是将各锚杆计算段的受力转移到单元结点上,将锚杆求解与单元求解相统一,从而降低动力求解中锚杆的计算耗时。

4.1.1 锚杆作用机理及力学模型

4.1.1.1 基本假定

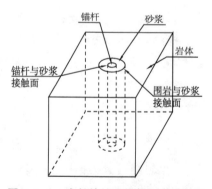

图 4.1-1　全长粘结式锚杆力学模型图

如图 4.1–1 所示,锚固单元可分为 5 部分:锚杆、锚固砂浆、岩体、锚杆与砂浆接触面、围岩与砂浆接触面。

锚固单元的应力计算基于下列两个假定:

①屈服破坏前,锚杆、砂浆、围岩三者不产生滑移,保持变形协调;

②锚固单元内部锚杆、砂浆受力沿锚杆轴向均匀分布。

4.1.1.2 锚杆的本构关系

地震灾变中,在屈服前,锚杆随围岩协调变形,其轴向受力可表示为:

$$P = A_s E_s \varepsilon \qquad\qquad 式(4.1-1)$$

式中:A_s 是单根锚杆的钢筋截面积;

E_s 是锚杆钢筋弹性模量;

$\varepsilon = \left(\sqrt{\sum_{i=1}^{3} \left(b_i - a_i \right)^2} - L \right)/L$ 为锚杆应变;L 为锚杆初始长度,a、b 分别为锚杆与单元面的两个交点坐标,可根据锚杆在岩体单元中的几何位置按照有限元形函数插值计算。

若锚杆支护反力 P 大于极限拉应力 P_{lmax},则 $P = P_{lmax}$。

4.1.1.3 锚固砂浆的屈服判断

锚固砂浆主要用于固结锚杆,将围岩与锚杆连接成一个整体。其主要承受锚杆—砂浆接触面和围岩—砂浆接触面上的摩阻力。受力状态如图 4.1–2 所示。

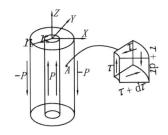

图 4.1–2　锚固砂浆受力示意图

对于砂浆体内任意一点 A,沿径向分布的剪切应力可表示为:

$$\tau = \frac{-P}{2\pi rL} \qquad \text{式}(4.1-2)$$

式中：P 为接触面总的摩阻力，大小与锚杆轴力相同；

$r \in \left[r_a, r_b\right]$ 为圆环半径，L 为锚杆在单元内的长度。

采用关联的 Drucker-Prager 屈服准则：

$$f_s = \sqrt{\frac{1}{2}s_{ij}s_{ij}} + q_\varphi \frac{\sigma_{kk}}{3} - \kappa_\varphi \qquad \text{式}(4.1-3)$$

式中：$q_\varphi = \dfrac{6}{\sqrt{3}\left(3-\sin\varphi\right)}\sin\varphi \qquad k_\varphi = \dfrac{6}{\sqrt{3}\left(3-\sin\varphi\right)}c\cos\varphi$

$\dfrac{\sigma_{kk}}{3}$ 为静水压力，$[s]$ 为偏应力矩阵；

φ 为砂浆内摩擦角，c 为粘聚力。

在砂浆尺寸确定，物理力学参数给定的情况下，根据上式（4.1-2 和 4.1-3），可计算砂浆内外界面点上的极限剪切力 P_{smax}。若锚杆支护反力 P 大于极限剪切力 P_{smax}，则 $P = P_{smax}$。

4.1.1.4 接触面的屈服判断

锚固砂浆内外接触面受力特性相同，以下主要以锚杆与砂浆接触面说明。地震荷载作用下，围岩通过接触面将力传递到锚杆上，锚杆产生被动支护反力以限制围岩变形。接触面上的摩阻力 F 与锚杆支护反力 P 大小相等，方向相反。其受力情况如图 4.1-3 所示。

图 4.1-3　接触面受力示意图

接触面采用摩尔库仑剪切破坏准则，则接触面最大摩擦抗力可由下式确定：

$$F_{\max} = \left(c + \sigma' \times \tan\varphi \right) \times 2\pi rL \qquad \text{式}(4.1-4)$$

式中:c 为接触面粘结强度;

φ 为接触面摩擦角;

r 为接触面半径;

L 为锚杆在锚固单元内长度;

其中 $\sigma' = \sigma_m + \sigma_g$ 为垂直于接触面的平均有效侧限应力,由单元围压 σ_m 与锚杆侧向应力 σ_g 两部分组成[163]。σ_m 可取单元静水压力,σ_g 求解如下。

锚杆为圆柱形弹性体,其物理方程有:

$$\varepsilon_r = \frac{1}{E} \left[\sigma_r - \mu \left(\sigma_\theta + \sigma_z \right) \right] \qquad \text{式}(4.1-5)$$

式中:E,μ 分别为锚杆弹性模量与泊松比。

认为锚杆体轴向截面应力均匀分布,则 $\sigma_\theta = \sigma_r = \sigma_g$,式(4.1-5)可简化为:

$$\varepsilon_r = \frac{1}{E} \left[\sigma \left(1 - \mu \right) - \mu\sigma_z \right] \qquad \text{式}(4.1-6)$$

圆柱形弹性体几何方程 $\varepsilon_r = \dfrac{du_r}{r}$,由式(4.1-6) ε_r 与 r 无关,可看出 $\varepsilon_r = $ const,则

$$u_a = \varepsilon_r a \qquad \text{式}(4.1-7)$$

根据弹性力学,有

$$\sigma_g = ku_a \qquad \text{式}(4.1-8)$$

其中:$k = \dfrac{a \left(1 + \mu' \right)}{}$,$E',\mu'$ 分别为锚固砂浆弹模与泊松比,a 为锚杆半径。

整理式(4.1-5 ~ 4.1-8),得

$$\sigma_g = \frac{E'\mu}{E \left(1 - \mu' \right) + E' \left(1 - \mu \right)} \sigma_z \qquad \text{式}(4.1-9)$$

式中:$\sigma_z = \dfrac{P}{A_s} = E_s\varepsilon$

将式(4.1-9)代入式(4.1-4),整理得,

$$F_{\max} = g\left(\varepsilon\right) = \left[c + \left(\sigma_{\mathrm{m}} + tE_{\mathrm{s}}\varepsilon\right) \times \tan\varphi\right] \times 2\pi rL \quad \text{式}(4.1-10)$$

式中：$t = \dfrac{E'\mu}{E\left(1-\mu'\right) + E'\left(1-\mu\right)}$

根据锚杆受力平衡，摩阻力大小为：

$$F = P = f\left(\varepsilon\right) = E_{\mathrm{s}}A_{\mathrm{s}}\varepsilon \qquad\qquad \text{式}(4.1-11)$$

当 $f\left(\varepsilon\right) = g\left(\varepsilon\right)$ 时，可计算得到接触面破坏临界应变：

$$\varepsilon_{\max} = \left[\dfrac{E_{\mathrm{s}}r}{2L} - tE_{\mathrm{s}}\tan\varphi\right] \Big/ \left(c + \sigma_{\mathrm{m}}\tan\varphi\right) \qquad\qquad \text{式}(4.1-12)$$

接触面最大摩阻力：$F_{\max} = E_{\mathrm{s}}A_{\mathrm{s}}\varepsilon_{\max}$。

若锚杆支护反力 P 大于最大摩阻力 $F_{\max}$，则 $P = F_{\max}$。

4.1.2 锚固单元动力显式有限元计算方法

4.1.2.1 三维动力显式有限元计算

动力显式有限元计算主要是运用有限元理论求解运动学基本微分方程，从而实现对地下洞室的动力时程计算。根据动力学及热力学基本定律，可建立拉格朗日法的运动微分方程[19]：

$$M\ddot{a} = f_{\mathrm{ext}} - f_{\mathrm{int}} - C\dot{a} \qquad\qquad \text{式}(4.1-13)$$

式中：M、C 分别为有限元整体模型集中质量矩阵和局部阻尼矩阵；

$\dot{a}$、$\ddot{a}$ 分别为网格结点速度、加速度；

f_{int}、f_{ext} 分别为网格结点内力与外力。

其中最关键的是结点内力 f_{int} 的求解。在更新拉格朗日显式计算中，采用本构方程由系统结点速度求解计算时步内单元应力增量。将更新后的单元应力积分到单元结点上，从而求得结点内力。

显式动力有限元中锚杆的计算方法，主要通过围岩变形计算锚杆支护反力，并将支护反力插值离散到单元各结点，形成结点力 f_{mg}。式(4.1-13)可转换为：

$$Mä = f_{ext} + f_{mg} - f_{int} - Cȧ \qquad 式(4.1-14)$$

采用第二章中所述的逐步积分法完成上式的求解。

4.1.2.2 显式动力有限元中锚杆弹塑性计算方法

在显式动力有限元计算中,模拟锚杆作用最主要的就是计算锚杆支护力 f_{mg}。以下主要介绍每计算时步内锚杆支护反力的求解。

在地震过程中,认为锚杆与单元的相对位置不变。根据锚杆与穿过单元的空间几何位置关系,可计算锚杆位于单元中的初始长度及锚杆与单元面交点的局部坐标,其中局部坐标采用迭代法求解[164]。

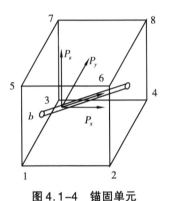

图 4.1-4　锚固单元

在每计算时步 tn 内,锚固 8 个结点坐标为:$\{XYZ\} = \begin{bmatrix} x_1, x_2, \cdots, x_8, y_1, y_2, \cdots, y_8, z_1, z_2, \cdots, z_8 \end{bmatrix}^T$。$\{XYZ\}$ 在每时间步内根据位移增量更新。

tn 时刻,锚杆与单元面两交点坐标分别为:$\{xyz\}' = \begin{bmatrix} x_a, y_a, z_a, x_b, y_b, z_b \end{bmatrix}^T$

根据有限元形函数插值理论,可由锚杆所在单元结点坐标 $\{XYZ\}$ 计算出锚杆与单元面交点坐标 $\{xyz\}'$。具体计算公式:

$$\{xyz\}' = \begin{bmatrix} N \end{bmatrix}\{XYZ\} \qquad 式(4.1-15)$$

式中,$[N]$ 为形函数矩阵:

$$\left[N\right] = \begin{bmatrix} N_{a,1}N_{a,2}\cdots N_{a,i} & & \\ & N_{a,1}N_{a,2}\cdots N_{a,i} & \\ & & N_{a,1}N_{a,2}\cdots N_{a,i} \\ N_{b,1}N_{b,2}\cdots N_{b,i} & & \\ & N_{b,1}N_{b,2}\cdots N_{b,i} & \\ & & N_{b,1}N_{b,2}\cdots N_{b,i} \end{bmatrix}$$

其中：$N_{a,i}$、$N_{b,i}$ 分别为单元第 i 个结点的形函数在锚杆端点 a、b 上的值。

根据 tn 时刻锚杆与单元面两交点坐标,采用式(4.1-1)可计算锚杆轴力 P'。若 P' 小于 4.1.1 所述各屈服极限,则锚杆实际轴力为 $P = P'$。若 P' 大于 4.1.1 所述最小屈服极限,则认为锚固体发生破坏。锚杆实际轴力为最小屈服极限值。被修正掉的锚杆轴力并不转移到相邻锚杆段。主要因为,地震荷载作用下,洞室围岩中的锚杆随围岩变形而产生支护反力为被动受力。围岩变形引起锚杆变形,这与锚杆拉拔试验情况相反。因此,在锚固体发生破坏后,变形协调假定不再成立,锚杆轴力不能随围岩变形而增加。

根据锚杆与单元的空间几何位置关系,将锚杆轴力 P 用整体坐标系下各分量表示：

$$\left[P_x,P_y,P_z\right]^T = \left[l,m,n\right]^T P \qquad 式(4.1-16)$$

式中：l,m,n 为锚杆在整体坐标系下的方向余弦。

在锚固单元内部,假定位于围岩深部的锚杆点 b 为相对不动点,锚杆支护反力作用于锚杆点 a 上。则根据单元形函数插值理论,可将锚杆支护反力插值到单元结点,计算公式如下：

$$f_{\mathrm{mg}} = P_{i,j} = N_{a,i}P_j \qquad 式(4.1-17)$$

式中：$P_{i,j}$ 为结点 i 上 $j=1,2,3$ 三个分量的锚杆支护力；P_j 为锚杆支护力在整体坐标系下的三个分量。

综上,显式动力弹塑性有限元中每时步锚杆支护力计算流程如图 4.1-5 所示。

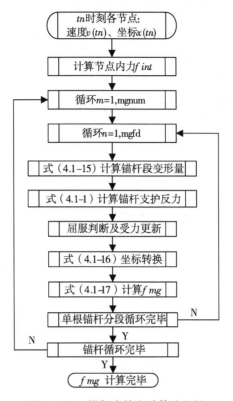

图 4.1-5　锚杆支护力计算流程图

有限元显式计算是有条件稳定的算法,要求计算系统时间步 Δt 必须小于临界步长 Δt_{cr},一般取:

$$\Delta t = \alpha \Delta t_{cr} \qquad 式(4.1-18)$$

$$\Delta t_{cr} = \min_e \frac{l_e}{c_e} \qquad 式(4.1-19)$$

其中: $0.8 \leqslant \alpha \leqslant 0.98$, ce 为单元波速,对六面体八结点单元 le 等于单元体积和单元 6 个表面的最大面积之比。

锚杆作用会引起受锚固单元力学性质的改变,且锚杆支护力插值到单元结点作为结点力参与动力平衡时步计算,对计算稳定及系统时步有一定影响。应用本书程序对众多大型洞室进行有支护动力时程分析,尚未出现因锚固单元而需对系统时步进行降低的情况,系统时间步可按式(4.1-18~4.1-19)计算。

4.1.3 工程实例

4.1.3.1 计算条件

应用上述锚杆计算理论,对西南某地下厂房洞室群进行锚固支护效应分析。该地下洞室群由主厂房、主变室及母线洞、尾水洞等组成。主厂房洞室高55 m、宽20 m,主变室洞室高30 m、宽15 m。厂区岩体以灰白色、微红色黑云二长花岗岩为主,岩体较完整,以Ⅱ~Ⅲ类围岩为主。综合考虑,计算采用弹性模量15 GPa,泊松比0.25,粘结力1.2 MPa,内摩擦角45°。根据地应力测试结果,本算例侧压力系数取$k_x = 0.55$,$k_y = 1.2$,$k_z = 1.0$。为节省动力时程计算耗时,根据地下厂房洞室群结构特点和地质结构特征,沿主厂房轴线中部选取厚20 m的断面,采用显式动力有限元对锚杆支护进行分析计算。锚杆支护参数为:$\Phi25$,$L = 6$、9 m @1.5 m×1.5 m相间布置。有限元计算模型及锚杆支护见图4.1-6。

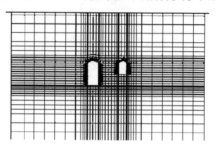

图4.1-6　有限元模型及锚杆布置

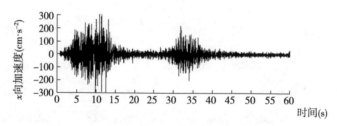

图4.1-7　汶川地震波 X 向加速度时程(卧龙台)

计算地震波采用汶川地震中卧龙地震台监测到的20~80 s加速度时程曲线[155],转换为计算时间0~60 s(见图4.1-7)。通过对原始地震监测加速度曲线进行滤波、基线校正、幅值折减等处理,得到计算加速度时程曲线。模型动力边界采用粘弹性边界,采用局部阻尼0.17。

4.1.3.2 有、无锚杆洞室开挖计算结果

将静力开挖过程看成动力系统的特殊情况,采用动力松弛法,应用本书程序对模型洞室有、无锚杆支护进行静力开挖计算。从塑性区发展及洞周位移两方面分析锚杆支护作用。

(1)锚杆支护有效限制塑性区发展

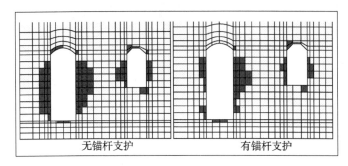

无锚杆支护　　　　　　　有锚杆支护

图4.1-8　两支护方案塑性区分布

从图4.1-8可以看出,锚杆支护后,锚杆与围岩共同作用,改善了围岩的受力状态,提高了围岩的摩擦力,增加了抗剪能力,使得围岩的塑性区大大减小。

(2)锚杆支护有效限制围岩变形

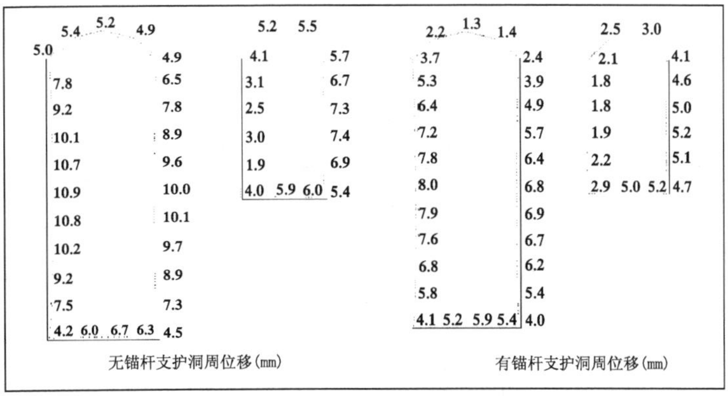

无锚杆支护洞周位移(mm)		有锚杆支护洞周位移(mm)	

无锚杆支护洞周位移(mm)

5.4　5.2　4.9　　　　　5.2　5.5
5.0　　　　　4.9　　4.1　　5.7
7.8　　　6.5　　3.1　　6.7
9.2　　　7.8　　2.5　　7.3
10.1　　　8.9　　3.0　　7.4
10.7　　　9.6　　1.9　　6.9
10.9　　　10.0　　4.0　5.9　6.0　5.4
10.8　　　10.1
10.2　　　9.7
9.2　　　8.9
7.5　　　7.3
4.2　6.0　6.7　6.3　4.5

有锚杆支护洞周位移(mm)

2.2　1.3　1.4　　　2.5　3.0
3.7　　　2.4　　2.1　4.1
5.3　　　3.9　　1.8　4.6
6.4　　　4.9　　1.8　5.0
7.2　　　5.7　　1.9　5.2
7.8　　　6.4　　2.2　5.1
8.0　　　6.8　　2.9　5.0　5.2　4.7
7.9　　　6.9
7.6　　　6.7
6.8　　　6.2
5.8　　　5.4
4.1　5.2　5.9　5.4　4.0

图4.1-9　两支护方案围岩变形分布

比较两支护方案洞室开挖围岩变形(见图4.1-9),采用系统锚杆支护后,主厂房洞室顶拱位移减小2.3~3.9 mm,占38%~70%;上游边墙减小1.7~

2.9 mm,占 22% ~27%;下游边墙减小 2.6 ~3.2 mm,占 31% ~40%;主变洞位移减小 0.8 ~2.2 mm,占 25% ~29%。说明,锚杆穿入单元后,锚杆与围岩联合作用,改善了锚固单元的力学性质,有效限制了围岩变形。

4.1.3.3 有、无锚杆洞室动力时程计算结果

延用洞室开挖计算的扰动应力场,采用汶川地震波对有、无锚杆洞室进行动力时程计算。从塑性区、洞周相对位移分析锚杆支护作用。从计算结果看,$t = 10$ s 时,洞周塑性区范围最大,为关键控制时刻。

(1)有效限制围岩塑性区发展

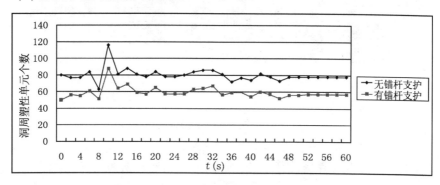

图 4.1-10　两支护方案塑性区发展时程图

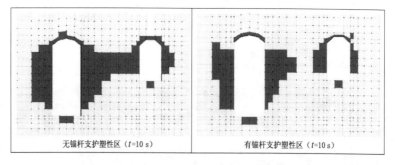

无锚杆支护塑性区（$t=10$ s）　　　有锚杆支护塑性区（$t=10$ s）

图 4.1-11　$t=10$ s 两支护方案塑性区分布

从两支护方案塑性区时程发展看(见图 4.1-10),规律基本相同,均在 $t = 10$ s 时刻塑性破坏区最大。但在整个计算持时内有锚杆支护洞室塑性区范围一直较无锚杆支护小。在 $t = 10$ s 时刻,无锚杆支护两洞室间塑性区发生贯穿,而有锚杆支护塑性区范围较小,且两洞室间塑性区未贯穿(见图 4.1-11)。可见,在地震中

锚杆支护有效限制了洞周塑性区的开展,对围岩稳定起到重要作用。

(2)有效限制围岩相对变形

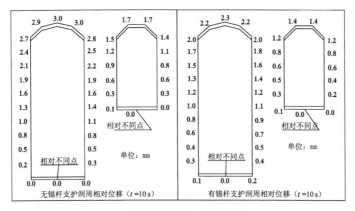

图4.1-12　两支护方案相对位移图(t=10 s)

从两支护方案t=10 s时刻洞周围岩相对变形分析(见图4.1-12),两方案围岩变形规律基本相同。有锚杆支护方案洞周最大相对位移位于主厂房顶拱为2.3 mm,较无锚杆支护方案3.0 mm减小0.7 mm,约占23%。可见,在地震中锚杆支护有效限制了洞周围岩的相对变形,改善围岩受力状态,对围岩稳定起到重要作用。

(3)锚杆应力状态

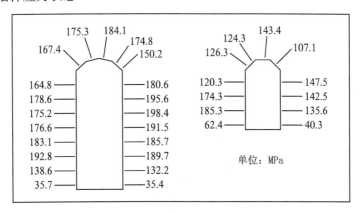

图4.1-13　t=10 s锚杆应力图

从t=10 s时刻洞周围岩锚杆应力图分析(图4.1-13),锚杆应力在150~200 MPa之间。锚杆受力在屈服强度之内,有一定的安全余度。说明在地震作用中,锚杆承担了部分荷载,有效限制了围岩变形。

(4)计算耗时

整个输入持时 60 s 计算完毕,无锚杆模型耗时 4 418 s,有锚杆模型耗时 4 771 s。有锚杆计算,耗时响应增加 8%。采用 FLAC3D 对算例进行动力时程计算,耗时 5 864 s。可见,本书提出的锚杆模拟方法降低了显式动力计算中锚杆的求解耗时。在塑性破坏较大的情况下,其优越性更加显著。

4.1.4 小结

(1)基于地震动荷载作用下锚杆围岩联合受力机理,在对 FLAC3D 锚杆模拟算法进行一定改进的基础上,提出了一种适用于抗震分析的全长粘结式锚杆模拟方法,并将该方法应用到自主开发的地下洞室三维显式动力有限元程序中,取得较好效果。该算法不需进行相邻锚杆计算段间的受力平衡迭代,并简化了锚杆结构材料屈服判断及应力修正方法,从而大大降低了锚杆受力求解耗时,便于大型洞室群动力时程分析。

(2)本书锚杆模型基于锚杆变形由围岩变形引起,各锚杆计算段间受力相对独立,与地震中围岩锚杆的受力情况较吻合。

(3)地震荷载作用下,锚杆支护能有效限制围岩塑性区的发展及洞周围岩相对变形。地震波在洞室围岩临空面被放大,致使洞周围岩相对位移变大,围岩破坏范围扩大。锚杆支护与洞周围岩联合作用,有效阻止围岩相对变形,改善围岩应力状态,限制围岩塑性区的发展。

(4)本书全长粘结式锚杆的模拟方法可以方便推广到端锚式锚杆、预应力锚杆及预应力锚索的模拟。

需要指出的是,地震灾变中洞室围岩锚杆的作用机理及其对地震灾变中围岩稳定的支护效果等是非常复杂的。目前,工程界更多是根据洞室开挖中喷锚支护理念认识锚杆的作用,对其在地震长持时动荷载作用下的力学特性及支护机理研究并不多见,本章仅仅在数值模拟计算平台上做了初步探讨,仍然有大量的工作需要深入开展,以便更好地了解应对地震时的围岩支护工程措施。

4.2 地下厂房结构的抗震计算

我国西南地区兴建了一批大型水电站地下厂房洞室群。该地区属于地震多发带,地震烈度一般在 VII 度以上。地下厂房洞室的抗震性能直接关系到生成设备的正常运行和工作人员的生命安全。对"汶川"大地震震中区域映秀湾、渔子溪和耿达等水电站地下厂房洞室群的震后调查表明[166,167]:①地下结构较地面结构有较强的抗震特性,高山峡谷地区水电站厂房应优先布置于山体内;②在高达 XI 度的震中区域,三个地下厂房均未出现整体围岩失稳,而厂房衬砌结构却出现明显的开裂和失效。可见,地下厂房衬砌结构是地下厂房洞室抗震设计的关键。

但我国《水工建筑物抗震设计规范》(DL5073 – 2000)水工地下结构部分未对地下厂房建筑物的抗震设计方法做出明确说明,而是建议"在计入结构和围岩相互作用的情况下进行专门研究"。国内各设计单位一般根据工程的重要性,分别采用拟静力法、反应谱法、动力时程法进行地下厂房结构的抗震计算[168-171]。从三种算法的计算理念及发展过程看,动力时程法较反应谱法更能合理地模拟围岩与结构的非线性作用过程,而反应谱法较拟静力法更能合理地模拟结构本身的频率特性。但同时,拟静力法理论简单,应用时间长,有助于很多具有丰富设计经验的工程师对计算结果的把握;反应谱法作为一种频域求解方法,很难准确模拟地下洞室中围岩对混凝土结构抗震特性的影响,而这恰恰是地下洞室结构抗震分析的特点所在;动力时程法作为一种时域求解方法,虽然能模拟地震的全过程,但其在实际工程设计中应用时间较短,如地震波荷载时程曲线的确定、地震波荷载的输入、人工边界、围岩与结构的接触、计算结果的分析评价等,均处于快速发展和研究阶段,尚未得到已建工程震害实例的检验。采用不同的抗震计算方法,可能会对水电站地下厂房结构抗震设计带来一定的影响。

本书采用拟静力法、反应谱法、动力时程法分别对位于汶川地震震中区域的映秀湾地下厂房结构进行抗震计算,并将计算结果与详细的震害调查相对比,探讨三种计算方法的各自特点,分析其在水电站地下厂房结构抗震设计中的适用性,以期能对工程设计人员在三种抗震计算方法的应用上提供些许帮助。

4.2.1 三种抗震设计方法介绍

4.2.1.1 拟静力法[172-175]

地下结构抗震计算的拟静力法一般采用波动场应力法。该方法首先根据指定的波动方程求解介质波动应力场,再考虑波动应力对地下结构的影响。地壳中传播的地震波主要分为纵波和横波,其中纵波产生正应力,横波产生剪应力。复杂的地震波经过傅里叶变换,可表述成多组简谐波的叠加。根据规则的简谐波形,从理论上可推导出弹性介质体中波动应力场[176]:

$$\sigma = \pm\frac{1}{2\pi}\rho k_c g C_p T_0 ??? \quad \tau = \pm\frac{1}{2\pi}\rho k_c g C_s T_0 \qquad 式(4.2-1)$$

式中:ρ 为密度,k_c 为峰值加速度放大系数,g 为重力加速度,C_p 和 C_s 分别表示纵波和横波波速,T_0 为卓越周期。

设地震波与有限元模型坐标系 X、Y、Z 轴的夹角为 α、β、γ,则模型任意单元形心波动应力可表示为:

$$\{\sigma\}_e = [\sigma_{xx}, \sigma_{yy}, \sigma_{zz}, \tau_{yz}, \tau_{xz}, \tau_{xy}]^T \qquad 式(4.2-2)$$

$\sigma_{xx} = \sigma \cdot \cos\alpha$

$\sigma_{yy} = \sigma \cdot \cos\beta$

$\sigma_{zz} = \sigma \cdot \cos\gamma$

$\tau_{yz} = \tau \cdot (\cos\beta + \cos\gamma)$

$\tau_{xz} = \tau \cdot (\cos\alpha + \cos\gamma)$

$\tau_{xy} = \tau \cdot (\cos\alpha + \cos\beta)$

则,地震波施加到结构上的地震荷载为:

$$\{F\} = \iiint_v [B]^T \{\sigma\}_e dv \qquad 式(4.2-3)$$

其中,$[B]$ 为有限元单元应变矩阵。

从波动场应力法的求解过程可以看出:①对于地震波荷载,其只针对单一简谐波,并考虑峰值加速度和卓越周期,而未考虑频谱、持时等地震波荷载特性;②其将整个地下厂房工程区看为质点,工程区内任意点的波动场应力状态均一致由式(4.2-1)求解,未能反映洞室群围岩波动场的分布特征;③其地震动荷载转换为等效静荷载,未能反映地下结构自振特性。但该方法综合考虑了最大加速度荷载在卓越周期内对地下结构的持续作用。因此很多工程师认为,地下结构拟静力法的计算结果是较动力时程法偏危险的,工程依此设计是偏安全的。

4.2.1.2 反应谱法[177-179]

反应谱法是一种频域分析方法,有多种计算形式。《水工建筑物抗震设计规范》推荐采用振型分解反应谱法。该方法的理论是:结构物可以简化为多自由度体系,多自由度体系的地震反应可以按振型分解为多个单自由度体系反应的组合,每个单自由度体系的最大反应可以从反应谱求得。

在加速度 $\ddot{x}_0$、$\ddot{y}_0$、$\ddot{z}_0$ 作用下,结构的位移可表示为[86]:

$$\{\delta\} = \sum_{i=1}^{n} \{\varphi\}_i \left(\gamma_{ix} u_{ix} + \gamma_{iy} u_{iy} + \gamma_{iz} u_{iz} \right) \qquad 式(4.2-4)$$

其中,$\{\varphi\}_i$ 为结构第 i 阶振型,$\ddot{x}_0$、$\ddot{y}_0$、$\ddot{z}_0$ 分别为振型组合系数,u_{ix}、u_{iy}、u_{iz} 分别为频率为 ω_i 的单自由度结构在地面加速度 $\ddot{x}_0$、$\ddot{y}_0$、$\ddot{z}_0$ 作用下的反应,可根据设计位移反应谱或加速度反应谱直接简化计算。

从振型分解反应谱法的计算理论看,其考虑了结构自身振型特性,通过设计反应谱考虑了地震波形的频谱及幅值特性。但考虑到地下厂房结构的特殊性,在结构自振分析中我们需考虑围岩对结构振型的影响。目前在众多地下工程反应谱分析中,围岩与结构的作用模拟主要可分为三类:①围岩对地下结构全约束;②围岩对地下结构不约束;③围岩对地下结构"弱约束"。其中,"弱约束"是指通过在围岩与结构间设置一层材料参数较低的垫层单元,模拟围岩与结构的相互作用。上述三种方法均很难全面反映围岩与结构的相互作用以及地震作用下围岩对结构的影响。因此,如何考虑围岩与结构的相互作用,是地下洞室结构抗震分析中采用反应谱法计算的关键。

4.2.1.3 动力时程法[180-183]

拟静力法考虑了地震波的幅值特性,反应谱法考虑了地震波的幅值、频谱特性,动力时程法作为一种时域分析方法,则全面考虑了地震波的幅值、频谱和持时三大特性。该方法将结构抗震、地基抗震等问题统一归结为近场波动问题。从波动学的角度,分析结构作为地震波传播载体的受力特征。该方法通过对工程区波动微分方程进行直接积分求解,模拟地震波在介质体中的传播过程,真实反映地震灾变过程。该方法对地下结构的动本构、围岩与结构的接触算法、地震波的入射、边界条件的设置等提出了较高的要求。同时,该方法无法给出结构对不同频率波的反应,而不利于设计人员对地下厂房结构自振特性的把握。

地下洞室结构动力时程法抗震计算的关键和难点是围岩与结构的相互作用模拟。目前,主要的模拟方法有垫层单元法和接触面法。垫层单元法是将围岩与结构接触部位采用较薄的垫层单元离散,并根据经验设置不同的垫层材料参数,以在计算中反映围岩与结构的相互作用关系。接触面法是认为围岩与结构间为无厚度的缝隙,计算中围岩与结构满足一定的接触关系。两种方法各有优缺点。垫层单元法对计算人员的工程经验有较高的要求,但能综合反映围岩与结构的复杂接触关系。接触面法具有严格的数值理论基础,但简化后的接触模型难以全面反映围岩与结构的复杂接触。因为,地震灾变中地下洞室结构与围岩的作用机理尚未得以完全揭示,很多工作正处于研究阶段,未能在工程界形成统一的认识。

考虑到垫层单元法的合理应用需要有足够的工程计算经验支撑,本书程序在地下洞室围岩与结构的相互作用问题上采用接触面法模拟。以下简要介绍本书程序接触面算法的实现。

接触面的两侧分别为围岩与结构,我们定义围岩侧的接触点为主结点,单元面为主表面,结构侧的接触点为从结点,单元面为从表面。主面与从面的接触关系采用罚函数法。即,在显式有限元逐步积分的每时步中先检查各从结点是否穿透主表面,没有穿透则不作任何处理,否则在该从结点与被穿透的主表面之间引入一个大小与穿透量及主片刚度成正比的接触力。该方法相当于在所有从结点与主表面之间布置一系列的法向界面弹簧,程序实现较为容易。其计算过程可归纳如下。

(1)接触位置关系

在每时步计算中,我们需根据主表面与从结点的位置关系判断其是否发生侵入,并计算相应的法向距离。主表面一般采用单元面来表述,单元面通过结点来控制。显式有限元计算中,单元各结点的真实位置可根据初始坐标与位移直接求出。因此,在每时步中主表面与从结点的空间几何位置关系是可以明确表述的。根据空间几何算法,从结点与主表面的法向距离 L 是不难求解的。

（2）接触力计算

如果 $L \geqslant 0$，认为从结点 ns 没有穿透主表面，不作处理；如果 $L \leqslant 0$，认为从结点 ns 穿透了主表面，接触力为[19]：

$$f_s = - Lk_i = Lf_{si}K_iA_i^2/V_i \qquad 式(4.2-5)$$

其中，L 为从结点与主表面的法向距离；K_i, A_i, V_i 分别为主片 s_i 所在单元的体积模量、体积和主片面积；f_{si} 为界面刚度的放大系数，一般可取 0.1。如 f_{si} 过大可能会引起显式有限元计算的不稳定。

除在从结点上作用法向接触力 fs 外，在主表面的接触点 $C\left(\xi_c, \eta_c\right)$ 上作用一反作用力 $-fs$。该反作用力可采用四边形形函数插值的方法等效到主表面的 4 个有限元主结点上。

$$f_m^i = - N_j\left(\xi_c, \eta_c\right)f_s, j = 1,2,3,4 \qquad 式(4.2-6)$$

其中，N_j 为有限元四边形形函数，ξ_c, η_c 为点 C 的局部坐标。

4.2.2 映秀湾地下厂房结构震害调查

2008 年四川省汶川大地震，具有震级高（M8.0 级）、震源浅（距地表 14 km）、破坏性强、波及范围大的特点[184]，对我国西南地区的水电工程造成了较大影响。映秀湾水电站是岷江干流上 9 个梯级电站之一，上游电站为太平驿水电站，下游为紫坪铺水利枢纽。该站共有三台发电机组，1971 年发电，采用地下厂房的布置形式，埋深约 150～200 m。洞室群由主副厂房、主变洞、母线洞、引水洞、尾水洞以及交通洞组成。主厂房的尺寸为 52.8 m×17.0 m×37.2 m（长×宽×高），主变洞的尺寸为 59.4 m×7.2 m×27.9 m。洞室群围岩主要为花岗岩及花岗闪长岩，力学参数见表 4.2-1。主厂房洞室采用全断面混凝土衬砌，其中顶拱衬砌厚 1.0 m，边墙衬砌厚 0.5 m，吊车梁立柱 1.0 m×1.5 m，吊车梁为钢梁。发电机层楼板厚0.2 m，横梁 0.2 m×0.5 m。

表 4.2-1　岩体力学参数取值

材料	变形模量（GPa）	泊松比	凝聚力（MPa）	内摩擦角(°)	抗拉强度（MPa）	容重（kN·m⁻³）
花岗岩	10	0.25	2.18	41.6	1.97	27.6

而根据汶川地震烈度分布[2]，映秀湾水电站的影响烈度高达 XI 度，距震中约 8 km，是距离震中最近的水电工程之一。其洞室结构实际发生了一次"原型破坏试验"。因此，将其作为分析对象，研究水电站地下洞室结构的抗震分析方法，具有一定的实践基础。

图 4.2-1　顶拱开裂

图 4.2-2　边墙开裂

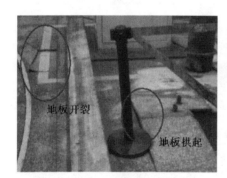

图 4.2-3　发电机层楼

图 4.2-4　发电机层横梁

图 4.2-5　发电机风罩

图 4.2-6　洞室交口处

汶川地震后两个月,笔者曾对映秀湾地下厂房进行震害调查,并参与了后续的厂房加固工作。主厂房结构破坏主要表现为以下几方面。

(1)厂房顶拱衬砌部分在震前就发现大小约90余条裂缝,震后部分裂缝宽度及长度有所增加(震前设有测缝计及裂缝标识),并新增加两条沿上游下游边墙长约2~3 m,宽0.5~2 mm的裂缝(图4.2-1),一条顺机组纵轴线方向长约5 m,宽1 mm的裂缝。

(2)各洞室两侧边墙衬砌均有明显的纵向裂缝,裂缝延展较长,局部达到5 m以上,裂缝宽度肉眼可见(图4.2-2)。吊车梁立柱、牛腿未出现明显裂缝,整体性良好;

(3)发电机层、水轮机层楼板沿对角出现闭合裂缝,上覆地板隆起(图4.2-3)。发电机层支撑横梁交接处出现表层剥落和局部裂缝(图4.2-4)。

(4)发电机风罩及机墩裂缝较多。以1#机组风罩为例,裂缝长度一般0.85~1.7 m,宽度0.5~1.8 mm,缝深3.12~7.0 cm。沿裂缝凿开混凝土,查看缝深和钢筋锈蚀情况。检查缝深与超声测缺结果基本一致,均为V形开口,在缝底部尖灭或闭合(图4.2-5)。

(5)各廊道交口处混凝土边墙出现明显的表层剥落、错动开裂,局部钢筋弯曲外露(图4.2-6)。

(6)灾后经天津大学采用基于环境激励(厂房内桥机起吊转轮行走、刹车)的结构无损动态检测后,认为厂房吊车梁立柱及牛腿结构完整,未受损。

总体看来,映秀水电站地下厂房结构在汶川地震中的震损形式主要是表层脱落和闭合裂缝,局部衬砌结构裂缝延伸较长,宽度肉眼可见,破坏明显。结构破坏形式以拉裂破坏为主,未出现明显的压裂破坏。整体厂房结构在加固后,尚能正常运行。映秀电站的震害调查表明,地下厂房较地面结构有较好的抗震性能,在XI度的大地震中地下结构尚未全面垮塌失稳,确保了生产人员的生命安全。但对于大型水电站洞室群的建设,其规模非映秀水电站可比,其洞室结构抗震性能依然不容忽视。

4.2.3 计算分析及比较

4.2.3.1 计算条件

为模拟"汶川"地震中映秀湾水电站主厂房地下结构的动力响应,建立了包括厂房顶拱、边墙衬砌、机墩、梁板柱等在内的 3 个机组段地下结构有限元模型,共划分 96 744 个六面体八结点单元,其中 Y 轴为厂房轴线,自 1#机组指向 3#机组为正,X 轴垂直于 Y 轴顺水流指向下游,Z 轴与大地坐标系重合。计算混凝土物理参数参照 C25 选取,其中抗拉强度取 1.25 MPa,抗压强度取 12.5 MPa。

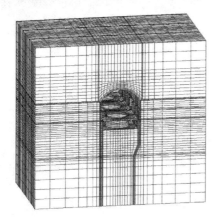

图 4.2-7 有限元整体计算模型

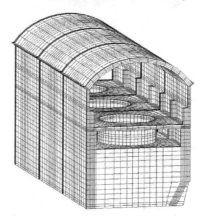

图 4.2-8 地下厂房混凝土结构模型

动力计算前首先采用三维弹塑性损伤有限元程序模拟主厂房洞室的开挖过程,将开挖后的围岩扰动应力场作为动力计算的初始地应力场。同时考虑围岩压力、机组运行荷载、自重等因素,计算地下结构在静荷载作用下的应力状态。三种抗震方法采用统一的结构初始应力状态。混凝土结构均采用弹性本构,采用应力强度准则判别破坏,使三种抗震计算结果有统一的评比指标。同时为了保障结构动静应力对比的一致性,将反应谱法与时程法求解的应力值按照《水工建筑物抗震设计规范(DL5073-2000)》(以下简称《规范》)折减 0.35,与拟静力法的应力结果相对比。三种抗震方法具体计算如下。

1. 拟静力法

采用拟静力计算,需确定地震波的卓越周期 T_0 和峰值加速度放大系数 $kc=$

$\alpha_{\max}/g$。根据文献[185]对汶川地震时 P 波和 S 波卓越周期的研究,本次计算中取 P 波和 S 波卓越周期分别为 0.15 s 和 0.35 s。kc 一般可根据《规范》中"烈度与地面最大加速度值关系表"确定。但映秀湾水电站的地震烈度为 XI 度,超出现有规范的量值范围。为保障三种抗震计算方法荷载量值的一致性,本书根据图 4.2-8 中 $A_x(t)$、$A_y(t)$、$A_z(t)$ 三向加速度时程曲线计算合成加速度时程 $A(t)$:

$$A(t) = \sqrt{A_x^2(t) + A_y^2(t) + A_z^2(t)} \qquad 式(4.2-6)$$

计算可得 $t=13.06$ s 时地表最大峰值加速度为 10.14 m/s²。同时《规范》规定,在基岩面以下 50 m 及其以下部位的设计地震加速度代表值可取为规定值的 50%。因此,本书计算中 $kc=0.5\times10.14/9.81=0.52$。计算程序采用自主开发的地下洞室三维弹塑性损伤有限元计算程序[186]。

2. 反应谱法

《规范》规定除重力坝、拱坝外,其余混凝土建筑物设计反应谱最大值的代表值 $\beta_{\max}$ 取 2.25。由卧龙地震波最大峰值加速度 10.14 m/s²,可绘制设计加速度反应谱(图 4.2-9)。映秀地下厂房岩体主要为花岗岩,围岩以 II 类为主,属 I 类场地,反应谱特征周期 T_g 取 0.2s。计算程序采用 ANSYS 的动力响应分析模块。

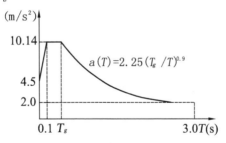

图 4.2-9　地震波设计反应谱

3. 动力时程法

卧龙强震台是距震中最近的一个测站,其所测地震波峰值加速度较周边几个测站都大[187,188]。本次计算选取卧龙地震波 EW、NS、UD 三向峰值较大的 20 s 加速度时程作为地震动荷载。由于映秀湾地下主厂房轴线方位角为 108°,对卧龙实测地震波曲线进行坐标转换后,可得到施加于模型 X、Y、Z 三向的地震波加速度时程,并进行基线校正和(0.1～10 Hz)滤波。计算程序采用自主开发的地下洞室三维弹塑性动力显式有限元计算程序。

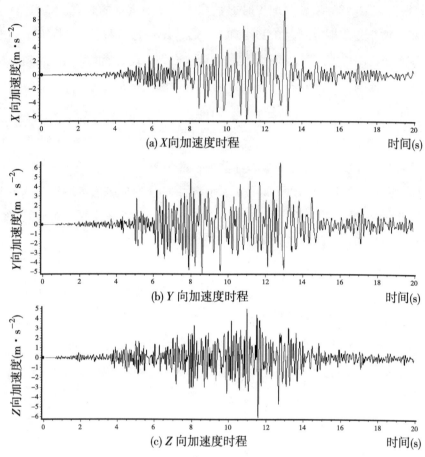

图 4.2-10 汶川地震卧龙台实测加速度时程曲线

4.2.3.2 结果分析

1. 拟静力法结果分析

根据拟静力法计算结果,从主厂房结构第一主应力量值看,最大压应力在 5 MPa 左右,在 C25 混凝土的抗压强度范围内,与震灾调查中"厂房结构未出现压裂破坏"较吻合;从第一主应力的分布范围看(彩图 6),发电机层楼板梁、风罩与楼板结合部,出现明显的应力集中,与震灾调查中"发电机层支撑横梁交接处出现表层剥落"较吻合;从第三主应力量值看(彩图 7),最大拉应力在 3.2 MPa 左右,超出 C25 混凝土的抗拉强度范围,与震灾调查中"结构破坏形式以拉裂破坏为主"较吻合;从第三主应力的分布范围看,超出 1.25 MPa 的拉应力区主要集中在水轮机层以上顶拱以下的结构部位,尤其是边墙衬砌和发电机风罩部位。总体看来,拟静力法的计算结果基本与震灾调查相吻合。

但对于主厂房顶拱部位,拟静力法计算结果拉应力较小,均在 1.25 MPa 范围内,与灾后顶拱出现部分纵向裂缝及裂纹扩展的情况不相符合;同时,对于吊车梁立柱牛腿部位,拟静力法计算结果拉应力在 2.1 MPa 左右,超出混凝土的抗拉强度,与灾后调查中吊车梁牛腿完整无损不相符合。这主要是因为,地下结构抗震计算的拟静力法实质上是在结构物表面均匀施加了一组伪地震荷载,从而无法精细反映顶拱、吊车梁牛腿等特性结构物在地震中的受力特性。

2. 反应谱法结果分析

从反应谱法的计算结果看,结构应力主要集中在发电机层楼板、横梁、风罩等部位,下部大体积混凝土、顶拱、边墙衬砌等应力较小((彩图8、彩图9)。这主要是地下结构受围岩约束作用,低频自振振型主要集中在结构刚度相对薄弱的发电机层部位。反应谱法的计算结果体现出地下结构在地震中的薄弱部位,与震害调查中"发电机层楼板裂缝,上覆地板隆起,支撑横梁局部裂缝,风罩裂缝较多"等实际情况相吻合。但反应谱法未能全面反映地震过程中围岩与地下结构的相互作用关系,而仅表现出围岩对结构的强约束,致使顶拱、边墙衬砌、下部大体积混凝土等地震响应较弱,应力较小。这与震后调查"顶拱、边墙衬砌均有裂缝"不相符合。总体看来,在地下结构动力响应计算中,反应谱法能展现结构相对薄弱的部位,但未能真实刻画围岩与结构的相互作用,致使其在顶拱、边墙衬砌等与围岩相接触的结构地震响应分析时有较大误差。

3. 时程法结果分析

根据时程法的计算结果,统计整个计算过程中的单元最大应力值,并绘制厂房结构应力包络图(彩图10、彩图11)。从主厂房结构第一主应力量值看,结构大部压应力在 3 MPa 之内,局部梁板柱交口、风罩交口等部位压应力达到9 MPa,在 C25 混凝土的抗压强度范围内,结构未出现压裂破坏,与震灾调查结果基本吻合;从第三主应力量值看,水轮机层以上结构整体拉应力较大,大部位于 1.2~2.8 MPa 之间,超出 C25 混凝土的抗拉强度范围,与震灾调查中"结构破坏形式以拉裂破坏为主"较吻合;从第三主应力的分布规律看,边墙、风罩、结构交接处等部位应力较大,超出材料的强度承载范围,与震后中水轮机层上部结构出现较多的拉裂缝较吻合;动力时程法计算的吊车梁牛腿部位压、拉应力均很小,与震后检测中"吊车梁牛腿完整无损"较吻合;顶拱应力呈纵向分布,中心拉应力较小,两侧靠边墙处拉应力较大。顶拱两侧应力在 2.0 MPa 左右,这与震后顶拱"新增加两条沿上、下游边墙长约 2 ~ 3 m,宽 0.5 ~ 2 mm 的裂缝"较吻合;从彩图 11 可见,发电机层楼板第一主应力均在 1.25 MPa 以上,且等值线呈现 X 形,与震后楼板"沿对角出现闭合裂缝"较吻合。总体看来,时程法的计算结果基本与震灾调查相吻合。

4. 三种算法量值对比

取 2#机组段不同特征部位的第一、三主应力值,对比分析三种算法计算结果的不同点(彩图 11、彩图 12,其中 1 指蜗壳表层,2 指水轮机层楼板,3 指水轮机层边墙,4 指发电机风罩,5 指发电机层横梁,6 指发电机层边墙,7 指拱座,8 指顶拱)。

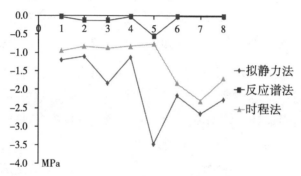

图 4.2-11 第一主应力对比图

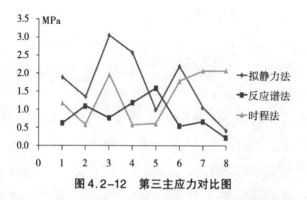

图 4.2-12 第三主应力对比图

从三种方法计算结果的第一应力量值看,结构应力状态主要为受压。拟静力法计算结果较反应谱法和时程法都大,这是因为拟静力法认为在卓越周期内结构作用地震加速度始终为峰值加速度。从结构压裂破坏的角度看,拟静力法计算结果是偏安全的。

从第三主应力量值看,在顶拱以下部位拟静力法计算结果均较反应谱法、时程法大,结果偏安全,但在厂房顶拱部位应力量值较小,较时程法计算结果偏危险;反应谱法计算结果主要表现出发电机风罩、发电机层横梁等结构薄弱部位应力量值较大,而与围岩直接接触的结构应力相对较小。可见,反应谱法对地下结构动力响应薄弱部位的确定有其固有优势,其对薄弱部位的应力计算量值是偏安全的;除顶拱部位外,时程法计算结果相对偏小,这是因为时程法根据地震波荷载曲线计算,较拟静力法采用固定的峰值加速度,地震荷载相对细化。时程法真实反映结构的波动过程,较反应谱法采用各阶振型的最不利组合,更能精细反映结构的动态受力过程。时程法计算的顶拱拉应力较拟静力法、反应谱法大,与实际震害调查结果较吻合。

综上所述,拟静力法计算结果与震害调查基本吻合,应力量值总体较反应谱法和时程法偏安全,但其对顶拱、牛腿等局部结构存在一定的不合理之处;反应谱法计算结果集中反映结构薄弱部位的地震响应情况,但在顶拱、边墙衬砌、水轮机大体积混凝土等与围岩直接接触的结构地震响应分析时有较大误差;时程法精细反映了地下结构的波动过程,计算结果与震害调查非常吻合。

4.2.4　小结

本节以汶川地震中受损的映秀湾地下厂房结构加固工作为契机,对地下厂房结构在地震中的受损情况进行了详细调查。震害调查表明,各层梁板柱、边墙衬砌、顶拱等部位局部受损,有明显裂缝。但地下厂房结构并未出现毁坏性垮塌,地震结构基本能维持正常运行。分别采用拟静力法、反应谱法、动力时程法对汶川地震中映秀湾站地下厂房结构的受力特性进行了计算。计算结果表明,拟静力法计算结果偏安全,但其对顶拱、牛腿等局部结构计算有一定不合理之处;反应谱法能展现结构的薄弱部位,便于抗震加固,但在与围岩接触的结构分析中存在较大误差;时程法能精细反映地下结构的地震受力过程,计算结果与震害调查吻合较好,能指导地下工程抗震的经济设计。

4.3 本章小结

抗震支护措施设计是地下洞室群地震响应分析的落脚点。抗震支护措施的合理模拟是洞室群围岩抗震设计优化的基础。本章主要研究内容和结论如下：

(1)基于对地震灾变中锚固支护措施作用机理的认识,建立了显式动力有限元计算中锚杆、锚索等支护措施的快速计算模型,合理反映了锚固支护措施在围岩抗震中的作用。

(2)建立了动力计算中围岩与衬砌的相互作用模型。针对拟静力法、反应谱法和动力时程法等三种抗震计算方法,讨论了其在地下厂房结构抗震计算中的优缺点,研究了地下结构的动力响应特性。

第五章 动力时程分析中地下洞室群
前处理技术探讨

地下洞室群动力时程计算与洞室群静力开挖计算相比,在前处理阶段有很多不同,主要表现在荷载的作用形式和有限元网格尺寸等两方面。洞室群静力开挖计算中,岩体开挖释放地应力是主要的荷载,是一种力的形式;洞室群动力时程计算中,地震波是主要的荷载,是一种运动的形式。静力开挖对有限元网格尺寸没有严格要求,而动力时程计算则对网格尺寸有严格的要求。因此,我们有必要对动力时程计算中的这些不同点进行一定的探讨,以保障动力时程分析的精度。

以往的地下洞室工程动力时程分析多是直接采用地震部门提供的加速度时程曲线,并按照《规范》要求进行折减,并施加到模型底部,而针对地震动荷载特性对地下洞室围岩抗震稳定特性的影响,地震动荷载折减系数的合理性等研究较少。为满足地震波的计算频段,有限元网格模型必须满足一定的尺寸要求,但地下洞室复杂的地质模型经常使得网格尺寸划分很小,显著降低了显式有限元求解的系统时步,增加求解耗时。

针对地下洞室群动力时程分析中,地震动荷载特性和有限元网格的划分技术,下文重点阐述:①地下洞室动力时程分析中地震动荷载特性对地下洞室稳定的影响及其确定方法;②动力时程计算中地下洞室群复杂地质体有限元网格划分技术。

5.1 地震动荷载

地震动是地震灾变中地下洞室群围岩失稳的外因,是动力时程分析中主要的外荷载。不同的是,结构工程中常用的荷载是以力的形式出现,而地震动是以运动的方式(地震波)出现。由于地震发生的时间、地点、强度等的不确定性,使得工程抗震设计中地震波荷载很难准确确定。因此,在研究地震灾变中地下洞室群围岩稳定问题前,我们必须首先科学合理地确定地震波荷载。

5.1.1 地震动三要素

地震工作者根据几十年来宏观震害调查和实测波形分析,认为对于工程抗震而言,地震动特性可通过三要素来描述,即振幅、频谱和持时[189]。

5.1.1.1 振幅

地震动的振幅是指地震动加速度、速度、位移三者之一的峰值、最大值或某种意义的有效值。振幅是地震动特性中最主要的一个,对洞室围岩稳定影响最大。这是因为,地下洞室围岩赋存于无限地质体中,不存在明显的自振频率,使得频谱特性在地下洞室围岩稳定中的作用表现不是很明显。而持时对弹性状态的围岩影响较小,对进入塑性状态的围岩有明显的破坏作用。

地震记录表明,震源、传播介质与距离、场地这三类因素对振幅有重要影响。目前研究最多的是震源与地震动幅值的关系。由于地震及地壳的复杂性,关于传播介质、距离与地震动幅值关系的研究相对较少。对于地下洞室围岩,场地因素对振幅的影响较小。以下简要总结振幅与震源关系的相关研究成果。

工程应用中,震源一般通过震级 M 或地震烈度 I 来描述。震级通常取为地震图上最大幅度(在规定的震中距和地震仪上取得)的对数值。通常 $M<2$ 称微震,$M=2\sim4$ 称有感地震,$M>5$ 称为破坏性地震,其中 $M>7$ 称为强烈地震。已有研究表明当震级不太大时,震级与地震动幅值 A(加速度、速度、位移)的关系可以写为[190]

$$\ln A = c_1 + c_2 M \qquad\qquad 式(5.1-1)$$

地震烈度[191]表示地震时在一定地点的地震强烈程度,通常按一定的宏观标准来评定。评定烈度的标准是烈度表。我国烈度表采用 I ~ XII 度分度法。地震烈度与地震动幅值的关系自古以来均有研究。早期,地震工作者认为地震烈度与地震动是单一参数的关系。古登堡和里克特(1956)提出地震动加速度幅值与地震烈度的关系式[192]为:

$$lga = I/3 - 0.5 \qquad 式(5.1-2)$$

河角广[193]（1973）根据日本的记录得到：

$$lga = I/2 - 0.6 \qquad 式(5.1-3)$$

对于地震烈度与振幅的关系,我国《规范》采用国家建委统一规定的标准,见表5.1-1。

表5.1-1　烈度与地面最大水平加速度值关系表

烈度	VII	VIII	IX
加速度(g)	0.1	0.2	0.4

然而,随着近几十年强震观测技术的进步,地震工作者经过对大量的地震记录进行分析得出如下结论:烈度是由地震动的许多独立参数共同决定的,寻求任何一个参数与烈度的关系必然具有几十倍的离散,而所得到的平均关系的意义却远小于其离散,因而是没有实际意义的。

为此,很多学者提出了地震动估算的衰减规律法,即根据过去强震观测结果,寻求地震动与地震大小、震源特性、传播介质、场地影响的统计规律。我国的胡聿贤院士针对基岩场地提出[194]：

加速度幅值：

$$lga_{max} = 1.71 + 0.657M - 2.18lg(R + 30)$$
$$\sigma_{ln} = 0.47 \qquad 式(5.1-4)$$

式中,M 为震级,R 为震源距,σ_{ln} 为方差。

速度幅值：

$$lgv_{max} = -0.269 + 0.604M - 1.53lg(R + 30) \qquad 式(5.1-5)$$

反应谱：

$$lgS_a(T) = B_0 + B_1lg(R + 30) + B_2M \qquad 式(5.1-6)$$

常数值见表5.1-2.

表 5.1-2 胡聿贤等基岩加速度反应谱

T	B_0	B_1	B_2	T	B_0	B_1	B_2
0.04 ~ 0.05	−0.1589	−2.2068	0.4980	1.4	−3.9294	−1.5119	0.8224
0.10	−0.0769	−2.3262	0.5568	2.0	−4.2943	−1.3107	0.7829
0.15	−0.1202	−2.2329	0.5477	3.0	−4.5818	−1.1947	0.7702
0.20	−0.2956	−2.1144	0.5421	5.0	−5.3647	−1.2980	0.8948
0.24	−0.1724	−2.0701	0.5067	8.0	−4.3741	−0.8798	0.5631
0.30	−0.5052	−1.9139	0.5041	PD	−1.350	−1.1787	0.6180
0.40	−0.9060	−1.8678	0.5360	PV	−0.269	−1.5320	0.6041
0.50	−1.7960	−1.4391	0.5355	PA	1.7116	−2.1826	0.6574
0.6	−2.2812	−1.6281	0.6528	SD	−1.4816	−0.3474	−0.2070
0.8	−2.9491	−1.7001	0.7641	SV	−1.1664	−1.5558	−2.2782
1.0	−3.3992	−1.7260	0.8308	SA	−0.6536	0.6284	0.6036

5.1.1.2 频谱

由于共振效应,我们很容易理解地震动的频谱特性对结构反应的重要影响。假若地震动的频谱集中于低频,它将引起长周期结构物的巨大反应;反之,若地震动的卓越频率在高频段,则它对刚性结构物的危害大。但地下洞室群围岩赋存于无限地质体中,没有固有的自振频率。因此其对地震频谱的响应没有地面结构那么明显,这也是地下洞室较地面建筑物抗震性较好的一个主要原因。但这并不代表频谱特性对地下洞室群围岩稳定影响就不重要。

实测地震动不是简单的简谐运动,而是振幅和频率都复杂变化着的振动。我们常用一些数学方法,如傅里叶谱、反应谱和功率谱等,来描述这种复杂波形中的振幅与频率的关系。其中,反应谱是工程设计人员最熟悉的,也是规范中地震动荷载的主要描述形式。反应谱的定义是[195]:一个自振周期为 T、阻尼比为 ζ 的单质点体系在地震动作用下反应 y 的最大值 $y(T,\zeta)$ 随周期 T 而变的函数,当 y 是单自由度体系的相对位移 d,或相对速度 v,或绝对加速度 a 时,分别称为位移、速度或加速度反应谱。若将绝对加速度反应谱 S_a 用地震动加速度时程 $\ddot{u}_{g,\max}$ 除,则

所得的商 $\beta\left(T,\zeta\right)=S_a\left(T,\zeta\right)/\ddot{u}_{g,\max}$ 称为正规化加速度反应谱,也称为动力放大系数,即我国规范中常用的反应谱。

单质点弹性体系虽然可以说是一个理想化的简单结构体系或其一个振型,但由于反应谱的每一个坐标所对应的单质点体系的自振周期都在改变,所以整个反应谱并不是一个结构物或一个单质点体系的反应。因此,这个单质点体系可以看做一个具有移动窗的滤波器,假如这个滤波器的通频带极窄(即阻尼趋近于零),则滤波作用接近傅里叶变换。从这个角度看,反映谱并没有反映结构的动力特性,而反映了地震动荷载中不同频率与振幅的特性关系。因此,我们可以认为反应谱同地震动加速度时程曲线等一样,均是地震动荷载的一种表现形式。

5.1.1.3 持时

早期很多地震工作者认为,建筑物的倒塌可归因于一两个大震动脉冲,认为对于弹性反应来说持时并不太重要。这也是抗震分析中拟静力法的主要理论基础。然而,众多的震害实例和强震加速度记录反映出持时对震害结果有非常大的影响。如 1964 年日本茨城府湾外大地震,地震动最大水平加速度为 $0.2g\sim1.25g$,一般为 $0.2g\sim0.4g$,持时约十几秒,灾后调查显示地震烈度一般在 V ~ VII 度;而 1967 年日本北海道东大地震,地震动最大水平加速度仅为 $0.05g\sim0.2g$,但持时长达 30 s 以上,灾后调查显示地震烈度一般在 VI ~ VIII 度之间。这种影响在地下洞室群工程中同样存在。这主要是因为:①地下洞室群经爆破开挖,围岩应力扰动调整,大部分洞周围岩进入塑性区。使得围岩在地震波的作用下长期处于塑性应力调整状态,从而使得塑性变形随地震持时的增加而急剧增加;②地震灾变中,地下洞室群处于循环加卸载状态。对于充满解理裂隙的洞周围岩来讲,这种持续的往复运动无疑会增加围岩的损伤程度,并且持时越长损伤越严重。从这个观点来看,持时较长而加速度峰值较小的地震动荷载可能比持时较短而加速度峰值较大的地震动荷载对洞室群围岩稳定的影响更大。这也是在地下洞室群围岩抗震稳定分析中,我们应该采用动力时程法的主要理论基础。

地震动持时的表述有多种形式,现有的定义可分为两大类,一类是用加速度的绝对值,另一类是用相对值。对于绝对值,常用的持时定义是:

$$T_d = T_2 - T_1 \qquad\qquad 式(5.1-7)$$

式中,T_1 和 T_2 分别为水平线 $a = \pm a_0$ 首次和末次与 $a(t)$ 的相交点。

以 a 的绝对值来定义的可称为 a_0 持时,我国常用 $a_0 = 0.05g$ 或 $a_0 = 0.1g$。

关于相对值,Husid[196] 曾提出用下式表示地震动能量随时间的增长:

$$I(t) = \frac{\int_0^t a^2(t)\,dt}{\int_0^T a^2(t)\,dt} \qquad \text{式}(5.1-8)$$

其中,T 为地震动总持时;$I(t)$ 是一个从 $0 \sim 1$ 的函数。

其中 T_1 与 T_2 由下式确定:

$$\left. \begin{aligned} I(T_1) &= 0.05 \\ I(T_2) &= 0.95 \end{aligned} \right\} \qquad \text{式}(5.1-9)$$

前者称为 90% 持时,后者称为 70% 持时。

5.1.2 设计地震动

5.1.2.1 设计加速度反应谱

根据《水工建筑物抗震设计规范 DL5073-2000》规定,水工建筑物抗震设计中水平加速度反应谱如图 5.1-1 所示:

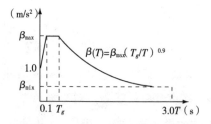

图 5.1-1 设计水平加速度反应谱

其中水平向设计地震加速度代表值 a_h 由概率水准地震危险性分析确定或者通过表 5.1-1 确定。竖向设计地震加速度的代表值 a_v 应取水平向设计地震加速度代表值的 2/3。

不同类别场地的特征周期 T_g 按表 5.1-3 的规定取值。

表 5.1-3 特征周期 T_g

场地类别	I	II	III	IV
$T_g(\mathrm{s})$	0.20	0.30	0.40	0.65

各类水工建筑物的设计反应谱最大值的代表值 $\beta_{\max}$ 按表 5.1-4 的规定取值。设计反应谱下限值的代表值应不小于设计反应谱最大代表值的 20%。

表 5.1-4 设计反应谱最大值的代表值 $\beta_{\max}$

建筑物类型	重力坝	拱坝	水闸进水塔及其他混凝土建筑物
$\beta_{\max}$	2.00	2.50	2.25

表中根据地面各水工建筑物的结构特征,对 $\beta_{\max}$ 进行了说明。但对于地下结构及地下厂房洞室群围岩的加速度放大系数未做规定。在地下洞室围岩稳定抗震分析中,$\beta_{\max}$ 值取多少是一个新的研究课题。由于资料及理论知识有限,笔者并未对此进行深入研究,希望在以后的研究工作中能对此做出贡献。

5.1.2.2 地震波时程曲线

《规范》规定在采用时程分析法计算地震作用效应时,"应至少选择类似场地地质条件的 2 条实测加速度记录和 1 条以设计反应谱为目标谱的人工生成地震加速度时程"。

由于地震发生是相对比较少的,且很难进行详细的记录。因此,找到与实际工程抗震设计标准基本一致的实测地震波加速度时程曲线是较为困难的。很多学者对重大工程的地震动荷载进行了专门研究[197-199]。在计算中,我们一般采用比例法,在实测地震波的基础上通过比例缩放,得到基本满足工程抗震设计参数的加速度时程。比如,工程设计地震动要求最大加速度 $a_{\max}^0$,卓越周期 T^0,持续时间 T_d^0 。首先根据实际工程的地震(震源机制、震级、距离)和地质(基岩或场地土)条件,选择与其相似的地震动加速度时程 $a(t)$。但最大加速度、卓越周期、持续时间等可能与设计地震动并不相同。然后,通过线性比例缩放的方法,采用两个常数 a^0/a 与 T^0/T 分别调整 $a(t)$ 的加速度坐标与时间坐标,以完全满足最大加速度与卓越周期的要求。这样处理并不能满足地震动频谱的特性要求,我们只能在选择实测地震动加速度时程记录时近似地满足。这样生成的地震波加速度时程虽然很难全面满足设计地震动的各项参数要求,但它以真实地震动加速度时程为基础,从而继承了实际地震动中某些未知特性。

另外,我们也可以通过数学方法人工合成满足各项设计地震动参数指标的加速度时程曲线[200-203]。目前较常用的数学方法有三角级数法、随机脉冲法与自回归法。在以往工程计算中,笔者多采用三角级数法,并编制了相应拟合程序。以下对三角级数法的计算过程做简要介绍。

第一步:为保障与设计反应谱 $S_a(T)$ 的拟合精度,计算时我们一般提前确定 M 个需要拟合逼近的坐标点 $(T, S_a(T))$,拟合的容许误差 ε,三角级数的项数 N。一般情况下,$M = 40 \sim 60$,$\varepsilon = 5\% \sim 10\%$,$N = 200 \sim 1000$。

第二步:选择一个初始 $a_0(t)$ 函数,通常可取

$$\left.\begin{aligned}
a_0(t) &= f(t) \cdot \sum_{k=N_1}^{N_2} A_k e^{i(\omega_k t + \varphi_k)} \\
A_k &= A(\omega_k) = \left[4S(\omega_k)\Delta\omega\right]^{1/2} \\
\omega_k &= k \cdot \Delta\omega \\
S(\omega_k) &= \frac{2\zeta}{\pi\omega_k} S_a^2(\omega_k) / \left[-2\ln\left(-\frac{\pi}{\omega_k T_d}\ln P\right)\right]
\end{aligned}\right\} \qquad \text{式}(5.1\text{-}10)$$

式中,ω_k 与 A_k 分别为第 k 个傅里叶分量的频率和振幅;相角 φ_k 为在 $0 \sim 2\pi$ 之间均匀分布的随机量;$N = N_2 - N_1$,$N_1 = \Delta\omega < 2\pi/T_M$,$N_2\Delta\omega > 2\pi/T_1$;$S(\omega)$ 为功率谱,$S_a(\omega)$ 为加速度反应谱;ζ 为阻尼比,T_d 为持时,P 为量值不超过反应谱值的概率,一般可取 $P \geq 0.85$。

第三步:用迭代法修正傅里叶谱 $A_0(\omega) = A_k^0$。根据第二步中得到的初始函数 $a_0(t)$,计算反应谱 $S_{a0}(T)$。对比 $S_{a0}(T)$ 与目标反应谱 $S_a(T)$,修正 $A(\omega) = A_k$。修正方法是 $A_1(\omega) = A_0(\omega)\left[S_a(\omega)/S_{a0}(\omega)\right]$。由于反应谱的控制点数小于三角级数的项数,所以对于反应谱控制坐标 T_i,应该修改 ΔT_i 中的全部三角级数项。修改的原则是在 T_{i-1},T_i,T_{i+1} 三者之内线性插值。最后得到修正后的地震动过程 $a_1(t)$。

第四步:重复上述迭代,直到反应谱在控制点处的最大误差小于或等于给定的误差 ε。误差 ε 以反应谱纵坐标最大值的百分比来表示,如 $\varepsilon = 0.05 S_{a\max}$。从图

5.1-1 可见,对于长周期,反应谱值通常已经很小,这一要求很难满足。这时可适当放宽误差要求。

通过上述方法拟合的人工地震波虽然能保证其反应谱的逼近程度,但是对该加速度时程曲线进行积分,求解相应的速度和位移时程,会发现其位移时程一般会产生较严重的漂移。为保障动力时程计算中,模型整体位移基本在一定的中心进行振动,我们还需对用于计算的加速度时程曲线进行基线校正。同时,为保障动力时程计算的精度,我们一般需要对加速度时程曲线进行滤波处理,以保留其中的低频成分,而滤掉对围岩稳定影响较小的高频成分。这就需要对加速度时程曲线进行滤波处理。关于加速度时程曲线的基线校正和滤波处理技术,目前已有较多的研究成果[204-207]。本书采用专业的地震波处理软件 Seismo Signal 对设计加速度时程曲线进行滤波和基线校正处理。

5.1.3 地下洞室群输入地震波时程

《规范》规定场地地表地震动荷载的选取及处理方法,对于大坝、进水塔、地面厂房等地面建筑物抗震分析时,可直接将地震动荷载作用在建筑物底部。但在地下厂房洞室群动力时程分析时,却不能直接将设计地震动荷载自模型底部输入。这是因为地表自由面的放大效应,使得近地表地震动加速度幅值随深度逐渐减小[208-210]。为此,《规范》9.1.2 条规定:"在地下结构的抗震计算中基岩面下 50 m 及其以下部位的设计地震加速度代表值可取规定值的 1/2。基岩面下不足处的设计地震加速度代表值可按深度作线性插值。"该规定主要基于波在均匀弹性半无限域自由面处发生全反射,波形存在两倍放大的规律,而无法刻画出实际工程的地形地貌情况、地质岩层构造及岩体阻尼对加速度幅值的变化规律。在此,我们对该条规定进行简要的探讨。

(1)基岩面下 50 m 分界线的设置问题。不同的国家对该分界线有不同的设置。苏联《地震区建设法规》规定了在埋深 100 m 处设计地震加速度可取为地面的 50%[211]。我国规范是在唐山地震震害调查的基础上提出 50 m 分界线设置标准。从理论分析看,无论是 50 m 还是 100 m,该分界线均是地表自由面放大效应的起始线。

为研究该分界线具体如何确定,本书建立了半无限域模型,分别采用不同波长的正弦波入射,同时自自由面往下沿程记录各监测点的波形幅值放大系数。计算工况如表5.1-5所示,不考虑阻尼。在模型底部输入一剪切波,波速形式为 $V = \sin(\pi t/T)$,其振幅为 1.0 m/s,周期为 0.25 s。

图5.1-2　计算模型图

表5.1-5　计算工况表

工况	弹模(MPa)	泊松比	密度(kg/m³)	V_P(m/s)	V_S(m/s)	周期(s)	波长(m)
1	102.9	0.286	1000	365.1	200	0.25	50
2	231.4	0.286	1000	547.7	300	0.25	75
3	411.4	0.286	1000	730.3	400	0.25	100
4	642.9	0.286	1000	912.9	500	0.25	125

统计各沿程监测点的速度时程中的峰值,以自由面处为起点,各监测点距自由面的距离除以波长,得到采用波长标准化后的各工况沿程速度峰值放大系数分布图。从图5.1-3可见,受自由面影响波形放大的范围主要集中在1/4波长范围内,且放大系数沿程并不是线性变化。

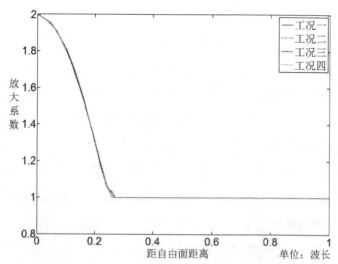

图5.1-3　放大系数沿程变化图(正弦脉冲)

为排除荷载波形的影响,将输入波形速度形式改为三角脉冲:

$$\begin{cases} V = \dfrac{t}{0.125} & t \subseteq [0, 0.125] \\[2mm] V = 1 - \dfrac{t - 0.125}{0.125} & t \subseteq (0.125, 0.25] \end{cases}$$

计算波长工况与表 5.1-5 保持一致,计算结果见图 5.1-4。从计算结果看,受自由面影响波形放大的范围依然集中在 1/4 波长范围内,且放大系数沿程并不是线性变化。比较图 5.1-3 和图 5.1-4,两者放大系数的分布规律也不相同,可见,自由面附近波形放大系数分布规律与输入波形有关。

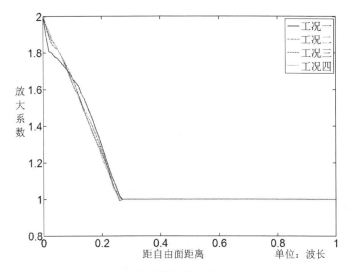

图 5.1-4 放大系数沿程变化图(三角脉冲)

从上述数值计算结果看,在不考虑阻尼情况下,理论上自由面附近波形放大的区域集中在 1/4 波长的范围内。由于实际地震灾变中地震波是一系列频率波形的复杂组合。假设主频段在 0.1 ~ 20 Hz 之间,岩体平均波速 1 000 m/s,则 1/4 波长的范围在 12.5 ~ 2 500 m。一般情况下,这个范围能覆盖整个地下洞室群工程区。因此,我们认为规范中将自由面下 50 m 作为波形放大范围的分界线是较为笼统的。

(2)加速度代表值折减 1/2 的问题。在不考虑阻尼的情况下,理论上自由面对波形有两倍的放大效应。但在实际地下洞室群动力时程计算中,由于埋深较大,岩体阻尼对波形的影响可能将超过自由面的影响而成为主要因素。因此,我们采用1/2的波形折减系数,可能会造成地震波荷载偏小,对工程安全计算不利。

由于水电站地下厂房洞室群一般埋设于高山峡谷之中,地形地貌、地质条件、埋设深度、岩体阻尼等对工程区波动场的分布特征有较大影响,很难简单地概化为均匀弹性半无限域模型。因此,《规范》9.1.2条"在地下结构的抗震计算中基岩面下50 m及其以下部位的设计地震加速度代表值可取规定值的1/2。基岩面下不足处的设计地震加速度代表值可按深度作线性插值"在水电站地下厂房洞室群动力时程计算中应用,会带来较大的误差。笔者建议,在大型地下洞室群动力时程分析时,应首先建立包括地表监测点在内的场区大模型,对地下厂房洞室群入射基准面地震波进行有限元迭代反演计算,以地表监测点的设计波形与计算波形的吻合程度作为收敛控制标准。其中,迭代收敛标准的具体指标,易采用加速度时程曲线和加速度反应谱。加速度时程曲线是为了保障设计地震动荷载与计算地震动荷载在幅值和持时上的一致性,加速度反应谱是为了保障两地震动荷载在频谱上的一致性。迭代修正方法可采用牛顿线性插值。

5.2 有限元建模

5.2.1 显式动力有限元网格的尺寸要求

采用显式有限元法进行动力时程分析,对模型网格尺寸的要求较静力有限元计算要高。这是由地震波荷载的复杂性和显式中心差分法计算稳定的要求决定的。针对地震灾变中地下洞室群围岩动力时程分析问题,有限元网格尺寸的要求主要体现在:

(1)模型单元最小网格尺寸不能太小,在满足计算精度的前提下,应尽量选取大值。为确保计算稳定,显式有限元逐步积分算法一般需要取较小的计算时间步长 Δt。如式(2.2-8)所示,Δt 与最小单元尺寸成正比。在实际工程计算中,为使得时间步长 Δt 比较大,减少总的迭代次数,节约计算时间,我们在划分有限元网格时需尽量增大单元的最小网格尺寸。

(2)为满足波场计算精度的要求,模型单元最大网格尺寸不能太大。《工程

场地地震安全性评价技术规范》[212]规定,模型单元的最大网格尺寸应该在设计
地震波荷载最短波长的1/8~1/12范围内取值,文献[213]也得出相似结论。以
此推断,若设计地震波荷载最高频率为20 Hz,以岩体波速在1 000 m/s计,用于
动力时程计算的有限元网格最大尺寸则不能超过5 m。这无疑将大大增加同等
范围内单元的数量。

　　上述两条关于单元网格尺寸的要求,大大增加了我们在实际工程问题求解中
的难度。使得地下厂房洞室群动力计算中的有限元模型单元数常常在几十万到
上百万的规模,而时间步长 Δt 常常维持在 $10^{-4}~10^{-5}$ s,从而造成动力时程计算
耗费较大。如第二章中所述,笔者在程序计算速度(单多高斯点混合积分)和计
算机利用效率(并行计算)方面做了很多努力,希望能对降低动力时程计算成本
做出一些贡献。同时,笔者希望能突破1/8~1/12的约束,以便减少模型总单元
数,并对该取值标准进行了(1/3,1/4,1/6,1/8,1/10,1/12,1/15,1/18,1/20)的系
列数值试验。试验结果未能如愿,结果表明:当最大网格尺寸大于最短波长的1/8
后,波场计算精度会随着网格尺寸的增大而越来越低;当最大网格尺寸小于最短
波长的1/12后,波场计算精度会有所提高,但已非常不明显。为保障地下洞室动
力时程分析中地震波动场的计算精度,加快求解速度,我们在划分有限元网格时
有必要遵循上述两条要求。本书各个章节所给出的动力分析实例,模型的网格最
小、最大尺寸均满足上述要求。

　　(3)地下洞室群建模范围的研究。静力开挖计算中一般要求模型范围满足
3~5倍洞径要求。而动力计算需要考虑散射波动场的影响范围,其建模范围有
所不同。为此,本书建立了不同模型范围的有限元模型(以几倍洞径计:1.5、2.0、
2.5、3.0、4.0、5.0),采用本书程序进行数值试验。地震动荷载采用El-Centro波。
不同的岩体弹模,直接影响地震散射波动场的分布范围,为使试验结论更具普遍
性,选取四种代表性岩体参数进行计算分析。洞周围岩的相对位移直接关系到洞
室围岩的稳定特性。在此引入"相对变形值"的概念(顶拱和边墙监测点与模型
底部监测点的相对位移),研究计算模型合理截取范围。

表 5.2-1 不同岩体材料参数表

材料种类	变形模量 E(GPa)	粘聚力 c(MPa)	内摩擦角 $\Phi°$
一	10	1	45
二	20	1.2	50
三	30	1.5	55
四	40	2	55

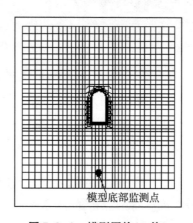

模型底部监测点

图 5.2-1 模型网格(5 倍)

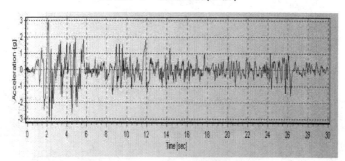

图 5.2-2 El-Centro 加速度时程

以 5 倍洞径洞室模型顶拱和边墙监测点的相对变形幅值为基准,比较其余范围模型同一监测点相对变形幅值对于基准值的变化率,如表 5.2-2、5.2-3 所示。从计算结果对比可以看出,对于各类岩体材料参数模型,以 5 倍洞径洞室模型监测点变形幅值为基准,比 2 倍洞径范围大的模型,其相对变化率均在 10% 以内,而 2 倍洞径范围以内的模型,其相对变化率往往超过 10%,在岩体材料参数较差时甚至能超过20%。从数值试验结果看,要满足地下洞室群散射波动场的计算精度,其有限元模型范围应取两倍洞径以上。

从表5.2-2、5.2-3还可以看出,岩体材料较差的一、二类岩体,其监测点相对变化率比岩体材料较好的三、四类岩体要大。因此,在岩性较差的情况下,我们应适当增加有限元模型的建模范围。

表5.2-2　各类岩体模型 A 测点变形幅值比较

模型	第一类岩体		第二类岩体		第三类岩体		第四类岩体	
	变形幅值(cm)	相对变化率	变形幅值(cm)	相对变化率	变形幅值(cm)	相对变化率	变形幅值(cm)	相对变化率
5 倍洞径	7.08	0.0%	4.56	0.0%	4.14	0.0%	2.07	0.0%
4 倍洞径	7.39	4.3%	4.67	2.4%	4.21	1.7%	2.03	−1.9%
3 倍洞径	7.42	4.8%	4.78	4.8%	4.23	2.2%	2.07	0.0%
2.5 倍洞径	7.44	5.1%	4.87	6.8%	4.29	3.6%	2.13	2.9%
2.0 倍洞径	7.48	5.6%	4.89	7.2%	4.28	3.3%	2.13	2.9%
1.5 倍洞径	8.06	13.8%	5.18	13.6%	4.66	12.5%	2.28	10.1%

表5.2-3　各类岩体模型 B 测点变形幅值比较

模型	第一类岩体		第二类岩体		第三类岩体		第四类岩体	
	变形幅值(cm)	相对变化率	变形幅值(cm)	相对变化率	变形幅值(cm)	相对变化率	变形幅值(cm)	相对变化率
5 倍洞径	6.99	0.0%	3.6	0.0%	3.26	0.0%	1.3	0.0%
4 倍洞径	7.02	0.4%	3.49	−3.1%	3.29	0.9%	1.31	0.8%
3 倍洞径	7.42	6.2%	3.38	−6.1%	3.28	0.6%	1.32	1.5%
2.5 倍洞径	7.53	7.7%	3.73	3.6%	3.36	3.1%	1.34	3.1%
2.0 倍洞径	7.64	9.3%	3.83	6.4%	3.5	7.4%	1.36	4.6%
1.5 倍洞径	8.46	21.0%	4.32	20.0%	3.86	18.4%	1.37	5.4%

5.2.2 显式有限元计算中隐含断层模拟

目前我国在建的地下洞室群呈现出规模大、地质条件复杂的特点。规模大主要指单洞空间尺寸大,各功能洞室在山体空间内纵横交错,空间布局非常复杂;地质条件复杂主要指洞室群赋存岩体常常受多条断层、岩脉、软弱夹层等结构面切割。复杂的洞群空间分布和任意形态空间结构面,导致地下洞室群有限元分析时,断层建模非常困难。数值分析人员常常能体会到,有时为模拟一两条断层而成倍地增加建模的工作量。若十几甚至几十条断层空间任意相交,则可能使得建模工作难以完成。即使我们花费了很大的精力完成了断层的建模,也常常会发现断层部位划分的单元网格尺寸很小,单元形态并不是很好。正如上节所述,较小的单元网格尺寸会减小显式有限元计算的时间步长,从而大大增加动力时程计算的耗时。

针对地下洞室群复杂断层建模难,单元网格划分小的问题,本书将肖明教授提出的隐含断层数学模型[214]引入到显式有限元动力时程计算中,将复杂断层单元隐含在岩体单元中,使得岩体单元的划分不受断层切割的影响。该方法不但简化了地下洞室群复杂断层的建模问题,避免了断层单元较小网格尺寸对显式有限元求解计算时间步长的制约,而且能够有效反应地震灾变中断层对复杂地下洞室围岩稳定的影响,为复杂断层的动力时程计算提供了一种有效途径。

5.2.2.1 隐含断层力学模型

隐含断层的核心思想是:认为断层穿过的岩体单元为一个垂直和平行于断层面的各向异性单元,并用该各向异性当量单元来模拟断层的力学效应。

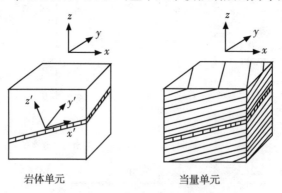

图 5.2-3 隐含断层力学模型图

假设有多条断层穿过岩体单元,并设第 j 条断层的厚度为 H_j。定义该断层的厚度系数为:

$$\varphi_j = H_j/H, \text{且} \sum \varphi_j = 1 \qquad \text{式}(5.2-1)$$

断层穿过的当量单元应满足下列几个条件。

(1)当量单元的应力 $\bar{\sigma}_i$ 和应变 $\bar{\varepsilon}_i$ ($i=1,2,\cdots,6$)与实际岩体单元的应力 σ_i 和应变 ε_i 满足:

$$\bar{\sigma}_i = \frac{1}{V} \iiint_V (\sigma_i)_j dv \ , \ \bar{\varepsilon}_i = \frac{1}{V} \iiint_V (\varepsilon_i)_j dv \qquad \text{式}(5.2-2)$$

式中,V 为岩体单元的体积,$i=1,2,\cdots,6$,$(\sigma_i)_j$,$(\varepsilon_i)_j$ 表示第 j 层岩体应力和应变。

(2)当量单元的变形能 Ue 和实际岩体单元的变形能 Ur 相等。

$$\left. \begin{array}{c} Ur = Ue \\ Ur = \frac{1}{2} \iiint_V (\sigma_x \varepsilon_x + \sigma_y \varepsilon_y + \cdots + \tau_{xy} \gamma_{xy}) dv \\ Ue = \frac{1}{2} \iiint_V (\bar{\sigma}_x \bar{\varepsilon}_x + \bar{\sigma}_y \bar{\varepsilon}_y + \cdots + \bar{\tau}_{xy} \bar{\gamma}_{xy}) dv \end{array} \right\} \qquad \text{式}(5.2-3)$$

(3)当量单元和实际岩体单元在断层层面边界上的应力连续和应变协调。

应力连续:

$$(\sigma_x)_j = \bar{\sigma}_x + t_{xj} \ , \ (\sigma_y)_j = \bar{\sigma}_y + t_{yj} \ , \ (\sigma_z)_j = \bar{\sigma}_z \ ,$$
$$(\tau_{xy})_j = \bar{\tau}_{xy} + t_{xyj} \ , \ (\tau_{yz})_j = \bar{\tau}_{yz} \ , \ (\tau_{zx})_j = \bar{\tau}_{zx} \qquad \text{式}(5.2-4)$$

应变协调:

$$(\varepsilon_x)_j = \bar{\varepsilon}_x, (\varepsilon_y)_j = \bar{\varepsilon}_y, (\varepsilon_z)_j = \bar{\varepsilon}_z + e_{zj},$$
$$(\gamma_{xy})_j = \bar{\gamma}_{xy}, (\gamma_{yz})_j = \bar{\gamma}_{yz} + e_{yzj}, (\gamma_{zx})_j = \bar{\gamma}_{zx} + e_{zxj} \qquad \text{式}(5.2-5)$$

其中,t_{xj},e_{zj} 表示在第 j 层断层面上的附加应力和应变。

将式(5.2-4)和(5.2-5)代入式(5.2-2)中积分后,整理可得:

$$\sum \varphi_j t_{xj} = 0, \ \sum \varphi_j t_{yj} = 0, \ \sum \varphi_j t_{xyj} = 0,$$
$$\sum \varphi_j t_{zj} = 0, \ \sum \varphi_j t_{xzj} = 0, \ \sum \varphi_j t_{yzj} = 0 \qquad \text{式}(5.2-6)$$

根据各向异性岩体的应力和应变关系,依据式(5.2-4、5.2-5),可用当量单元应力表示出岩体单元第 j 层的应变值:

$$(\varepsilon_x)_j = \bar{\varepsilon}_x = \left[(\bar{\sigma}_x + t_{xj}) - \mu_{1j}(\bar{\sigma}_y + t_{yj}) - \mu_{2j}\bar{\sigma}_z \right] / E_{1j}$$

$$(\varepsilon_y)_j = \bar{\varepsilon}_y = \left[(\bar{\sigma}_y + t_{yj}) - \mu_{1j}(\bar{\sigma}_x + t_{xj}) - \mu_{2j}\bar{\sigma}_z \right] / E_{1j}$$

$$(\varepsilon_z)_j = \bar{\varepsilon}_z + e_{zj} = \bar{\sigma}_z / E_{2j} - \mu_{1j}\left[\bar{\sigma}_x + t_{xj} + \bar{\sigma}_y + t_{yj} \right] / E_{1j}$$

$$(\gamma_{xy})_j = \bar{\gamma}_{xy} = (\bar{\tau}_{xy} + t_{xyj}) / G_{1j}$$

$$(\gamma_{yz})_j = \bar{\gamma}_{yz} + e_{yzj} = \bar{\tau}_{yz} / G_{2j} \quad (\gamma_{zx})_j = \bar{\gamma}_{zx} + e_{zxj} = \bar{\tau}_{zx} / G_{2j} \qquad \text{式}(5.2-7)$$

式中,E_{1j},u_{1j} 和 E_{2j},u_{2j} 分别为各向异性岩体单元第 j 层的弹性参数。

根据能量等效,将式(5.2-7)代入式(5.2-3),可求得附加应力 t_{xj},t_{yj},t_{xyj},再代入式(5.2-7)进行整理,并与层状各向异性岩体的本构关系式进行比较,则可得出当量单元平行于断层面的弹模和泊松比 E_1 和 u_1,垂直于断层面的弹模和泊松比 E_2 和 u_2,即:

$$E_1 = \left[\left(\sum \frac{\varphi_j E_{1j}}{1 - \mu_{1j}^2} \right)^2 - \left(\sum \frac{\mu_{1j}\varphi_j E_{1j}}{1 - \mu_{1j}^2} \right)^2 \middle/ \left(\sum \frac{\varphi_j E_{1j}}{1 - \mu_{1j}^2} \right) \right]$$

$$\bar{\mu}_1 = \left(\sum \frac{\mu_{1j}\varphi_j E_{1j}}{1 - \mu_{1j}^2} \right) \middle/ \left[\left(\sum \frac{\varphi_j E_{1j}}{1 - \mu_{1j}^2} \right)^2 - \left(\sum \frac{\mu_{1j}\varphi_j E_{1j}}{1 - \mu_{1j}^2} \right)^2 \right]$$

$$E_2 = 1 \middle/ \left[\sum \varphi_j \left(\frac{1}{E_{2j}} - \frac{2\mu_{2j}^2}{E_{1j}(1 - \mu_{1j})} \right) + \frac{2\mu_{2j}^2}{E_{1j}(1 - \mu_{1j})} \right]$$

$$\bar{\mu}_2 = \sum \left(\frac{\mu_{2j}\varphi_j}{1 - \mu_{1j}^2} \right) \left(\sum \frac{\varphi_j E_{1j}}{1 - \mu_{1j}^2} - \sum \frac{\mu_{1j}\varphi_j E_{1j}}{1 - \mu_{1j}^2} \right) \middle/ \frac{\varphi_j E_{1j}}{1 - \mu_{1j}^2} \qquad \text{式}(5.2-8)$$

5.2.2.2 层状岩体弹性本构

(1)局部坐标系下的本构关系

定义局部坐标系 $Ox'y'z'$,其中 z' 为层面的法向方向,x' 轴和 y' 轴分别沿层面的倾向及走向。根据弹性力学[215],层状各向异性的应力应变关系可表示为:

$$\varepsilon'_x = \frac{\sigma'_x}{E_1} - \mu_1 \frac{\sigma'_y}{E_1} - \mu_2 \frac{\sigma'_z}{E_2}, \gamma_{xy} = \frac{\tau_{xy}}{G_1}$$

$$\varepsilon'_y = \frac{\sigma'_y}{E_1} - \mu_1 \frac{\sigma'_x}{E_1} - \mu_2 \frac{\sigma'_z}{E_2}, \gamma_{yz} = \frac{\tau_{yz}}{G_2}$$

$$\varepsilon'_z = \frac{\sigma'_z}{E_2} - \mu_2 \frac{\sigma'_y}{E_1} - \mu_2 \frac{\sigma'_x}{E_1}, \gamma_{xz} = \frac{\tau_{xz}}{G_2} \qquad \text{式}(5.2-9)$$

式中，E_1，μ_1，G_1，E_2，μ_2，G_2 分别表示平行于层面和层面法向的弹性模量、泊松比和剪切模量。

上式可用矩阵表示为：

$$\{\sigma'\} = \left[D'_e\right]\{\varepsilon'\} \qquad 式(5.2-10)$$

其中，

$$\left[D'_e\right] = \begin{bmatrix} A & B & C & & & \\ B & A & C & & 0 & \\ C & C & D & & & \\ & & & G_2 & & \\ & 0 & & & G_2 & \\ & & & & & G_1 \end{bmatrix} \qquad 式(5.2-11)$$

式中，$A = E_1(1-n\mu_2^2)/m$，$B = E_1(\mu_1+n\mu_2^2)/m$，$C = E_1\mu_2(1+\mu_1)/m$，$D = E_2(1-\mu_1^2)/m$，$G_1 = \dfrac{E_1}{2(1+\mu_1)}$，$G_2 = \dfrac{E_1E_2}{E_1(1+2\mu_1)+E_2}$，$n = E_1/E_2$，$m = (1+\mu_1)(1-\mu_1-2\mu_2^2)$。

（2）坐标转换

实际计算中，需要将局部坐标系下的弹性矩阵 $\left[D'_e\right]$ 转换到整体坐标系下。

设 l_i，m_i，$n_i (i=1,2,3)$ 分别为局部坐标系 x'，y'，z' 轴在整体坐标系下的方向余弦，其坐标转换矩阵 $[R]$ 可表示为：

$$[R] = \begin{bmatrix} l_1 & m_1 & n_1 \\ l_2 & m_2 & n_2 \\ l_3 & m_3 & n_3 \end{bmatrix} = \begin{bmatrix} \cos(x',x) & \cos(x',y) & \cos(x',z) \\ \cos(y',x) & \cos(y',y) & \cos(y',x) \\ \cos(z',x) & \cos(z',x) & \cos(z',z) \end{bmatrix}$$

$$式(5.2-12)$$

设层面的倾向和倾角分别为 α 和 β（层面与水平面形成的夹角为倾角，层面法线在水平面上的投影线与 y 轴正向形成的夹角为倾向角，逆时针方向为正）。

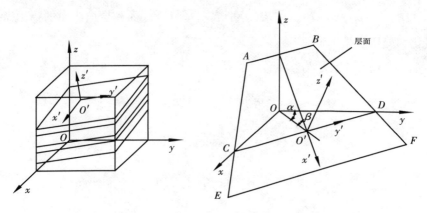

图5.2-4 层面与水平面间的空间关系

由此可得，

$$[R] = \begin{bmatrix} \sin\alpha\cos\beta & \cos\alpha\cos\beta & -\sin\beta \\ -\cos\alpha & \sin\alpha & 0 \\ \sin\alpha\sin\beta & \cos\alpha\sin\beta & \cos\beta \end{bmatrix} \qquad 式(5.2-13)$$

从整体坐标系 $Oxyz$ 到局部坐标系 $Ox'y'z'$ 的应力转换矩阵可写为[216]：

$$[S] = \begin{bmatrix} l_1^2 & m_1^2 & n_1^2 & 2m_1n_1 & 2l_1n_1 & 2l_1m_1 \\ l_2^2 & m_2^2 & n_2^2 & 2m_2n_2 & 2l_2n_2 & 2l_2m_2 \\ l_3^2 & m_3^2 & n_3^2 & 2m_3n_3 & 2l_3n_3 & 2l_3m_3 \\ l_2l_3 & m_2m_3 & n_2n_3 & m_2n_3+m_3n_2 & l_2n_3+l_3n_2 & l_2m_3+l_3m_2 \\ l_1l_3 & m_1m_3 & n_1n_3 & m_1n_3+m_3n_1 & l_1n_3+l_3n_1 & l_1m_3+l_3m_1 \\ l_1l_2 & m_1m_2 & n_1n_2 & m_1n_2+m_2n_1 & l_1n_2+l_2n_1 & l_1m_2+l_2m_1 \end{bmatrix}$$

$$式(5.2-14)$$

整体坐标下的应力 $\{\sigma\}$、应变 $\{\varepsilon\}$ 与局部坐标系下的应力 $\{\sigma'\}$、应变 $\{\varepsilon'\}$ 之间的关系为：

$$\{\sigma\} = [S]\{\sigma'\}, \{\varepsilon'\} = [S]\{\varepsilon\} \qquad 式(5.2-15)$$

整理可得：

$$\{\sigma\} = [S]^T[D'_e][S]\{\varepsilon\} \qquad 式(5.2-16)$$

对比整体坐标下的弹性本构关系，可以得到整体坐标系下的弹性矩阵为：

$$[D_e] = [S]^T[D'_e][S] \qquad 式(5.2-17)$$

5.2.2.3 隐含断层的应力修正

假设断层的走向为 α'，倾角为 β'，有限元整体坐标系中 Y 轴方向角为 φ，局部坐标系与断层方位关系如图5.2-4所示，根据空间几何关系，可以求得局部坐标系 x'、y'、z' 的方向余弦。

z' 轴：$l_3 = \cos\beta\sin(\alpha - \varphi)$，$m_3 = \cos\beta\cos(\alpha - \varphi)$，$n_3 = \sin\beta$

y' 轴：$l_2 = \cos(\varphi - \alpha)$，$m_2 = \cos(90° + \alpha - \varphi)$，$n_2 = \cos90° = 0$

x' 轴：$l_1 = m_2 n_3$，$m_1 = -n_3 l_2$，$n_1 = l_2 m_3 - l_3 m_2$　　　　式(5.2-18)

式中，$\alpha = \alpha' \pm 90°$（断层倾向南取正号，倾向北取负号），法向矢量的倾角：$\beta = 90° - \beta'$。

将上式代入式(5.2-14)得到应力坐标转换矩阵 $[S]$。根据采用隐含断层算法计算出的当量单元应力 $\{\sigma\}$，按下式求解断层空间斜截面应力状态 $\{\sigma^n\}$。

$$\{\sigma^n\} = [S]^T\{\sigma\} \qquad 式(5.2-19)$$

根据断层面的应力状态判断破坏状态。

拉裂破坏：当断层面的正应力 σ'_z 大于断层的抗拉强度 R_l 时，认为断层进入拉裂破坏状态。即：

$$\sigma'_z > R_l \qquad 式(5.2-20)$$

同时，将超出的应力 $\sigma^n_z = \sigma^n_z - R_l$ 转化为结点荷载，并转移。

滑动破坏：当断层面的阻滑力小于滑动力，认为断层进入滑动破坏状态。即：

$$\left(f\sigma^n_z + c\right)\Big/\sqrt{\tau^{n2}_{yz} + \tau^{n2}_{zx}} < K \qquad 式(5.2-21)$$

式中，f，c，R_l 为沿断层面的摩擦系数、凝聚力和抗拉强度，K 为沿断层面滑动的安全系数。

同时，将超出的应力 $\Delta\tau = \sqrt{\tau^{n2}_{yz} + \tau^{n2}_{zx}} - \left(f\sigma^n_z + c\right)$ 转化成结点荷载，并转移。

5.2.2.4 实例计算

1. 工程概况

西南某水电站工程位于凉山州美姑、昭觉、雷波三县交界处，是美姑河干流"一库五级"开发方案（牛牛坝、瓦洛、瓦吉吉、柳洪、坪头）最下游的一个梯级电站。该水电站工程区为东部、西部强震带的波及影响区。查GB18306-2001《中国地震动参数区划图》,工程区基岩水平加速度 $a = 0.1g$,对应地震基本烈度为Ⅶ度,需进行抗震稳定校核。地下厂房洞室群位于水平埋深 190~205 m,垂直埋深 130~140 m 的山体内,主要由主厂房、主变洞、母线洞、尾水洞、引水洞等组成(调压井位于压力管道前部),共 3 台机。主厂房洞室规模 75.0 m×18.6 m×40.0 m(长×宽×高)。洞周围岩为震旦系上统灯影组(Zbd3-1)灰白色中厚层状细晶白云岩、灰色石灰岩,层状结构,岩质坚硬,岩层总体产状为 N60°~70°E/SE∠30°~40°,微倾山外偏下游。主厂房部位主要受 5 条局部断层切割。

①N50°~70°E/SE∠35°~45°,延伸大于 5 m,平直粗糙,多闭合,部分张开 0.3~0.6 cm,充填少量粉土及岩屑,间距一般 15~25 cm,部分 40~80 cm,干燥。

②N65°~85°E/SE∠75°~85°,延伸大于 10 m,起伏粗糙,多闭合,无充填,间距 15~30 cm,干燥。

③N15°~25°E/SE∠75°~85°,延伸大于 10 m,三壁贯通,起伏粗糙,多闭合,无充填,间距一般 0.5~1 m,部分 20~40 cm,干燥。

④N20°~30°W/SW∠65°~85°,延伸大于 10 m,三壁贯通,多闭合,部分张开 0.2~0.5 cm,充填少量粉土及岩屑,间距 30~60 cm,部分 1~2 m,干燥。

⑤N65°~85°E/NW∠45°~55°,延伸 1~3 m,起伏粗糙,多闭合,少量张开 1~2 mm,充填少量粉土,间距 15~30 cm,干燥。

2.计算条件

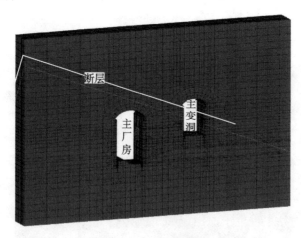

图 5.2-5　计算模型

建立了包含2#机组段的准三维模型,共划分43 760个六面体八结点单元,48 773个结点。模拟位于2#机组段的③断层(图5.2-5)。岩体变形模量5 GPa,泊松比0.25,粘聚力0.8 MPa,内摩擦角42°。地震波荷载采用规范中的Ⅶ度设计反应谱拟合的人工地震波(图5.2-6)。仅考虑顺水流向和竖直向地震作用。

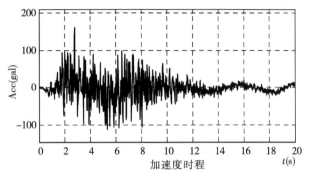

图 5.2-6　地震波荷载

3. 结果分析

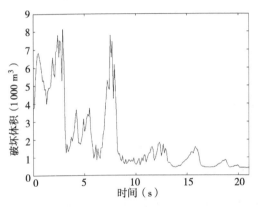

图5.2-7　围岩破坏区体积时程图

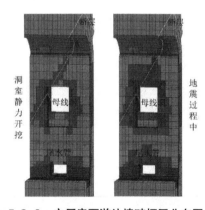

5.2-8　主厂房下游边墙破坏区分布图

(1)从图5.2-7可见,在地震动荷载作用下洞周围岩破坏区体积随时间波动发展。这主要是因为地震过程中围岩应力受附加地震应力场的影响,处于波动状态,围岩循环加卸载,塑性区与弹性区交替出现。从图中可见,$t = 7.5$ s时刻围岩洞周破坏区体积达到最大值。

从图5.2-8可见断层是围岩的薄弱带,在静力开挖和地震情况下均呈现出破坏区沿断层分布的特点;对比两破坏区分布图,可见地震动荷载作用下断层穿过带发生明显的拉裂破坏,需进行固结灌浆,增设局部支护。

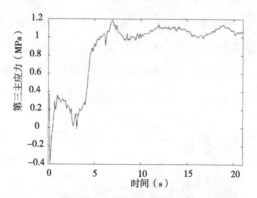

图 5.2-9　断层穿过单元第三主应力时程图

(2)从下游边墙断层穿过单元的第三主应力时程看(图 5.2-9),在地震过程中,单元应力处于震荡调整状态,且主要呈现受拉状态。从整个地震过程中最大主应力包络图看(彩图 12),在断层穿过的洞室交口部位,最大应力呈现受拉状态。说明,地震过程中断层穿过部位容易发生拉裂破坏。

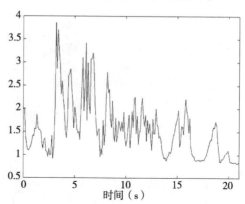

图 5.2-10　断层抗滑最小安全系数时程图

(3)以主厂房底部中心点为相对不动点,计算洞周围岩相对变形值。地震完成后断层穿过部位的相对位移值较大,尤其是洞室交口部位达到 16.7 mm。可见,地震过程中断层对围岩的相对位移有较大影响。

(4)从地震过程中断层面最小抗滑安全系数时程图看(图 5.2-10),受地震波附加应力场的影响,在地震过程中断层最小抗滑安全系数一致处于动态调整之中,但总体趋势逐渐减小。

综上所述,本书将隐含断层法引入到显式动力有限元计算中,基本反映了地震过程中断层的受力特性及其变形特点,计算规律基本正确。该方法简化了有限元建模,缩短了动力时程的求解时间,是动力时程分析中断层模拟的一种有效途径。

5.3 本章小结

地震波动荷载的合理确定和有限元模型的划分直接关系到计算结果的精度和合理性。本章主要对地下洞室群地震波荷载的处理方法、动力有限元网格划分原则、复杂断层建模等方面进行了研究。主要研究内容和结论如下。

(1)用三角级数法,编写了根据设计加速度反应谱拟合加速度动力时程曲线的计算程序;讨论了《规范》中地下洞室群地震动荷载输入较笼统的地方,并建议对于地震波荷载的折减系数应根据反演计算确定。

(2)总结了动力有限元计算网格尺寸的划分原则,研究了洞室群模型边界的设置范围,提出模型范围不应小于2倍洞径的见解。

(3)针对地下洞室群复杂断层建模难,单元网格划分小的问题,将肖明教授提出的隐含断层数学模型引入到显式有限元动力时程计算中,阐述了其在显式有限元中的计算理论,为复杂断层的动力时程计算提供了一种有效途径。

第六章　地下洞室群动力时程计算
前后处理软件设计

从上述章节的计算理论可见,地下洞室群动力时程计算对有限元网格有很多特殊的要求,若采用通用有限元软件进行几何建模和网格剖分,当洞群布置、支护形式等方案较多且结构复杂时工作量是惊人的。所以根据地下工程的特点进行三维有限元网格的快速建模是十分重要的。同时,地下洞室群动力时程计算有众多与静力有限元不同的计算结果和特征指标,需进行针对性展示。由于通用有限元软件的前后处理程序内核都是完全封装的,开发适合地下洞室群动力时程计算的前后处理程序是非常必要的。

针对地下洞室群动力时程计算前后处理软件开发,下文重点阐述:①有限元前后处理软件系统基础类库的设计;②地下洞室群动力时程计算面向对象的前处理程序设计;③地下洞室群动力时程计算面向对象的后处理程序设计。

6.1 有限元系统基础类库的设计

对于一个复杂的功能软件而言,在初期最重要的一部分工作就是设计软件的整体结构,主要考虑到:要设计哪些主要的类;这些类之间的关系怎样,例如类之间的派生和继承关系;类之间的消息传递和数据交换等。一个好的应用程序,各个模块应该有非常好的独立性和可重用性。编写程序时,可以先编写小的动态链接库 DLL,单独编译测试,然后组装成完整的应用程序。DLL 库是运行时的模块,可以输出类、函数和资源。通常把一些功能相对集中、重复利用率比较高的类和函数集中于一个动态库中,执行程序或其他动态库在运行时根据需要动态地链接并调用这些类和函数。借助 DLL 库,可以编写出标准的模块软件。

基于这一思想,开发有限元软件之前,先将所需要的基础类库按功能划分好,再单独编译成一个个独立的动态链接库。

6.1.1 动态链接库的概念

在软件结构中,库(library)是指一个或多个目标文件(.obj文件)经过组合而形成的代码群。可执行文件(.exe文件等)与库的链接方式有两种:静态链接和动态链接。在静态链接中,链接程序将所需要的目标代码从库文件中拷贝到可执行文件中,运行可执行文件时,不需要从库文件中调用目标代码;动态链接时,链接程序并没有把所需要的目标代码从库文件拷贝到可执行文件中,而是在文件执行开始或运行过程中,根据需要从库文件中装载并使用相应的目标代码。

动态链接库DLL(Dynamic Link Library)就是这样一种动态链接模块,是包含输出类和共享函数库的二进制文件。采用它编写应用程序有很多优势。

(1)有利于程序的模块化,可以将一个大的应用程序分成多个单独的功能模块,各个模块独立编写,独立调试,这样也有利于团队之间的分工协作。

(2)节省程序运行时的资源。动态链接库是程序在运行时按需要动态装载的。如果不采用动态链接库技术,将所有的执行代码都加入到执行文件中,会导致程序的主执行文件十分庞大,执行时占用大量的内存而影响程序的运行效率。

(3)DLL可以同时被多个应用程序或其他的DLL共享。

(4)如果DLL接口不改变,即使动态库的内容发生变化,也不需要重新编译所有调用它的应用程序,从而减轻了软件开发和维护的工作量。

MFC的扩展动态链接库支持C++接口,可以导出整个C++类,尺寸很小,加载和运行速度快,比较适合于有限元基础类库的开发。

6.1.2 地下洞室三维有限元系统基础类库的内容

从有限元系统模块来看,一个最基本的有限元系统应该至少包括以下三大组件:基础数学库,图形显示库,几何内核库,如图6.1-1所示。本书的图形显示库采用了OpenGL函数库。

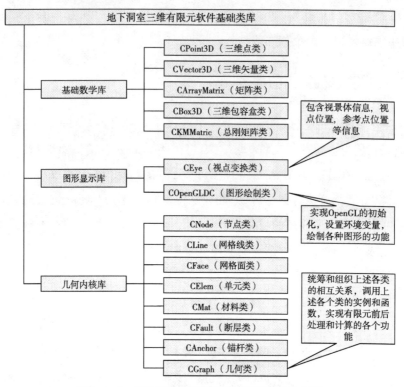

图 6.1-1　地下工程有限元系统基础类库的内容

类库之间以及它们与 windows 平台、OpenGL 函数库之间的层次关系如图 6.1-2 所示。

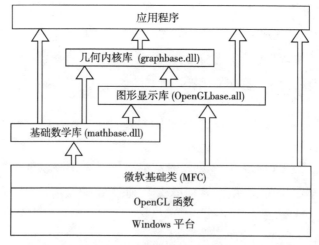

图 6.1-2　类库之间的层次关系

6.1.3 基础类的设计

6.1.3.1 定义数学基础类

（1）CPoint3D 类的定义

点是构成所有几何对象的最基本的元素。在三维几何系统中,点用于表示空间的一个位置。几乎所有对几何对象的操作都可以归结为对点的操作,如几何体的平移、旋转、缩放等,实际上都是对构成几何对象的点进行平移、旋转、缩放。CPoint3D 类的定义如下(由于篇幅有限,只列举一些较为常用或重要的函数,以下类库相同)：

Class　CPoint3D

{

private：

double x,y,z; //定义三维空间点的三个坐标分量

public：//

CPoint3D(double ix＝0.0,double iy＝0.0,double iz＝0.0)；//自定义的构造函数

BOOL operator＝＝(CPoint3D pos) const；//判断两个点是否重合

CVector3D operator-(CPoint3D sp) const；//两点相减

CPoint3D operator+(CVetor3D v) const；//与矢量相加

CPoint3D GetMirrorPoint(float b,float c,float d)；//关于平面 x+by+cz＝d 的镜像点

CPoint3D GetRotatePoint(CPoint3D center, CVector3D vec, float angel)；//绕由 center 和 vec 组成的射线旋转角度 angel 后的坐标。

… …

}

（2）CVector3D 类的定义

矢量是带方向的长度单位,是几何计算中最重要的工具之一,几乎所有的几何计算都会涉及矢量的运算。如物体的移动、旋转、坐标系的变换等。

```
Class CVector3D
{
private：
double dx，dy，dz；
public：
CVector3D（double dx，double dy，double dz=0）；
CVector3D operator-（CVector3D v）const；//两矢量的差
CVector3D operator * （double d）const；//矢量与标量相乘
double operator|（CVector3D v）const；//矢量点乘
CVector3D operator * （CVector3D v）const；//矢量叉乘
double GetLength（）const；//矢量的模长
void Normalize（）；//将矢量单位化
… …
}
```

（3）CArrayMatrix 类的定义

相比 Fortran77，Fortran90 的最大优势莫过于加强了数组功能。Fortran90 中的数组利用广播功能可以整体赋值，利用函数 matmul 可以让两个二维数组像矩阵一样直接相乘，dot_product 可以直接得到两个一维数组的点积。由于在有限元计算中，要大量运用矩阵的加减乘除，求行列式值，求逆阵，求转置矩阵等操作，所以用 VC++编写有限元程序必须要创建一个矩阵类，实现 Fortran90 数组的功能，而且要增加一些常用的功能。

本书的矩阵类的部分代码如下：

```
class CArrayMatrix：public CObject //矩阵类，行和列从 1 开始计数
{
public：
CArrayMatrix（int row，int col，float m）；// 构造一个 row 行 col 列的矩阵，所有元素值均为常数 m
public：
bool IsCanBeAddSub（CArrayMatrix &m）const；//与矩阵 m 是否能加减
```

CArrayMatrix operator +（CArrayMatrix &m）const；//与另外一个矩阵相加,返回一个新矩阵

void operator +=（CArrayMatrix &m）;// 自身与另外一个矩阵相加

CArrayMatrix operator +（float m）const; //所有元素加上常数 m,返回一个新矩阵

void operator +=（float m）; //自身所有元素加上常数 m

CArrayMatrix operator −（CArrayMatrix &m）const; //与另外一个矩阵相减,返回一个新矩阵

void operator −=（CArrayMatrix &m）; // 自身与另外一个矩阵相减

CArrayMatrix operator −（float m）const; //所有元素减去常数 m,返回一个新矩阵

void operator −=（float m）; //自身所有元素减去常数 m

bool IsCanBeMutiply（CArrayMatrix & m）const; //与矩阵 m 是否能相乘

CArrayMatrix operator ∗（CArrayMatrix &m）const;// 与另外一个矩阵相乘,返回一个新矩阵

CArrayMatrix operator ∗（float m）const; // 所有元素乘常数 m,返回一个新矩阵

void operator ∗=（float m）;// 自身所有元素乘常数 m

CArrayMatrix operator /（float m）const;//所有元素除以常数 m,返回一个新矩阵

void operator /=（float m）; //自身所有元素除以常数 m

float operator |（CArrayMatrix &m）const; //与一维数组 m 点乘

CArrayMatrix & operator =（CArrayMatrix &m）;//将矩阵 m 的值赋给自身

CArrayMatrix & operator =（float m）;//将所有元素设置为常数 m,相当于数组广播

void SetValue（int i,int j,float value）;//将第 i 行 j 列的元素的值设置为常数

value；

　　float GetValue(int i,int j)；//获取第 i 行 j 列的元素值

　　bool IsCanBeInvert( ) const;//是否可以求逆

　　float GetDeterminant( ) const;//求矩阵的行列式值

　　CArrayMatrix GetInvert( );//求矩阵的逆矩阵

　　CArrayMatrix Transpose( ) const;//求矩阵的转置矩阵

　　… …

　　private：

　　int m_nRow;//矩阵行数

　　int m_nCol;//矩阵列数

　　std：:vector<float> m_Array;//用一维数组按行存储矩阵的所有元素

　　}；

　　(4) CBox3D 类的定义

　　CBox3D 类(包容盒类)定义一个长方体或正方体,用于判断点是否在这个长方体或正方体内

　　Class CBox3D

　　{

　　public：//自定义构造函数

　　CBox3D(double ix0, double iy0, double iz0, double ix1, double iy1, double iz1)；

　　CBox3D(CPoint3D pt0,CPoint3D pt1)；

　　public：

　　CBox3D operator+(CBox3D b) const；//将两个包容盒合并

　　CBox3D operator&(CBox3D b) const；//得到两个包容盒相交的部分

　　BOOL operator<< (CBox3D b)const；//本包容盒是否包含于包容盒 b 中

　　BOOL operator>> (CBox3D b) const；//本包容盒是否包含包容盒 b

　　BOOL operator>> (CPoint3D p) const；//点是否在包容盒内

　　UINT GetRelationWith(CBox3D b) const；//判断两个包容盒之间的关系

　　……

}

（5）CKMMatrix 类的定义

在有限元软件中,总刚需要的存储空间大,分解或迭代速度慢历来都是一个难以解决的问题。为节省存储空间,采用一维变带宽存储,其存储示意图如图 6.1-3 所示。

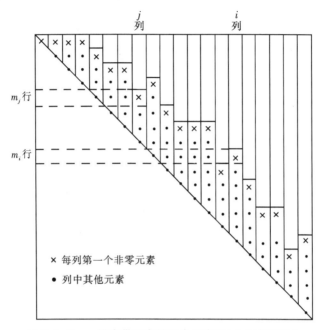

图 6.1-3　一维变带宽存储元素示意图(上三角存贮)

方程求解用平方根分解法或改进平方根分解法,为了将对总刚的存储、合成、分解、回代、修改等操作模块化,定义 CKMMatrix 类如下。

class CKMMatrix : public CObject //刚度矩阵,下三角变带宽存储

{

public:

CKMMatrix(int nRow); //用行数对辅助数组 m_Assit 和荷载数组 m_Load 初始化

std::vector <float> m_Array; //存储刚度矩阵中所有非 0 元素的一维数组

std::vector <int> m_Assit; //辅助定位数组,存储每行对角线元素在 m_Array

中的位置

　　std∷vector <float> m_Load；//*存储荷载,分解和回代后存储位移值*

　　int m_nRow；//*刚度矩阵的行数*

　　public∶

　　void Initialize( )；//*初始化刚度矩阵*

　　float GetValue(int row,int col)；//*返回刚度矩阵第 row 行 col 列的值*

　　void AddValue(int row,int col,float value)；//*刚度矩阵第 row 行 col 列的元*
素加上常数 value

　　void SetValue(int row,int col,float value)；//*刚度矩阵第 row 行 col 列的元素*
赋值 value

　　void LTDecompound( )；//*对 KM 矩阵作 lu 分解,存储下三角*

　　void BackSubstitution( )；//*回代解方程*

　　… …

　　}；

　　另外,在有限元绘图和计算中,常常会求两点之间距离、求两矢量之间夹角
等操作,为了调用方便,将这些功能用全局函数来实现。

　　double _DistOf(CPoint3D pt0, CPoint3D pt1)；//*两点之间的距离*

　　double _AngleBetween(CVector3D v1,CVector3D v2)；//*两矢量之间的夹角*

　　BOOL _IsParallel(CVector3D v0,CVector3D v1)；//*判断两矢量是否平行*

　　BOOL _IsOrthogonal(CVector3D v0,CVector3D v1)；//*判断两矢量是否垂直*

6.1.3.2 定义几何元素类

　　有限元分析的实质是单元分析,在单元中,包括一些基本的属性(如结点、材
料、约束、荷载等)和这些属性之间互相联系。由于属性及其参数较多,不便于管
理,如果能够根据不同的属性特点分门别类,则更易于编程和计算。按照面向对
象的思维方式,将这些基本属性定义为不同的对象类,在每个对象类中,封装了一
组对象和一组方法,具有该属性的基本特征和计算方法。如材料对象类中,定义
了不同的材料(即对象)以及对材料的操作(即方法)。同时,根据不同的有限元
单元类型和特征,定义了单元对象类。对象类的建立和使用,使编程计算更加

直观。

（1）CNode 类的定义

节点对象代表空间中离散的点，包含以下信息：节点的坐标、位移及其自由度。由于在分期开挖过程中，被约束的节点不断变化，因此节点对象存储的自由度不是固定的，而是在使用时动态指定。此外，为了方便起见，自由度的值直接存放在 CNode 类中。

class CNode

{

public：

int m_nCode;//节点号

CPoint3D m_Coord;//节点原始坐标

CVector3D m_disp；//节点的位移

bool m_bRestrict[3]；//节点是否被约束

int m_nDof[3];//节点自由度编号

float m_fLoad[3];//节点荷载

public：

void SetCoord(CPoint3D xyz)；

CPoint3D GetCoord()；

void SetDisp(CVector3D disp)；//位移矢量

CVector3D GetDispXyz()；///返回位移分量数组

… …

}

（2）CElement 类的定义

单元类 CElement 的基本功能是存贮单元的拓扑结构，计算单元刚度矩阵和应力应变，单元类包含以下信息：形成单元的节点的编号、分期、应变、应力、破坏形态等。针对地下洞室的特点，类中提供计算等效节点力、计算开挖释放荷载的方法，本构模型定义材料的应力—应变关系和屈服函数等。

class CElement

{

public：

int m_aNodeNumArray[8]；//单元节点序号数组（[0]----[7]）

int m_nMaterialCode；//单元材料号

int m_nDigNum；//开挖分期

CArrayMatrix km；//单元的弹性刚度

CArrayMatrix kp；//塑性刚度矩阵

MainStress m_Stress[3]；//单元的三个主应力数组

CArrayMatrix m_StressComp；//单元的 6 个应力分量

void CalMainStrainByComp()；//由应力分量计算主应力

int r[24]；//24 个自由度编号

public：

int GetNode(int n)；//得到单元第 *n* 个节点的编号

void GetNodesOnFace(int n, int * ptr)；//得到第 *n* 个面的 4 个节点 ptr[4]；

void CalVolume()；//计算单元体积

void FormRestrictionArrayOfElem(std::vector<CNode * > &NodeArray)；//形成每个单元的约束数组

void FormKMAssistArray(CKMMatrix &km)；//形成一维变带宽存储矩阵的辅助数组

void FormKMArray(CKMMatrix &km)；//形成一维变带宽存储的刚度矩阵

float GetYieldFunValue()；//得到屈服函数值

void CalStressStrainByDisp(CArrayMatrix &disp)；//由单元位移计算应力和应变

void CalDamageType(float sb1,float sb2)；//计算单元的损伤破坏类型

… …

}

(3) CFace 类的定义

网格面类主要用于图形显示,包含网格面编号、节点组成、网格线组成、从属单元等信息。

class CFace

```
{
public:
int m_nFaceCode;//面的编号
int m_aNodeNumArray[4];//网格面四个顶点编号
int m_aLineNumArray[4];//网格面四条线段编号
CPoint3D m_CenterCoord;//中心坐标
int m_nAtElemcode;//储存边界面所属单元号
int m_nAtFaceNumberInElem;//面属于单元的第几个面
bool m_bBeSelected;//在选择模式下,是否被选中
… …
}
```

(4)CLine 类的定义

同 CFace 类,CLine 类也仅用于图形显示,包含两个节点编号、从属的两个网格面等信息。

```
class CLine
{
public:
int m_NodeStart;//直线起点节点编号
int m_NodeEnd;//直线终点节点编号
bool m_bShow;//是否显示
int m_aRelVisibleFaceNumArray[2][2];//包含当前的两个可见面编号及网
格线在面中的编号
… …
}
```

(5) CMat 类的定义

CMat(材料)类为计算提供所需的材料参数,包含以下信息:水平弹模、水平泊淞比、粘聚力、内摩擦角、抗拉强度、抗压强度、垂直弹模、垂直泊淞比等。

(6)CAnchor 类的定义

CAnchor(锚杆锚索)类提供了有限元系统中锚杆锚索的存储方法,也是地下

洞室的特点之一,包含了锚杆锚索的编号、起点坐标、终点坐标、直径、分期等信息。

(7) CFault 类

CFault(断层)类包含了断层的宽度、走向、范围、弹模、抗拉强度、抗压强度等信息。

(8) CGraph 类

在用 MFC 的框架生成文档视图类时,一般要求将数据存储在文档类中。但有限元涉及的数据量大,类型繁多,为了将数据独立出来,定义了 CGraph 类。在文档类中定义一个 CGraph 类的对象,即可以存取有限元的数据和进行有限元计算分析等。CGraph 类定义如下:

```
class CGraph
{
public:
bool InputMeshData( FILE * fp); //读入前处理文件
//定义节点数组、单元数组等基本数据
std::vector<CNode * > m_NodeArray;//节点数组
std::vector<CElement * > m_ElementArray;//单元数组
std::vector<int> m_ElemBeDamageArray; //破坏单元数组
std::vector<CFault * > m_FaultArray;//断层数组
std::vector<CMat * > m_MatParaArray;//材料参数数组
//形成线表和面表,为 OpenGL 绘图提供数据对象
void MinRelFacesOfNodes( void); //形成节点的最小相关面表
void FormBoundFaceArray( void);//形成 m_MeshFaceArray;
void MinRelLinesOfNodes( void); //形成节点的最小相关线表
void FormBoundLineArray( void); //形成 m_MeshLineArray
//分期信息
UINT m_nTotalDig; //总分期数
UINT m_nCurrentDig; //当前开挖分期
//处理约束
```

void AutoRestrict( )；//根据边界条件或开挖等自动对相关节点约束

bool InputRestrictData(CString path)；//读入约束数据文件

//读入开挖数据和喷层数据

void InputDigData(CString path)；//读入开挖数据

std∶∶vector<int> m_ElemBeDiggedArray；//开挖单元，

bool InputPCData(CString path)；//读入喷层数据

std∶∶vector<int> m_PCElemArray；//喷层单元

//锚杆锚索数据

bool InputAnchorBarData(CString path)；//读入锚杆数据文件

std∶∶vector<CAnchor ＊> m_AnchorBarArray；//锚杆数组

bool InputAnchorWireData(CString path)；//读入锚索数据文件

std∶∶vector<CAnchor ＊> m_AnchorWireArray；//锚索数组

//读入单元初始应力、节点初始位移

bool InputOriginalStressData(CString path)；//读入上一期的单元,锚杆,锚索,喷层等的初始应力,如果为第一期,则读入地应力数据

bool InputOriginalDispData(CString path)；//读入上一期节点位移

bool InputLoadData(CString path)；//读入节点荷载、重力荷载等

void NumberRestriction( )；//对每个节点的约束编号

int neq；//线性方程组维数

void CalDigLoad( )；//计算因开挖而释放的荷载

void FormLoad(CKMMatrix &km,float aaa)；//形成荷载,存储到刚度矩阵类对象中

void CalProgram(float sfxs,int digorder)；//主计算程序

void AddAnchorBarToKM(CKMMatrix &km,int digorder)；//将锚杆的刚度加入总刚

void AddAnchorWireToKM(CKMMatrix &km,int digorder)；//将锚索的刚度加入总刚

void CalAnchorBarStress(const float ＊disp,CKMMatrix &km,int digorder)；//计算锚杆的应力

void CalAnchorWireStress(const float * disp, CKMMatrix &km, int digorder);//计算锚索的应力

　　//整体坐标转换到局部坐标,求锚杆起始点和终止点的局部坐标

　　CPoint3D CalPointLocalCoord(const CPoint3D &point, int elem_code);//计算点的局部坐标

　　int CalPointInWhichElem(const CPoint3D &p);//计算点在哪个单元内

　　bool IsPointInElem(const CPoint3D &point, int elemcode);//点是否在单元内部

　　//输出计算结果

　　void OutputResult(CString path);

　　… …

　　}

　　另外,在有限元计算中,常常会用到高斯积分、求形函数的值、求形函数的偏导数值等操作,为了使用方便,可以将它们作为全局函数。

　　CArrayMatrix _GetGaussPoint(int n);//高斯积分点数组

　　CArrayMatrix _GetShapeDer(float xi, float eta, float zeta);//求局部坐标(xi, eta, zeta)对应的形函数的偏导数值

　　void _GetShapeFun(float xi, float eta, float zeta, float * fun);//求局部坐标(xi, eta, zeta)对应的形函数的值

6.1.3.3 定义图形显示类

　　OpenGL 函数库提供了大量的绘制点、线、面、体的函数,使用起来十分方便。为了适应地下洞室有限元软件系统开发的需要,作进一步的封装。

　　(1)CEye(视点)类的设计

　　OpenGL 有两种投影模式:正交投影和透视投影。正交投影最大的特点是像素和绘图单元之间有精确的对应关系,无论物体离投影平面多远,投影后的物体的大小都不会发生变化,常用于 CAD 软件中,如图 6.1-4 所示。透视投影的特点是物体离视点距离的远近会直接影响到最后的效果,即物体近大远小,符合人们日常观察物体的视觉习惯,并且只有位于视景体内部的物体才可见,在动画和虚

拟现实中用得比较多,以产生更强的真实感效果,如图 6.1-5 所示。

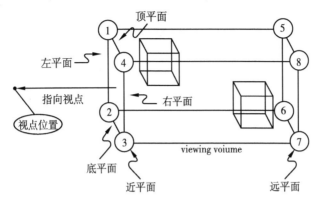

图 6.1-4 正交投影

OpenGL 使用函数 glOrtho( )来定义正交投影,该函数原型如下。

void glOrtho(GLdouble left, GLdouble right, GLdouble bottom,

GLdouble top, GLdouble near, GLdouble far);

其中的 6 个参数分别为左、右、底、顶、近、远平面的坐标。

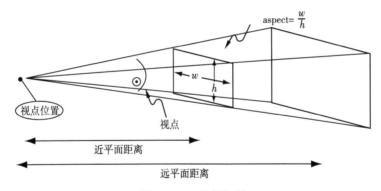

图 6.1-5 透视投影

OpenGL 使用函数 gluPerspective( )来定义透视投影,该函数原型如下。

void gluPerspective(

GLdouble fovy, //视角

GLdouble aspect, //高宽比

GLdouble zNear, //近平面距离

GLdouble zFar); //远平面距离

OpenGL 使用函数 gluLookAt( )来定义视点变换,该函数原型如下。

void gluLookAt(

GLdouble eyex, GLdouble eyey, GLdouble eyez, //视点位置

GLdouble refx, GLdouble refy, GLdouble refz, //参考点位置

GLdouble upx, GLdouble upy, Gldouble upz); //视线向上的方向

以上三个函数在 OpenGL 中常常用到,所以把它们封装在 CEye 类中,便于使用。CEye 类主要用于视点变换和投影模式变换,其定义如下。

class CEye

{

protected:

CPoint3D m_eye; //视点位置

CPoint3D m_ref; //参考点位置

CVector3D m_vecUp; //视线向上的方向

double m_far, m_near;

double m_width,m_height; //m_width 为视景体宽度,m_height 为视景体高度

public:

void init( ); //初始化

void projection( ); //将投影矩阵初始化

void selection(int xPos,int yPos); //执行选择操作

void zoom(double scale); //按比例缩放

void move_view(double dpx, double dpy); //平移图形

void rotate_view(double x_angle, double y_angle); //旋转图形

… …

}

(2)COpenGLDC(OpenGL 绘图类的定义

定义了 COpenGL 类的目的是方便调用 OpenGL 函数库进行图形绘制,如同在 CView 或其派生类中调用 CDC 类绘图函数一样方便。只要在 CView 或其派生类中定义一个 COpenGLDC 类的对象,就可以直接调用该对象实现 OpenGL 的大部分功能,从而将 OpenGL 代码从 CView 或其派生类中分离出来。这样有利于实

现类的独立性、重用性、可维护性和可扩充性。COpenGLDC 类封装了 OpenGL 的环境设置函数和部分绘图函数,大大方便了 windows 窗口下的三维绘图操作,主要包括以下功能。

· 和 windows 窗口的关联;

· 通过 CEye 类实现视点变换和投影变换;

· 设置光源、颜色等;

· 绘制各种图形;

· 实现选择和反馈操作。

主要定义如下:

class COpenGLDC

{

protected:

HGLRCm_hRC; //渲染场景句柄

HDCm_hDC; //设备场景句柄

CEye m_Eye; //视点类对象,用于实现视点变换和投影变换

public:

BOOL InitDC( ); //初始化绘图环境

void GLResize(int cx, int cy); //处理窗口尺寸变化

void GLSetupRC( ); //设置渲染场景

void SetMaterialColor(COLORREF clr); //设置颜色

void DrawPoint(const CPoint3D&); //绘制点

void DrawLine(const CPoint3D& sp, const CPoint3D& ep, int color); //绘制线

void DrawPolyline(const CPoint3D * pt, int size); //绘制多义线

void DrawQuadrangle(CPoint3D * p, CVector3D vec, int color); //绘制四边形

void DrawCloudQuadrangle(CPoint3D * p, CVector3D vec, int * color);//同上,但各顶点颜色不同

void DrawSubSectionBezierCurve(CArray<CPoint3D, CPoint3D> &pt); //绘制 Bezier 曲线

voidBeginSelection(int xPos, int yPos) ; //开始选择操作

intEndSelection(UINT * items) ; //结束选择操作

CPoint3D ObjCoordToWindowCoord(double objx, double objy, double objz) ; //将模型的坐标(三维)转换为屏幕上的坐标(二维)

… …

}

除了上述类外,还定义了一些相关类,具体定义在此略去。

6.2 地下洞室面向对象的前处理程序设计

6.2.1 地下洞室三维有限元的可视化快速建模

6.2.1.1 地下洞室三维有限元模型的特点

地下洞室的结构一般比较复杂,结构形式也因功能不同而不同。本书以水电站地下厂房为例,其三维有限元模型一般包括五大部分:引水管、主副厂房和安装间、母线洞和主变洞、尾水管和尾闸室、调压井,其他的还有如排水廊道、电梯井、出线洞、交通洞等,可根据实际情况考虑。地下厂房的三维有限元模型有以下几个特点。

(1)重复性。如机组和调压井在实际中结构基本相同,在建模时可以完全相同,因此只需要建成其中的一块模型即可。

(2)某一块沿某一个方向基本不变。如主厂房沿厂房中轴线基本不变。

(3)地下洞室的前处理与通用的有限元前处理有所不同,主要包括:有限元网格模型的生成、修改、开挖分期、带宽优化、显示,支护的模拟,定义边界约束等工作。

目前很多较为流行的大型通用有限元分析软件都有比较完备的前处理模块,在给定边界条件之后可以自动剖分二维或三维网格。但它们存在以下几个问题:

（1）六面体单元因为精度高在有限元中得到了广泛应用。目前三维自动剖分技术还不完善，容易出现退化的六面体单元或四面体单元，影响计算精度，造成误差。

（2）目前地下厂房的规模越来越大，机组段越来越多，随之三维有限元网格整体模型的单元节点数也越来越多，由于有限元总刚矩阵的总带宽会随着节点数的增长成几何级数的增长，所以应在保证计算精度的前提下尽量减少节点数。一般通用有限元软件在节点数控制方面不够好。

（3）地下厂房的有限元分析要考虑到破坏区和塑性区的范围，剖分网格时要根据初始地应力、开挖荷载和其他荷载来调整网格的疏密。

（4）由于锚杆、锚索等支护存在着不同的计算理论，建模上了存在一定的差异，通用有限元分析软件不一定能满足要求。

目前平面二维网格自动剖分技术已经相当成熟，完全能满足计算和工程实际的要求。所以笔者根据地下厂房三维模型的特点，用 ansys，autocad 或者其他程序分块剖分并修改平面网格，然后通过平推、复制、组装形成整体模型，收缩形成管道、衬砌等。这种方法有以下优点：

（1）基于单元，可以严格单元数量和单元形态，减小刚度矩阵带宽，节省计算时间；

（2）在可视化环境下建模，直观形象，不容易出错；

（3）速度快。

6.2.1.2 基于单元的可视化建模的步骤

根据地下厂房的特点，提出基于单元的可视化快速建模方法。步骤如下，其中 Step 3~7 根据实际情况组合使用。

Step 1：用 Ansys 或 AutoCad 等工具生成并修改平面网格；

Step 2：平推网格，即将平面网格推成三维网格。如图 6.2-1 所示，在由节点 1~12 形成的面的基础上，增加 12 个新节点 13~24，这样可以形成 6 个新单元；

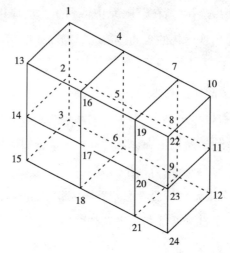

图 6.2-1　平推网格示意图

Step 3：增加单元。在基于单元的建模时,增加单元主要有以下 4 种基本情况。

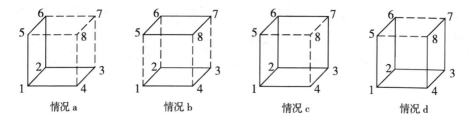

图 6.2-2　增加单元示意图

a. 两个相邻面,增加两个节点形成单元(在面 1562、面 1234 的基础上增加节点 7、8 形成单元);

b. 两个相对面,四对节点对应相连形成单元(面 1234 和 5867 的对应点相连形成单元);

c. 三个两两相邻的面,增加一个结点形成单元(在面 1234、面 1562、面 2673 的基础上增加节点 8 形成单元,节点 8 的坐标可由另外 7 个节点推求);

d. 三个连续的面,两对节点对应相连形成单元(在面 1234、1652、3784 的基础上,不增加节点形成单元);

Step 4：删除单元。删除单元时不仅要删除单元,还要删除多余的节点。删除单元只需要将该单元从 m_ElementArray 数组去掉,然后对剩余单元重新编号;多余的节点是指删除单元后,相关单元数量等于 0 的节点,将它们从 m_NodeArray 数组中去掉,对剩余节点重新编号,并更新 m_ElementArray 的节点编号数组 m_aNodeNumArray[8];

Step 5:收缩单元。在形成管道时,为了不增加太多的单元,可以采用收缩单元的办法,其原理如图 6.2-3 所示:在原单元中增加 8 个节点,形成一个单元,再将这 8 个节点与原来的 8 个节点对应相连,形成 6 个新的单元。

内部节点的位置可以按一定的规则确定。例如图 6.2-3 中,节点 1 有三个相关的边界面 1234、1485、1562,将这三个面的法向矢量平均,得到新增节点 9 的矢量方向,再根据收缩距离,就可以确定节点 9 的具体位置。

 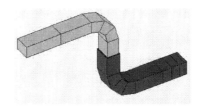

图 6.2-3　收缩网格示意图　　　　图 6.2-4　用收缩单元的办法形成的引水管道

对于多个单元,该法也同样适用:设单元数量为 a,先扫描这些单元组成的体的外表界,设边界节点数目为 m,边界面数目为 n,在体内部生成 m 个节点,形成 a 个单元,这 m 个新增节点与边界上的 m 个结点对应相连,即可形成 n 个单元。图 6.2-4 为用收缩单元的办法形成的引水管道;

Step 6:复制和镜像网格。如果一个机组段的建模已经完成,其他机组段的结构形式基本相同,可以采用复制网格的方法;

Step 7:拼装网格。一般来说,复杂结构可以划分为沿某一方向形状变化不大的小块,将这些小块分开建模,然后再拼装起来,可以大大降低建模的复杂度;

Step 8:单元形态检查。一般通过检查单元的雅可比矩阵的行列式值是否大于 0 来检查,如下:

```
void ShapeCheck()
{
CElement  * elem = NULL;
```

```
CArrayMatrix gp = this->GetGaussPoint(8); //8 个高斯点局部坐标,8×3 数组
for(int i=0;i< m_ElementArray.GetSize();i++)   //对所有单元循环
{
elem = this->m_ElementArray[i];
CArrayMatrix coord = this->GetElemCoord(i);//得到单元 8 个节点坐标,8×3
数组
bool key = true;
for(int j=1;j<=8;j++)
{
CArrayMatrix sd = _GetShapeDer(gp.GetValue(j,1),gp.GetValue(j,2),
gp.GetValue(j,3));//形函数偏导数值
CArrayMatrix jc = sd * coord; //jacob 矩阵
float value = jc.GetDeterminant(); // jacob 矩阵的行列式值
if(value<1e-6) //如果行列式值太小,则认为该单元畸形
{
key = false;
break; //终止对该单元的检查
}
}
if(key == false)
… …//对形态错误的单元作出处理
}
}
```

6.2.1.3 应用实例

以小湾地下厂房和建模为例,简单说明基于单元的可视化建模方法的原理和过程,见图(6.2-5 ~ 6.2-14):

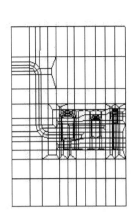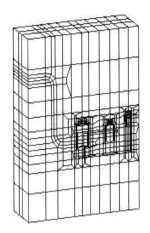

图 6.2-5　Step 1:建立厂房平面网格　图 6.2-6　Step2:平推为三维网格

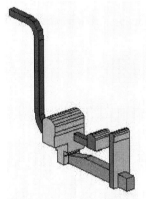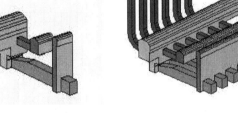

图 6.2-7　Step 3:收缩形成管道　　图 6.2-8　Step 4:复制网格

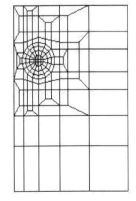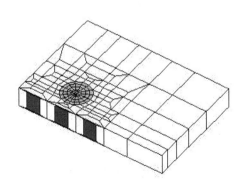

图 6.2-9　Step 5:建立调压井平面网格　图 6.2-10　Step 6:平推为三维网格

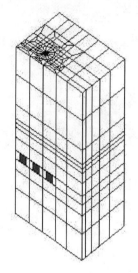
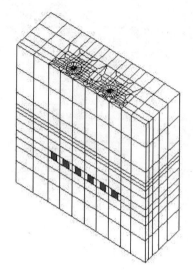

图 6.2-11　Step 7:平推形成单个调压井　图 6.2-12　Step 8:镜像形成 2 个调压井

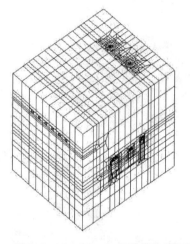
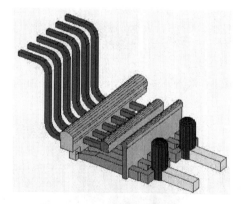

图 6.2-13　Step 9:拼装成整体网格　图 6.2-14　最终模型图

6.2.2 锚杆锚索信息的组织

地下工程结构中,锚杆和锚索的应用十分广泛。由于地下工程空间结构复杂,需要布锚的结构范围广泛,布锚数量大,有时需要对多种布锚方案进行比较等诸多因素的影响,准确、高效的锚杆信息组织成为地下工程有限元工作者研究的重要课题。

笔者长期致力于地下工程的围岩稳定问题的研究,对地下工程中的锚杆锚索采用隐式锚杆的方式加以处理,采用隐式锚杆的优点在于,对锚杆的处理与原来建立的模型网格单元无关,这对于多种锚固支护方案的比较、优化十分有利。这样如何快速、准确地组织锚杆的空间信息就成为解决问题的关键所在。

6.2.2.1 锚杆锚索的快速生成

虽然地下洞室空间结构复杂,需要布锚的范围广泛,布锚数量大,但锚杆最基本的信息,还是锚杆起点和终点坐标、直径等。通常在一块区域内,地下洞室的锚杆间距一般是固定不变的,如果确定了第一根锚杆的位置,便可以推求出其他锚杆的位置。因此锚杆也可以通过平推、复制、镜像等方法快速生成。同建模一样,地下工程空间结构也可以划分为多个独立的布锚区域。这些区域归结起来有四种类型:平面、圆柱面、球冠面和其他类型的面,相应的布锚类型也可以划分为四种,其应用范围(以地下厂房为例)如表 6.2-1 所示。将这四种方法封装为函数,直接调用这些函数便可以直接生成锚杆,达到快速组织锚杆锚索信息的目的。

表 6.2-1　地下工程的布锚类型和应用范围

布锚类型	应用范围
平面布锚	上下游边墙,侧墙等平面
圆柱面布锚	主副厂房顶拱、主变洞顶拱、圆形引水洞等
球冠面布锚	圆形调压室顶拱
直接生成	以上三种方法不能快速生成的锚杆锚索,如锁口锚杆,随机锚杆等

6.2.2.2 计算锚杆所在的单元

在有限元计算中,需要计算锚杆对它周围岩体的贡献,并将锚杆的反力施加到周围岩体上去,这必然需要求出锚杆所在的单元。以求锚杆起点所在单元为例,如图 6.2-15 所示,如果矢量 $V1$ 和 $V2$ 的夹角大于 90°,即它们的点积大于 0($V1 \mid V2 > 0$)时,锚杆起点或终点在该单面下方。对单元的 6 个面循环,如果对于每个面,锚杆起点或终点在其下方,那么这个点必定在单元的内部。求解某点所在单元的流程如图 6.2-16 所示。

在建模时,锚杆的起点一般不在开挖单元中,而只有开挖单元才有分期信息,因此,可以将锚杆反向延长 0.5～1.0 m,这样起点就位于开挖单元中,锚杆的分期即该开挖单元的开挖分期。

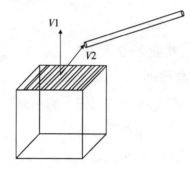

图 6.2-15　判断锚杆起点是否在单元内部示意图

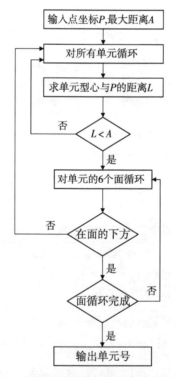

图 6.2-16　求锚杆锚索起点和终点所在单元的流程

6.2.3 OpenGL 平台下的网格显示

6.2.3.1 程序框架

MFC 提供了一个基于文档与视图的应用程序模板,按照生成向导(MFC App-pWizard)的步骤,就可以创建一个基于文档/视图结构的 MFC 应用程序。在此基础上,设计和加入相关的类和对象,就可以实现图形的显示和交互。例如本章的前处理程序,在 MFC 自动生成的单文档/单视图应用程序框架的基础上(如图6.2-17 所示),在 CView 的派生类 CFeaGraphicsView 中加入了 COpenGLDC 类的对象,在 CDocument 的派生类 CFeaGraphicsDoc 中加入了 CGraph 对象,便可以实现有限元数据的存取和有限元图形的显示。

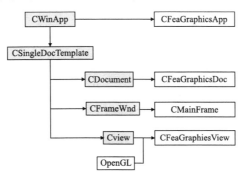

图 6.2-17　文档视图结构

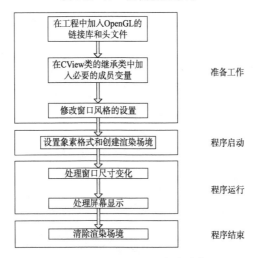

图 6.2-18　OpenGL 程序流程

在单文档/单视图应用程序框架中使用 OpenGL 函数库绘制图形有规律可循,其流程如图 6.2-18 所示,只要在 CFeaGraphicsView 类中通过 COpenGLDC 类的对象,依次调用 COpenGLDC 类中相应的函数即可。

6.2.3.2 网格显示流程

绘制三维有限元模型,归根结底是绘制单元的各个面。虽然 OpenGL 可以自动实现消隐,但如果绘制所有单元的各个面,绘制速度会大大减慢。本书在 OpenGL 的 Z 缓冲消隐的基础上,采用了最小节点相关面消隐法。

所谓节点相关面,指某节点周围的所有单元面,包括内部单元面和外部单元面两种。在空间有限元网格中,内部单元面属于并只属于两个单元,外部单元面只属于某一个单元。结构中所有外部单元面也就形成了结构的外表面。形成结构外表面的一般方法为先形成各单元的 6 个面(以六面体单元为例),找到该面 4 个节点中编号最小的点,将该面作为该点的最小相关面。如果在该点的相关面中已经存在 4 个节点编号都相同的面,那么该面为内部单元面,两个面都应从该结点的相关单元面数组中删掉。最后剩余的为外部单元面,即该节点的最小相关面。最后将所有节点的最小相关面合并,即可形成一个结构的外表面数组。

根据外表面数组,可以形成外表面线数组。由于结构外表面是不透明的,所以只需要绘制外表面和外表面线,再利用 OpenGL 本身强大的 Z 缓冲功能实现自动消隐,就可以得到我们所需要的三维实体模型。

这种算法随着单元数目的增加,其运算量只是线性增加,所以运算量小,绘制速度很快。网格显示流程如图 6.2-19 所示。

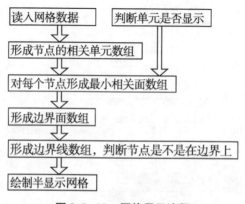

图 6.2-19 网格显示流程

6.2.3.3 人机交互操作

人机交互操作主要包括实时平移、旋转和缩放，它们是查看三维有限元模型时必不可少的操作。在 GDI 绘图中，实现这三个操作比较困难，而且容易造成屏幕闪烁。而在 OpenGL 绘图时，只需要对 CEye 中的视点位置和参考点位置进行简单的变换操作就可以实现。平移的代码如下：

```
void CEye::move_view(double dx, double dy)
{
CVector3D vec = m_ref - m_eye;
vec.Normalize();  //矢量单位化
CVector3D xUp = vec * m_vecUp;
CVector3D yUp = xUp * vec;
m_eye -= xUp * m_width * dx + yUp * m_height * dy;
m_ref -= xUp * m_width * dx + yUp * m_height * dy;
}
```

其中 m_ref 为参考点位置，m_eye 为视点位置，m_width 为视景体宽度，m_height 为视景体高度。

旋转和平移类似，只是保持参考点不变，并保持视点和参考点的距离不变。

```
void CEye::rotate(double x_angle, double y_angle)
{
CVector3D vec = m_ref - m_eye;
double r = vec.GetLength();
m_eye.x = m_ref.x - r * sin(x_angle) * cos(y_angle);
m_eye.y = m_ref.y - r * cos(x_angle) * cos(y_angle);
m_eye.z = m_ref.z - r * sin(y_angle);

vec = m_ref - m_eye;
vec.Normalize();
```

```
CVector3D zVec(0,0,1);

CVector3D vec0 = vec * zVec;

m_vecUp = vec0 * vec;

}
```

缩放只需要在 CEye 类中改变视景体的大小即可实现。

```
void CEye::zoom(double scale)

{

m_width *= scale;

m_height *= scale;

}
```

只要在应用程序中将 dx, dy, scale 等变量与鼠标操作关联起来,就可以实现鼠标操作的实时平移、旋转和缩放。

6.2.3.4 选择和反馈

选择和反馈是用户和有限元软件交互的重要手段。强大的选择反馈功能可以给用户提供很多方便。在选择模式下,OpenGL 用户根据鼠标的位置在 OpenGL 中定义一个狭长的视景体,像一条垂直于屏幕的细长射线。在绘制一个对象之前对它进行命名,OpenGL 将落在这个视景体内的对象的名称存储在一个堆栈里,通过返回这个堆栈的对象名称,并判断各个对象的深度值,就可以确定拾取到的物体。具体实现步骤如下:

(1)创建选择缓冲区

```
glSelectBuffer(buffer_length,buffer[]);
```

其中 buffer_length 为缓冲区数组的长度,buffer 数组为缓冲区数组,返回的数据就存储在该数组中。

(2)切换进入选择模式

```
glRenderMode(GL_SELECTION)
```

（3）创建投影矩阵

gluPickMatrix(x,y,width,height,viewport[4])

其中 x、y 为鼠标的当前位置，width 和 heigth 为狭长视景体的宽和高，viewport[4] 为当前的视区边界。

（4）创建并初始化名称堆栈

glInitNames( )

glPushName(name)

（5）命名并绘制场景

glPushName(name1)

DrawObject1( );

glPushName(name2)

DrawObject2( );

……

（6）切换进入渲染模式

int hits = glRenderMode(GL_RENDER)

hits 为选择缓冲区中的记录条数

（7）处理选择缓冲区的内容

每一条选择记录包括四部分，其数据结构如图 6.2-20 所示

对象名称的个数，名称堆栈没有层次结构时为 1
对象的最小 z 坐标相对于视景体深度的比值（Z-min）
对象的最小 z 坐标相对于视景体深度的比值（Z-max）
对象名称

图 6.2-20　选择记录的数据结构

其中比值为[0,1]范围内，然后乘 $2^{32}-1$（计算机中整型数据的最大值），并舍入为最接近的整数值，即可得到 Z_min 和 Z_max。选择缓冲区最底部的元素在最前面，只要对缓冲区中的所有记录循环，找到 Z_max 最小值对应的记录和被选中

对象的名称(为了使用方便,一般以自然数命名),再根据名称得到拾取结果。

```
if(hits>0)
{
int num = 0; //对象名称
int zmin = 4294967295; //4294967295 = 2 * *32-1;
for(int n=0; n<hits; n++) //对缓冲区的记录循环
  {
if(buffer[n*4+2]<zmin)
    {
zmin=buffer[n*4+2]; //寻找 Z_Max 的最小值
num=buffer[n*4+3]; //最小值对应的记录名称
    }
  }
}
```

根据 OpenGL 选择机制的原理,可以在选中对象后再定义包容盒选取,如选中一个单元后,以单元的形心为基准点,定义一个 1×1×无限长的包容盒,可选中形心的 x 坐标和 y 坐标与基准点都不超过 1 的所有单元。这样可以一次选中多条记录,在给模型中的单元赋予材料号和开挖分期时极其方便。

6.2.3.5 场景漫游

OpenGL 支持双缓存(Double Buffer)技术,可以实现平滑的图形动画效果。在双缓存模式下,采用前台和后台两个缓存,显示前台缓冲内容中一帧画面的同时,后台缓冲正在绘制下一帧画面,当绘制完毕后,就调用 SwapBuffers( )函数,将后台缓冲的内容拷贝到前台缓存显示出来,后台缓存继续绘制下一帧画面。由于视频图像交换的时间极短,肉眼感觉不出来,如此循环往复,就可以实现平滑的图形动画效果。

在 OpenGL 中采用透视投影,通过改变 gluLookAt( )函数的参数可以方便地实现场景漫游。改变 eyex、eyey 的值,可以实现在场景中的"向前走""向后退"等基本操作;改变 refx、refy 的值,可以实现在场景中的"左转""右转"等基本操作;

改变 refx、refy、refz 及 upx、upy、upz 的值. ,可以实现在场景中的"俯视""仰视"等基本操作。要实现连续运动,还必须根据运动路线不断改变 gluLookAt() 函数中几个参数的值。

为了实现人机交互式的场景漫游,在程序中加入一个 WM_KEYDOWN 消息,设置视点信息的初始值后,通过键盘 Q、E、W、A、S、D 六个键的操纵来进行三维虚拟场景的漫游。

```
void CFeaGraphicsView::OnKeyDown(UINT nChar, UINT nRepCnt, UINT nFlags)
    {
    switch(nChar)
        {
    case ´Q´://向前走
        this->m_pGLDC->m_Camera.go_ahead(0.8); break;
    case ´E´://向后退
        this->m_pGLDC->m_Camera.go_ahead(-0.8); break;
    case ´A´://左转
        this->m_pGLDC->m_Camera.rotate(0.0006,0); break;
    case ´D´://右转
        this->m_pGLDC->m_Camera.rotate(-0.0006,0); break;
    case ´W´://仰视
        this->m_pGLDC->m_Camera.rotate(0,-0.0006); break;
    case ´S´://俯视
        this->m_pGLDC->m_Camera.rotate(0,0.0006); break;
    default: break;
        }
    Invalidate();
    }
```

CEye::rotate() 的实现见 6.2.3.3 节,CEye::go_ahead 的实现如下:

```
void CEye::go_ahead(double scale)

{

    CVector3D vec = m_ref - m_eye;

    vec * = scale;

    m_eye += vec;

    m_ref += vec;

}
```

通过改变 scale 可以调节视点的移动速度。

6.3 有限元后处理的面向对象设计

6.3.1 地下洞室三维有限元后处理的内容

在有限元方法的理论研究和工程应用中,后处理技术及相关的图形处理技术占有重要的地位。后处理技术即有限元分析的可视化技术的研究仍然是有限元研究领域最为活跃的分支之一,主要是充分利用计算机图形学的基本原理并借助现代计算机丰富的图形处理功能以图形的方式展现计算分析的结果。三维有限元分析的后处理涉及诸如空间等值线、应力分布图、空间矢量图形的绘制、单元破坏形态的显示和变形示意图等复杂的图形处理问题。所有后处理图形的绘制都是在结构边界上进行绘制的。

本书的后处理是基于 OpenGL 的。相比 GDI 绘图,OpenGL 的最大优势是应力、位移等都是空间的,更能真实反映实际情况。

6.3.2 光滑空间等值线的绘制

6.3.2.1 空间等值线的特点

从场的角度看,空间等值线可以认为是空间等值面的边界,它具有以下特点:

(1)同一平面内光滑连续,不同平面的连接处可能会有拐点;

（2）同一量值对应的等值线可能不只一条；

（3）一般不相互交错；

（4）一般是闭合的，这是与平面等值线的最大区别。

6.3.2.2 空间等值线形成的基本原理

生成等值线之前，要先找出单元边界线上的等值点。某一等值量 Q_0 与边界面上的网格线是否相交，取决于该网格线两个端点的 Q 值。设网格线两个端点的坐标分别为 P_1、P_2，对应的物理量值为 Q_1、Q_2，令：

$$F = (Q_0 - Q_1)(Q_0 - Q_2) \tag{6.3-1}$$

如果 F<=0，则表示在该网格线上与等值线存在交点，交点坐标 P_0 为：

$$P_0 = \frac{Q_0 - Q_1}{Q_2 - Q_1} \times (P_2 - P_1) + P_1 \tag{6.3-2}$$

对于四节点四边形的网格面，存在的等值点可能是两个，也可能是四个。如果是两个，直接连接即可。如果是四个，则需要通过线性插值原理来判断走向。

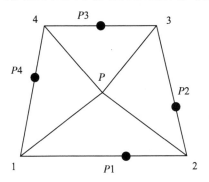

图 6.3-1　网格面上四个等值点的连接

如图 6.3-1 所示，$P1$、$P2$、$P3$、$P4$ 为搜索到的四个等值点，点 P 为该网格面的形心。因为等值线不可能相交，所以 $P1$ 不可能与 $P3$ 连接。设节点 1、2、3、4 对应的物理量分别为 $Q1$、$Q2$、$Q3$、$Q4$，则形心 P 的物理量为：

$$Q_p = (Q_1 + Q_2 + Q_3 + Q_4)/4 \tag{6.3-3}$$

如果 $(Q_p - Q_0)(Q_1 - Q_0) \leq 0$，则等值线与节点 1 和形心 P 的连线有交点，$P1$ 应该与 $P4$ 连接；如果 $(Q_p - Q_0)(Q_2 - Q_0) \leq 0$，则等值线与节点 2 和形心 P 的连线有交点，$P1$ 应该与 $P2$ 连接。显然上述两个不等式不可能同时成立，因为等值线与节点 1 和 2 的连线有交点，$(Q_1 - Q_0)(Q_2 - Q_0) \le 0$ 成立。

对所有的边界网格面进行循环，将每个面内的等值点连接，即可得到等值量 Q_0 的所有等值线，如图 6.3-2 所示。显然直接连接而成的等值线不满足光滑连续的要求，下面提出了两种平滑方法。

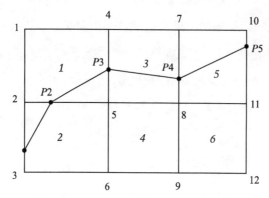

图 6.3-2 直接连接而成的等值线示意图

6.3.2.3 线性插值法

该方法的思想是：在直接连接的基础上，利用线性插值对网格面进一步细分，得到更多的等值点，再用线段连接。当等值点足够多时，就可以得到光滑的等值线。

四节点四边形网格面的形函数为

$$N_i = \frac{1}{4}(1 + \xi_i\xi)(1 + \eta_i\eta) \qquad (6.3 - 4)$$

其中 ξ_i 和 η_i 为四个节点对应的局部坐标，ξ 和 η 为网格面内点对应的局部坐标。令 $\xi = A$，由

$$Q_0 = \sum_{i=1}^{4} N_iQ_i = \sum_{i=1}^{4} \frac{1}{4}(1 + \xi_i\xi)(1 + \eta_i\eta)Q_i \qquad (6.3 - 5)$$

（其中 Q_i 为对应四个节点的坐标），可解出对应的

$$\eta = \frac{Q_0 - \sum\limits_{i=1}^{4} \frac{1}{4}(1 + \xi_iA)}{\sum\limits_{i=1}^{4} \frac{1}{4}(1 + \xi_iA)\eta_i} \qquad (6.3 - 6)$$

将 $\xi = A$ 和由 (6.3.6) 得到的 η 代入 (6.3-5)，即可得到等值点的坐标 P。根

据计算精度的要求,不断改变 ξ 的取值,按公式(6.3-1)和(6.3-2)计算得到一定数量的等值点的坐标后,再按顺序用线段将这些等值点连接起来,就可以得到近似光滑的等值线,如图 6.3-3 所示。

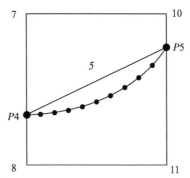

图 6.3-3 利用线性插值得到的等值线示意图

线性插值法采用的是有限元的插值理论,所得的等值点的坐标比较准确,真实了反映了等值线的分布位置。但该方法也存在一些问题:需要求很多插值点,增加了工作量;每个网格面内插值点的多少并不应该是固定的,而是随曲线变化的,显然在曲率较大的地方需要更多的采样;无法统计某一量值对应等值线的数量和等值线的总条数。

6.3.2.4 追踪拟合法

追踪拟合法采取构造函数来逼近原曲线的方式,仅利用网格线上搜索到的插值点,构造出一个函数来逼近它们,这样就可以无限细分并且得到更好的效果。如果采用多项式,使用的变量数比较多,构造逼近函数的难度较大。本书采用分段二次 Bezier 曲线逼近的方法,不仅计算量小,而且能满足光滑连续的要求。

如果 P_i 表示一组控制点,当 u 从 0 到 1 变化时,Bezier 曲线上各点坐标的插值公式为:

$$C(t) = \sum_{i=0}^{n} P_i B_{i,n}(u) \quad 0 \leq u \leq 1 \qquad (6.3-7)$$

其中 $B_{i,n}(u)$ 为 n 次(或 $n-1$ 阶)Bernstein 基函数,也是曲线上各控制点位置的调和函数。

$$B_{i,n}(u) = \frac{n!}{i!(n-i)!} u^i (1-u)^{n-i} = C_n^i u^i (1-u)^{n-i}, i=0,1,\cdots,n$$

$$(6.3-8)$$

二次 Bezier 曲线表达式为

$$C(u) = \sum_{i=0}^{2} P_i B_{i,2}(u) = (1-u)^2 P_0 + 2u(1-u)P_1 + u^2 P_2,\ 0 \leqslant u \leqslant 1 \quad (6.3-9)$$

从上式可以看出,二次 Bezier 曲线对应一条起点在 $P0$,终点在 $P2$ 处的抛物线,即有:$C(0) = P_0$,$C(1) = P_2$,$C'(0) = 2(P_1 - P_0)$,$C'(1) = 2(P_2 - P_1)$,如图 6.3-4 所示。

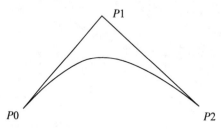

图 6.3-4 二次 Bezier 曲线示意图

先考虑两段二次 Bezier 曲线光滑连接的情况:设曲线 $M(t)$ 的控制点为 M_0,M_1,M_2,曲线 $N(t)$ 的控制点为 N_0,N_1,N_2,两段曲线要逼近的等值点为 P_0,P_1,P_2,P_3,如图 6.3-5 所示:

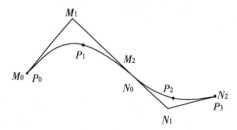

图 6.3-5 两段二次 Bezier 曲线连接示意图

显然 $M_0 = P_0$,$M_2 = N_0$,$N_2 = P_3$

$$M(t) = (1-t)^2 M_0 + 2t(1-t)M_1 + t^2 M_2 \quad (0 \leqslant t \leqslant 1)$$

$$N(t) = (1-t)^2 N_0 + 2t(1-t)N_1 + t^2 N_2 \quad (0 \leqslant t \leqslant 1)$$

$$M'(t) = -2(1-t)M_0 + 2(1-2t)M_1 + 2t M_2$$

$$N'(t) = -2(1-t)N_0 + 2(1-2t)N_1 + 2t N_2$$

为了保证连接点的一阶连续性,则有:$M'(1) = N'(0)$,可得:

$$M_1 - 2M_2 + N_1 = 0 \quad (6.3-10)$$

另外：$P_1 = M(0.5) = 0.25M_0 + 0.5M_1 + 0.25M_2$，可得：

$$2M_1 + M_2 = 4P_1 - M_0 = 4P_1 - P_0 \quad (6.3-11)$$

又由 $P_2 = N(0.5) = 0.25N_0 + 0.5N_1 + 0.25N_2$，可得：

$N_0 + 2N_1 = 4P_2 - N_2$，将 $M_2 = N_0$，$N_2 = P_3$ 代入，得

$$M_2 + 2N_1 = 4P_2 - P_3 \quad (6.3-12)$$

将方程(6.3-10)、(6.3-11)、(6.3-12)联立，可解出 M_1、M_2、N_1。

再将两段二次 Bezier 曲线的连接方法推广到多段二次 Bezier 曲线的连接。给定插值点 $P_0, P_1, P_2, \cdots, P_n$，第一段有三个控制点，以后每增加一段相当于增加了两个控制点。因为连接处前一段的最后一个控制点和后一段的第一个控制点重合，现在将重合的两个控制点算作一个，这样，N 段一共有 $2N+1$ 个控制点，依次记为 $Q_0, Q_1, Q_2, \cdots, Q_n$，除 Q_0 和 Q_n 已知外，还有 $2N-1$ 个未知控制点。下面将运用前述的方法，构造线性方程组，求出 $2N-1$ 个未知控制点。

对于第 $n(1<n<N)$ 段，它的两个未知控制点是 Q_{2n-1}, Q_{2n}，

由 $P_n = 0.25Q_{2n-2} + 0.5Q_{2n-1} + 0.25Q_{2n}$，可得 $Q_{2n-2} + 2Q_{2n-1} + Q_{2n} = 4P_n$

由连接的一阶连续性，有：$Q_{2n-1} - 2Q_{2n} + Q_{2n+1} = 0$

运用前述的方法，构造 $2N-1$ 维的线性方程组如下：

$$\begin{bmatrix} 2 & 1 & 0 & \cdots & \cdots & \cdots & \cdots & 0 \\ 1 & -2 & 1 & 0 & \cdots & \cdots & \cdots & 0 \\ 0 & 1 & 2 & 1 & 0 & \cdots & \cdots & 0 \\ 0 & 0 & 1 & -2 & 1 & 0 & \cdots & 0 \\ \vdots & & \ddots & \ddots & \ddots & & & \vdots \\ \vdots & & & \ddots & \ddots & \ddots & & 0 \\ 0 & \cdots & \cdots & \cdots & 0 & 1 & -2 & 1 \\ 0 & \cdots & \cdots & \cdots & \cdots & 0 & 1 & 2 \end{bmatrix} \begin{bmatrix} Q_1 \\ Q_2 \\ Q_3 \\ Q_4 \\ \vdots \\ \vdots \\ Q_{2N-2} \\ Q_{2N-1} \end{bmatrix} = \begin{bmatrix} 4P_1 - Q_0 \\ 0 \\ 4P_2 \\ 0 \\ \vdots \\ \vdots \\ 0 \\ 4P_N - Q_{2N} \end{bmatrix}$$

其中 $Q_0 = P_0$，$Q_{2N} = P_{N+1}$。

如果等值线闭合，则上面的线性方程组变为：

$$
\begin{bmatrix}
2 & 1 & 0 & \cdots & \cdots & \cdots & 1 \\
1 & -2 & 1 & 0 & \cdots & \cdots & 0 \\
0 & 1 & 2 & 1 & 0 & \cdots & \cdots & 0 \\
0 & 0 & 1 & -2 & 1 & 0 & \cdots & 0 \\
 & & & \ddots & \ddots & \ddots & & \vdots \\
 & & & & \ddots & \ddots & \ddots & 0 \\
0 & \cdots & \cdots & & 0 & 1 & -2 & 1 \\
1 & \cdots & \cdots & & & 0 & 1 & 2
\end{bmatrix}
\begin{bmatrix}
Q_1 \\ Q_2 \\ Q_3 \\ Q_4 \\ \vdots \\ \vdots \\ Q_{2N-2} \\ Q_{2N-1}
\end{bmatrix}
=
\begin{bmatrix}
4P_1 \\ 0 \\ 4P_2 \\ 0 \\ \vdots \\ \vdots \\ 0 \\ 4P_N
\end{bmatrix}
$$

显然,该方程组的系数矩阵是不可约对角占优的,因此是非奇异的,方程组可以用追赶法求得唯一解。

求出各段二次 Bezier 曲线的控制点后,依次绘制各段 Bezier 曲线,即可得到光滑的等值线,如图 6.3-6 所示:

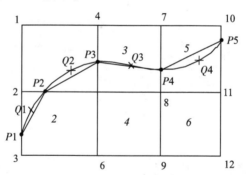

图 6.3-6 利用 Bezier 曲线插值得到的等值线示意图

由于 OpenGL 函数库提供了求值程序,可以非常方便地绘制 Bezier 曲线。

其函数原型为:

void glMap1d(

　　GLenum target,　　//取 GL_MAP1_VERTEX_3,表示空间点

　　GLdouble u1,　　　//参数 t 的最小值,一般取 0

　　GLdouble u2,　　　//参数 t 的最大值,一般取 1

　　GLint stride,　　　//控制点起始位置之间的偏移

　　GLint order,　　//曲线的阶数

const GLdouble ＊points　　　//控制点数组

);

所以在使用 OpenGL 函数库的程序中用追踪拟合法绘制等值线有很大的优势。

6.3.3 空间矢量图的绘制

空间矢量图包括空间应力矢量图和空间位移矢量图。空间应力矢量图能够反映结构应力方向和大小,同空间等值线一样,空间矢量图的绘制也是建立在可见面基础上的,每个可见面只属于一个单元,因此只需要在可见面上进行绘制,即可以表示边界上单元的矢量。

(1)绘制边界网格面(不绘制网格线)

(2)取出该单元所属的单元号,然后根据单元号得到该单元的某物理量的大小 L 和单位方向矢量 V。

(3)这里认为,矢量的一个端点是位于单元面的形心的,设该单元形心坐标为 P,缩放比例为 S,则空间矢量的另一端点的坐标为: $P' = P + V \cdot L \cdot S$

由于在求解应力方向时,V 与 $-V$ 都是正确的解,所以应力方向应根据量值的正负来判断。如果量值为正,说明单元受拉,那么 P 为矢量的起点,P' 为矢量的终点;如果量值为负,说明单元受压,那么 P' 为矢量的起点,P 为矢量的终点;确定起点和终点后,用实线(量值为正)或虚线(量值为负)绘制矢量,标注箭头。

(4)对所有的边界网格面进行上述处理后,就可以得到空间位移矢量图。

空间位移矢量图反映了结构的变形趋势,它的绘制是建立在边界节点上的。由于位移矢量方向是唯一确定的,所以边界节点即空间位移矢量的起点。设节点坐标为 P,单位位移矢量为 V,缩放比例为 S,则空间位移矢量的终点的坐标为 $P' = P + V \cdot L \cdot S$。用实线绘制矢量,标注箭头,即可完成该边界节点空间位移矢量的绘制。

6.3.4 塑性开裂区的绘制

在地下洞室围岩的非线性分析中,由于岩体材料的特殊性,其破坏形式比较多,主要可以归纳为以下几种:卸荷区,塑性区,开裂区。卸荷区和塑性区的绘制相对比较简单,根据网格面从属单元的破坏形态用不同的色彩绘制网格面来表示。对于开裂破坏,根据最大拉应变的方向确定开裂线的方向,并在网格面上绘制开裂线。开裂线的绘制方法如下。

(1)根据最大拉应变的方向余弦 (l,m,n) 和单元面的中心 (x_c,y_c,z_c) 确定开裂面的平面方程:

$$l(x-x_c)+m(y-y_c)+n(z-z_c)=0 \qquad (6.3-13)$$

(2)判断网格面的各条网格线与开裂面是否有交线。设网格线的两个端点的坐标分别为 (x_a,y_a,z_a) , (x_b,y_b,z_b) ,则该网格线的参数方程可以表示为:

$$\begin{cases} x=x_a+u(x_b-x_a) \\ y=y_a+u(y_b-y_a) \\ z=z_a+u(z_b-z_a) \end{cases} \qquad (6.3-14)$$

将(6.3-14)代入(6.3-12)可解得 u ,如果 $0 \leqslant u \leqslant 1$,则表示该网格线与开裂平面有交点。

(3)如果网格面是凸四边形,那么它与过它形心的开裂面有且只有两个交点。将这两个交点连接,即得到该网格面上的开裂线。

用不同的颜色表示不同的破坏形式,对于开裂破坏区的网格面绘制开裂线表示,可以形象地表示地下结构经施工开挖后围岩破坏的基本情况以及破坏范围、深度等信息,给工程技术人员以感性的认识和视觉上的参考,便于支护设计和工程措施的选择,为地下工程的设计与施工带来了很大的方便。

6.3.5 应力分布图的绘制

与应力等值线和应力矢量图相比,应力分布图不仅可以表示应力的规律,还可以直观形象地表示应力的量值。应力分布图主要有两种:字母图和彩色云图。

字母图用 26 个字母 a ~z,将所有单元的应力分成 26 个等级,对所有的边界网格面循环,标上与对应单元的应力等级相应的字母。如果相邻两个网格面的应力等级相同,则它们共有的网格线不需要绘制,如图6.3-7所示。

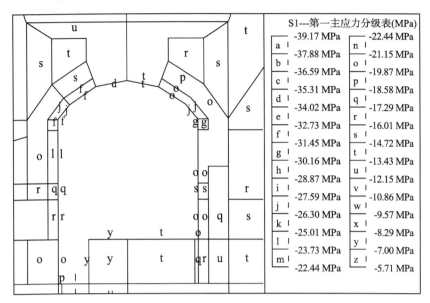

图 6.3-7　字母表示的应力分布示意图

彩色云图是有限元后处理图形中最常用的图形之一。由于 OpenGL 本身具有颜色均匀过渡的能力,使绘制彩色云图十分方便。要生成彩色云图,先建立各节点的应力值或位移值与颜色值的对应关系。然后将最大值和最小值之间分成若干段,最大值对应的颜色为紫色,然后是红色、黄色、绿色,最小值对应于蓝色,中间加一些过渡色,采用线性插值可求得其他量值对应的颜色值。这种颜色对应关系比较形象地反映了各种应力或位移的分布。由于应力是单元中心的值,需要用体积加权的方法,转换成单元节点上的值,然后求出其颜色值。这样利用 OpenGL 多边形自动颜色过渡填充的功能就可以生成彩色云图。

6.3.6 变形示意图的绘制

变形示意图可以显示变形的大小和趋势,为检查结构变形是否合理提供直接参考。和以上各种图形不一样,变形示意图一般是基于结构轮廓线绘制的。

在绘制变形示意图时,只绘制结构的轮廓线,对组成结构面的每一条线段循环,根据其两个端点的空间位移矢量绘制出变形后的轮廓线。如图 6.3-8 所示。

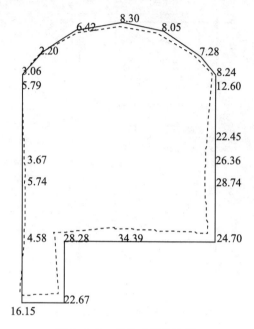

图 6.3-8   结构变形示意图

6.4 本章小结

有限元模型的建立是有限元分析的前提,而有限元的自动剖分仍属于难题之一,因为它不仅取决于物体形状,还取决于物体的受力位置和特性。本书提出的方法是一种人工控制的半自动网格生成方法,对网格生成中的许多复杂操作做了高度封装,支持单个或大量单元的生成、删除、修改等操作,同时对锚杆锚索的生成方法作了分类,对每种类型给出了对应的快速生成方法,在很大程度上简化了生成有限元模型的难度,大大缩短了建模时间。

相比传统的 GDI 绘图,基于 OpenGL 函数库开发的有限元图形系统有着不可比拟的优势。它不仅能减少代码量,而且能得到更好的视觉效果。很多需要复杂代码才能完成的功能,在 OpenGL 中只需要几行代码就可以完成。建立的有限元模型不仅立体感和真实感强,达到甚至超越 Ansys 等专业软件的效果,而且可以实现简单的场景漫游。在 OpenGL 的选择反馈基础上建立的强大的选择和修改功能,极大地方便了有限元网格和锚杆锚索信息的修改与处理,加快了有限元前处理的周期,为后面的计算分析留下更多的时间。

后处理的目的,是用最直观形象的方法来表达有限元计算的结果。本书提出了地下工程软件后处理的部分方法和技巧,除了常规的等值线、矢量图、变形图之外,还专门针对地下洞室增加了应力云图、破坏区图等形式,可以方便清晰地显示计算分析的结果,为施工进度、支护设计等提供有力的参考。

第七章 工程应用及围岩稳定评价

随着我国水电事业的发展,在西南山区已建、在建、规划了一批大型、特大型水电站地下厂房洞室群。这些洞室群不但规模大、地质条件复杂、地应力高、施工难度大,而且均位于地震多发带,地震烈度多在 VII 以上。地震灾变中,地下洞室群围岩稳定情况直接关系到生产人员的生命安全和工程设施的长期运行。因此,对这些地下厂房洞室群进行围岩抗震稳定分析具有重大意义。

在"大型地下洞室群地震灾变机理与过程研究"国家重点基金的支持下,以上述章节为理论基础,笔者开发了地下洞室群三维弹塑性损伤动力显式有限元计算平台。该程序通过理论测试后,在我国西南众多地下厂房洞室群、水利枢纽边坡等岩体抗震稳定分析中成功应用。计算结果为工程的抗震设计提供了一定的计算支撑和参考意见。本章结合我国西南金沙江某大型水利枢纽右岸地下厂房洞室群和左岸进水口边坡的围岩抗震稳定分析,说明本书程序在实际工程应用中的适用性,并对动力时程法计算中洞室群围岩稳定的评判准则进行一些探讨。

7.1 工程区地震波荷载确定

我国西南某水利枢纽工程区地处青藏高原东南川滇山地高山、中高山地区的板块边缘。工程地域历史地震多发,活动性强。1996 年至今,长江设计院即对该水利枢纽的区域构造稳定和抗震防震工作进行了系列研究。期间,多次组织专家进行现场震害调查,区域地质勘测,潜在震源勘察,并于 2008 年在库坝区布设 6 台地震监测仪,获得宝贵的地震记录资料。经专题研究,中国地震局审核批复,在区域和近场地震地质环境调查的基础上,通过地震危险性概率分析,确定工程地震动荷载。其主要结论有:①各潜在震源区对坝址的地震危险性贡献主要来自于普渡河潜在震源区和巧家—东川潜在震源区;②提出坝址不同年限不同超越概率的基岩反应谱,并以此人工合成加速度时程曲线。场地基岩地震动参数建议值见表 7.1-1,场地对应基本烈度为 VII 度。

表 7.1-1　场地基岩地震动参数建议值

设计地震动参数	50 年超越概率		100 年超越概率	
	10%	5%	2%	1%
$A_{max}(\text{gal})$	124	162	265	315
β	2.00	2.00	2.00	2.00
$T_g(\text{sec})$	0.20	0.20	0.20	0.20
$a_h(g)$	0.13	0.17	0.27	0.32

该工程左右岸地下厂房洞室群包括主厂房、主变室及调压室,三大洞室平行布置。洞室群地质条件复杂,洞室结构巨大,施工开挖错综复杂。地震灾变对该地下厂房的长期正常运行具有较大影响,研究地震灾变中地下洞室群围岩的动力响应机理,校核地震动荷载作用下洞室群围岩稳定特性是十分必要的。本工程实例在洞室开挖优化分析的基础上,基于洞室开挖完成后的围岩状态,应用中国地震局批复的场地地震特征研究成果,采用本书三维弹塑性损伤显式动力有限元计算程序 SUCED 进行洞室围岩稳定抗震分析,以便复核地震工况下洞室稳定情况,为抗震设防措施提供建议,同时验证本书程序在解决实际工程抗震问题方面的适用性。

7.1.1　地震波的选取

根据《规范》1.0.6 规定:“对做专门地震危险性分析的工程,其设计地震加速度代表值的概率水准,对壅水建筑物应取基准期 100 年内超越概率 P_{100} 为 0.02,对非壅水建筑物应取基准期 50 年内超越概率 P_{50} 为 0.05。”据此,本书计算中该工程右岸地下厂房地震加速度时程,选取表 7.1-1 中 50 年超越概率为 5% 的场地基岩地震动参数建议值。云南省地震工程研究院按照该标准,生成了坝址场地设计加速度反应谱和三条水平人工加速度时程。其中,设计加速度反应谱代表值 $a_h = 162\ \text{cm/s}^2(0.17g)$,最大值 $a_{max} = 324\ \text{cm/s}^2(2 \times 0.17g)$,最小值 64.8 $\text{cm/s}^2(20\% \times a_{max})$,满足规范要求。

对于地下厂房洞室群动力时程计算,根据《规范》4.5.8 条,应分别采用三条

·201·

人工拟合地震波作为数字波荷载,进行三维弹塑性损伤动力有限元计算,并对三种动力计算结果进行综合分析,确定洞室抗震计算的最危险结果。在项目专题研究中,笔者对三条波均进行了计算。从计算结果看,三条波动荷载分别作用下,该工程右岸地下厂房洞室群围岩稳定特征指标基本相同,仅第二条波作用下洞周围岩开裂区深度及开裂总体积略有增加,且洞室局部损伤系数较其他两条波大。综合比较,选取第二条波为控制荷载。限于本书篇幅限制,后文不再详述第一、三条地震波的计算结果,而主要阐述第二条波的计算结果。

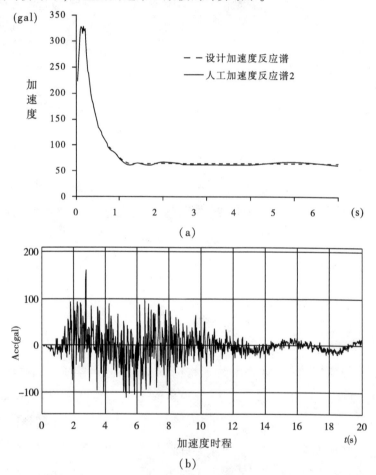

图7.1-1 人工合成地震波加速度反应谱和时程(第二条)

7.1.2 阻尼设定

地下洞室围岩阻尼一般需要进行现场测试。目前该工程右岸地下厂房洞室群尚处于可研阶段,试验条件不成熟的情况下,根据以往类似工程经验,选取岩体阻尼比为5%。同时,与设计反应谱的5%阻尼比吻合。

7.1.3 滤波及基线校正

为优化有限元模型的固有频率范围,确定合理的单元特征长度,保障计算精度,需对计算地震波的频段范围进行优选。从图7.1-1看出,人工合成地震波的周期范围是0.04 ~ 6 s,相应频率范围为0.17 ~ 25 Hz。对人工地震波进行傅里叶变换,从其能量谱7.1-2看,在15 Hz之后波的能量已较小。因此,本次计算对人工地震波以0 ~ 15 Hz为窗口进行滤波和基线校正,同时确保峰值加速度保持不变。处理后的地震波时程见图7.1-3。

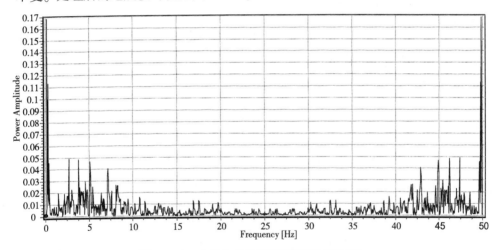

图7.1-2　人工合成地震波能量谱(第二条)

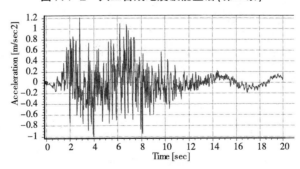

图7.1-3a　处理后加速度时程(第二条)

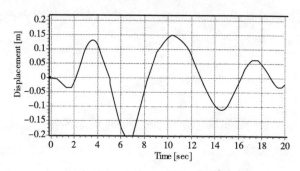

图7.1-3b　处理后位移时程(第二条)

7.1.4 入射时程荷载

我国现有规范尚未对大型地下洞室群的地震波的入射方向做出明确规定。根据该工程区抗震调查,可能的地震主要为远场地震。且该工程右岸地下厂房埋深相对较浅,距河谷地表较近。我们可以认为地震时,地震波在洞室工程区是竖直向上传播的。

对于空间三个方向地震波的分配,水工抗震规范也未做出明确规定。从安全角度考虑,本次计算水平面内考虑最不利顺水流向的地震作用,并同时考虑竖直向地震作用。其中,水平向地震波时程可采用7.1.3小节中进行过滤波和基线校正处理的人工加速度时程,竖直向地震波时程根据《规范》4.3.2可取水平向人工地震波的2/3。

《规范》9.1.2规定,基岩面下50 m及其以下部位的设计地震加速度代表值可取场地波的50%。因此,上述各分量地震波均取相应地表场地设计波的50%。另需说明,如5.1.3所述,笔者主张地下洞室群地震波荷载的折减系数通过实际反演确定。但在项目抗震专题研究工作时,为了符合现行规范要求,工程计算中依然选用了50%的折减系数。

7.2 右岸地下厂房洞室群抗震围岩稳定分析

右岸地下厂房洞室群初始地应力相对较高,地层岩性复杂,影响范围内的围岩主要由落雪组第三、四段组成。整体围岩以Ⅱ、Ⅲ类为主,尾调室下游局部地段为 IV 类围岩。从静力开挖计算分析结果看,三大洞室洞周均有部分开裂区分布。在现有支护措施下,地震灾变中围岩稳定值得关注。本小节以该地下洞室群为工程依托,采用本书开发的三维弹塑性损伤显式有限元动力计算程序 SUCED,应用云南省地震工程院提供的人工地震波时程,对右岸地下厂房洞室围岩进行动力时程分析,评价洞室群围岩稳定特性。

7.2.1 工程概况

7.2.1.1 计算模型

有限元计算模型采用六面体八结点单元,共划分等参单元 191 738 个,涵盖洞室群主要建筑物,包括主厂房、主变洞、尾调室、引水管、尾水管及拱坝坝肩等。模型坐标原点位于 12#机组中心线,X 轴与厂房轴线方向垂直,指向下游为正;Y 轴与厂房轴线方向重合,从 12#机组指向 7#机组为正;Z 轴与大地坐标重合,指向上为正。沿 X、Y、Z 轴三个方向的计算范围分别为 392.30 m,493.80 m,320.07 m。沿 X 轴方向计算范围从 -130.90 m 到 261.40 m,沿 Y 轴方向计算范围从 -123.80 m 到 370.00 m,沿 Z 轴方向计算范围从高程 680.50 m 到高程 1 000.5 m。模型左侧建立到河谷边坡,包含右岸拱坝坝肩开挖岩体,计算模型包含 F42 断层。厂房整体模型网格剖分及材料划分见彩图 13,洞室群开挖模型见彩图 14。

模型网格最大单元特征尺寸 10 m,以最大网格单元特征尺寸不大于 1/10 波长考虑,按照最小波速 1 487.8 m/s 计算,适用计算地震波最高频率为 15 Hz,能满足上述 7.1 小节滤波和基线校正后的人工地震波频段要求。

7.2.1.2 岩体材料及支护参数

右岸地下厂房洞室群地层岩性复杂,影响范围内的围岩主要由落雪组第三段(Pt_{21}^{3-1}、Pt_{21}^{3-2}、Pt_{21}^{3-3}、Pt_{21}^{3-4}、Pt_{21}^{3-5})及落雪组第四段(Pt_{21}^{4-1}、Pt_{21}^{4-2})组成。整体围岩以 II、III 类为主,岩体材料参数较好。但落雪组第四段第一亚段,岩体较破碎,材料参数较差。围岩以厚层灰岩为主,局部有薄层状岩体,但各向异性特征不是很明显。在本次动力时程计算中,岩体材料参数采用地质部门建议值,见表 7.2-1,洞室群支护参数见表 7.2-2。

表 7.2-1　右岸厂房洞室群模型材料参数表

材料	变形模量（GPa）	泊松比	C（MPa）	f	抗压强度（MPa）	压缩波波速 Cp(m/s)	剪切波波速 Cs(m/s)	备注
1#	17.5	0.25	1.3	1.1	57	8 819.2	5 091.8	Pt_{21}^{3-2},II2 亚类
2#	21.5	0.24	1.6	1.3	75	9 687.9	5 666.5	Pt_{21}^{3-3},II2 类
3#	17.5	0.25	1.3	1.1	57	8 819.2	5 091.8	Pt_{21}^{3-4},II2 亚类
4#	17.5	0.25	1.3	1.1	65	8 819.2	5 091.8	Pt_{21}^{3-5},II2 亚类
5#	6	0.29	0.8	0.85	40	5 396.4	2 934.8	Pt_{21}^{4-1-1},III2 亚类
6#	1.2	0.34	0.6	0.7	22	2 615.5	1 287.8	Pt_{21}^{4-1-2},IV2 亚类
7#	6	0.29	0.8	0.85	40	5 396.4	2 934.8	Pt_{21}^{4-1-3},III2 亚类
8#	21.5	0.24	1.6	1.3	75	9 687.9	5 666.5	Pt_{21}^{3-1},II2 类
F42	0.4	0.32	0.1	0.36	30	1 456.0	749.1	断层

说明:本次动力时程计算未考虑材料参数在动力情况下的增强。

表 7.2-2　右岸地下厂房洞室群开挖支护参数表

支护部位		支护参数
主厂房	顶拱	锚杆:Φ32/32@1.5m×1.5 m,L=6 m/9 m,其中9 m 为张拉锚杆,6 m 为砂浆锚杆;喷钢纤维砼 15 cm
	边墙	锚杆:Φ32/32@1.5 m×1.5 m,L=6 m/9 m,其中9 m 为张拉锚杆,6 m 为砂浆锚杆; 喷钢纤维混凝土:厚15 cm(水轮机层以上);喷混凝土:厚10 cm(水轮机层以下);锚索:2 500 kN@4.5 m×4.5 m,L=25 m(与主变洞间布设对穿预应力锚索)
	尾水管	砂浆锚杆:Φ32@1.5 m×1.5 m,L=6 m;局部喷 10 cm 混凝土

支护部位		支护参数
主变洞	顶拱	砂浆锚杆:$\Phi 32@1.5$ m×1.5 m,$L=6$ m;喷混凝土 10 cm
	边墙	砂浆锚杆:$\Phi 32@1.5$ m×1.5 m,$L=6$ m;喷混凝土 10 cm 锚索:2 500 kN@4.5 m×4.5 m,$L=25$ m
	母线廊道	砂浆锚杆:$\Phi 32@1.5$ m×1.5 m,$L=6$ m
调压室	顶拱	锚杆:$\Phi 32@1.5$ m×1.5 m,$L=6$ m/9 m,其中 9 m 为张拉锚杆,6 m 为砂浆锚杆; 检修平台以上喷钢纤维砼厚 15cm;检修平台以下喷素砼厚 10 cm; 锚索:2 500 kN@6.0 m×6.0 m,$L=25$ m
	边墙	锚杆:$\Phi 32/32@1.5$ m×1.5 m,$L=6$ m/9 m,其中 9 m 为张拉锚杆(811.10 高程以上);$\Phi 32@1.5$ m×1.5 m,$L=6$ m(811.10 高程以下); 喷钢纤维砼:厚 15 cm; 锚索:2 500 kN@6 m×6 m,$L=20\sim25$ m

7.2.1.3 初始地应力及边界条件

在动力时程分析前,首先根据现场钻孔实测地应力数据,采用基于正交多项式的初始地应力场反演方法,并模拟山体剥蚀过程,反演该工程地下洞室群场区初始地应力场。采用三维弹塑性损伤有限元计算程序,按照施工开挖顺序,并考虑系统支护措施,模拟地下厂房洞室群的开挖过程。将洞室开挖完成后的围岩扰动应力场作为地下厂房洞室群动力有限元时程分析的初始地应力场。

根据场区抗震调查,可能的地震主要为远场地震。且该工程右岸地下厂房埋深相对较浅,距河谷地表较近。可以认为地震时,地震波在洞室工程区是竖直向上传播的。因此,采用3.3 小节中,模型底部和顶部施加粘弹性人工边界,模型四周施加自由场人工边界,同时考虑无限域地震波动场的传播和地表自由面反射波的影响。

为便于结果分析,沿三个尾调室中心线选取了三个洞室群典型断面,分别是 4#

尾调室断面、5#尾调室断面、6#尾调室断面。沿尾水洞断面为 $X=191$。（图 7.2-1）

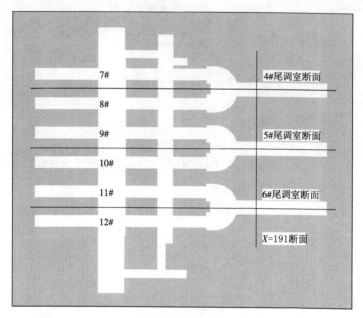

图 7.2-1 典型断面位置示意图

7.2.2 围岩抗震稳定分析

7.2.2.1 洞周围岩破坏区发展规律

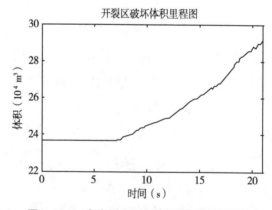

图 7.2-2 右岸洞室群围岩开裂区体积时程

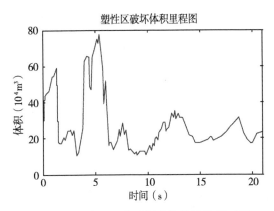

图 7.2-3　右岸洞室群围岩塑性区体积时程

表 7.2-3　右岸地下厂房洞室群地震过程破坏体积表

时刻	开裂体积(m³)	塑性体积(m³)	总破坏体积(m³)
地震前	236 932.0	198 986.0	642 617.0
地震后	291 738.4	235 538.7	714 929.1
最大值	291 738.4	776 407.5	1 068 146.0

（1）地震过程中,洞室群围岩受地震波动应力场的影响,岩体应力和应变处于波动状态。动力时程计算时,在静力开挖破坏状态的基础上,根据应力和应变破坏判别准则,分别记录了整体模型范围内的塑性破坏体积、开裂破坏体积和总破坏体积。以下分别从不同破坏体积时程曲线规律进行分析。

从图 7.2-2 可以看出,在地震动荷载作用下,洞周围岩开裂体积随时间累计增长。开始时刻开裂体积为 236 932.0 m³,与有支护开挖完毕时基本相同,往后随着地震动作用,开裂体积一直增大到 291 738.4 m³,增加 23.1%。这主要是因为地震过程中围岩在地震波的作用下,表现为循环加卸载过程,弹性变形恢复,而塑性变形则累积增加,致使围岩总体应变逐渐增加,从而使得洞周围岩开裂体积逐渐增大。这一点,从图 7.2-2 和图 7.2-3 的对比也可以看出,在 7 s 时刻之前洞周围岩塑性体积较大,洞周围岩塑性变形得到充分的累积。正是由于塑性应变的积累,致使 7 s 后洞周围岩总应变逐渐达到拉裂破坏标准,围岩开裂体积开始增加。

从图 7.2-5 可以看出，在地震动荷载作用下，洞周围岩塑性体积随时间波动发展。开始时刻塑性区体积为 198 986 m³，与有支护开挖完毕时基本相同，往后随着地震动作用，塑性体积波动发展，最大达到 776 407.5 m³，最后时刻为 235 538.7 m³，增加 18.4%。这主要是因为地震过程中围岩应力受附加地震应力场的影响，处于波动状态，围岩循环加卸载，塑性区与弹性区交替出现。从图 7.2-3 看，破坏区体积较大时段主要集中于 0 ~ 7 s，这与输入人工地震波时程 0 ~ 7 s 的第一个峰谷波段基本吻合，往后地震波荷载虽有峰谷出现，洞周围岩塑性区体积亦有波动，但最大塑性体积已较 0 ~ 7 s 第一个峰谷时段有所减小。这主要是因为，地震中围岩处于加卸载的循环作用过程中，在加载时若应力超出屈服面，岩体屈服，应力在屈服面上流动，而在卸载时应力远离屈服面。因此，对于峰谷振幅基本相同的正弦形地震波，其地震附加应力场的加卸载应力量值基本相同，那么受屈服面的限制，加载时洞周围岩应力上升有限，而卸载时应力降低较多，从而造成第一个峰谷波段过后，洞周围岩应力有较大释放，应力量值降低，在后续的地震波作用过程中，围岩塑性区峰值体积有所减小。从上述洞周围岩塑性区的发展规律可见，在地震波第一个峰谷段是洞周围岩塑性区体积最大的时段，往后洞周围岩应力有一定程度释放，塑性区体积有所减小。

从上述洞周围岩开裂区体积的发展看，开裂体积随地震作用累积增加，最后时刻为围岩开裂失稳的控制时刻；塑性体积随地震作用波动发展，第一个峰谷波段的 5.4 s 时刻为围岩塑性失稳的控制时刻。

（2）地震过程中，随着地震波的传播，洞周围岩破坏状态处于动态调整过程，但任何破坏形式产生的岩体损伤都会逐步累积增加。从各机组段损伤系数分布规律看，洞室开挖完毕损伤较严重的区域主要分布在尾调室多洞交口处，其中上游岩柱底部、尾调室间下部隔岩等部位较严重，损伤系数达到 0.046。同时落雪组第四段穿过的部分尾水洞洞周围岩损伤也较严重，损伤系数达到 0.092；地震作用完毕后，损伤较严重区域分布规律与洞室开挖完毕时基本相同，其中上游岩柱底部、尾调室间下部隔岩等部位损伤系数达到 0.138，增加 200%，落雪组第四段穿过的部分尾水洞洞周围岩损伤系数达到 0.345，增加 275%。这说明，在洞室开挖中损伤较严重的部位在地震作用下会更加严重。这主要是因为，在静力条件下已破坏损伤的岩体，在地震波动应力场的扰动下，更加容易进入破坏状态，并在地震过程中,损伤逐渐累积。因此,在洞室开挖中应尽量减小对原岩的扰动,并对破坏较严重的地区加强局部支护,以便提高围岩的抗震性能。总体来看,地震前后围岩损伤系数分布范围基本未变,说明地震作用下洞室围岩的整体稳定性较好。但是开挖完成后洞室交口、尾闸室隔岩等局部损伤严重的部位,在地震过程中损伤系数增加明显。因此,应注意洞室交口、尾闸室隔岩等部位在长持时地震作用下的损伤累积引起的局部失稳破坏。

(3)从主厂房部位洞周塑性区、开裂区深度看,主厂房上游边墙破坏区深度在地震过程中有一定发展,其中塑性区深度由(6.6~9.6 m,9.6 m)发展到最大(9.6~13.6 m,13.6 m),地震结束后维持在(6.6~9.6 m,13.6 m);开裂区深度由(1.7~4.2m,4.2 m)发展到最大(6.6~9.6 m,9.6 m),地震结束后维持在(6.6~9.6 m,9.6 m)。可见顺水流向地震波荷载对主厂房上游边墙破坏有较大影响,其中某段时间内塑性区深度最大到达13.6 m,超出锚杆的支护范围,但在锚索的控制范围内,且持续时间较短,对主厂房上游边墙围岩稳定影响较小。地震结束时主厂房洞周开裂区深度达到最大值9.6 m,较洞室开挖完毕时增加129%,增幅较大,但破坏深度在锚杆、锚索的控制范围内,主厂房上游边墙围岩基本稳定。

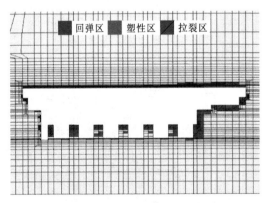

图 7.2-4　主厂房围岩破坏区图(震后)

主厂房顶拱和下游边墙破坏区深度在地震过程中也有一定发展,但增幅没有上游边墙显著。地震前后顶拱和下游边墙的塑性区、开裂区深度基本未变,仅地震过程中某时段最大塑性区深度有所增大,最大在5.5 m左右,作用时间较短,在支护措施的控制范围内。

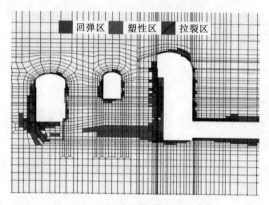

图7.2-5　6#尾调室断面围岩破坏区图(震后)

　　由上述可见,顺河向地震作用对主厂房上游边墙破坏区影响较大,而对主厂房顶拱和下游边墙影响相对较小,主要是由于在洞室开挖完毕时,上游边墙破坏区范围及深度较顶拱和下游边墙大,围岩破坏相对严重。因此,在地震作用下该部位更容易进入塑性区,塑性累积变形严重,更容易发生拉裂破坏。

　　从主厂房纵轴线方向看,地震完成后,主厂房上游边墙表层开裂区分布范围较广,下游边墙表层局部进入开裂区,塑性回弹区域较广。两侧端墙局部进入破坏区,深度在6 m范围之内。机窝隔岩破坏较严重,大部分进入开裂区和塑性区。7#～12#机组段,破坏区分布范围逐渐增大,破坏区深度逐渐增加。这与洞室开挖完毕时的分布规律基本相同。

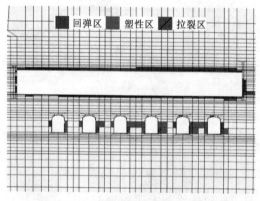

图7.2-6　主变洞轴线断面围岩破坏区图

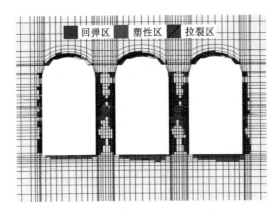

图7.2-7　尾调室轴线断面围岩破坏区图

F42断层穿过处位于主厂房右侧安装场段,地震前,断层穿过顶拱部位全部进入塑性开裂区。地震完成后,断层附近岩体破坏区分布范围基本未变,深度有所增加。断层穿过顶拱部位开裂区深度最大3.7 m,与地震前基本相同;上游边墙开裂区最大6.9 m,与地震前基本相同;下游边墙开裂区最大6.9 m,较地震前4.4 m有所增大。可见,在采用支护措施后,地震情况下断层F42附近围岩破坏区有所增大,但幅度较小,围岩基本稳定。

(4)从地震过程中主变洞部位洞周塑性区、开裂区深度发展看,主变洞上游边墙破坏区深度在地震过程中有一定发展,其中塑性区深度由(1.7~3.7 m,3.7 m)发展到最大(8.2~10.7 m,10.7 m),地震结束后维持在(3.7~6.0 m,6.0 m),开裂区深度由(1.7~3.7 m,3.7 m)发展到最大(1.7~5.7 m,5.7 m),地震结束后维持在(1.7~5.7 m,5.7 m)。可见顺水流向地震波荷载对主变室上游边墙破坏有较大影响,其中某段时间内塑性区深度最大到达10.7 m,超出锚杆的支护范围,但在对穿锚索的控制范围内,且持续时间较短,对主变洞上游边墙围岩稳定影响较小。地震结束时主变洞洞周开裂区深度达到最大值5.7 m,位于母线洞与主变洞交口部位,较地震前增加54.0%,增幅较大,但破坏深度在锚杆、锚索的控制范围内,主变洞上游边墙围岩基本稳定。

主变洞顶拱和下游边墙破坏区深度在地震过程中也有一定发展,但增幅没有上游边墙显著。地震前、后顶拱和下游边墙的塑性区、开裂区范围及深度基本未变,仅地震过程中某时段最大塑性区深度有所增大,最大在3.7 m左右,持续时间较短,在支护措施的控制范围内。

由上述可见,在顺河向地震作用对主变室上游边墙破坏区影响较大,而对主变室顶拱和下游边墙影响相对较小。其原因与主厂房相同,均是由于地震前上游侧边墙破坏区就较大,在地震作用下,围岩破坏区更容易进一步发展。

从主变洞纵轴线方向看,地震完成后,上游边墙沿主变洞轴线表层破坏区范围较大,其中开裂区主要分布于10#~12#机组段,塑性区主要分布于7#~9#机组段,且大部发生回弹。下游边墙表层部分进入破坏区,开裂区范围较小,主要分布于10#~12#机组段。这与洞室开挖完毕时的分布规律基本相同。

(5)从地震过程中尾调室部位洞周塑性区、开裂区深度发展看,尾调室上游边墙破坏区深度在地震过程中有一定发展,其中塑性区深度由(5.7~6.4 m,6.4 m)发展到最大(6.4~14.8 m,14.8 m)。地震结束后维持在(6.4~9.8 m,9.8 m),开裂区深度由(1.7~3.0 m,3.0 m)发展到最大(3.0~5.0 m,5.0 m),地震结束后维持在(3.0~5.0 m,5.0 m)。可见顺水流向地震波荷载对尾调室上游边墙破坏有较大影响,其中某段时间内塑性区深度最大达到14.8 m,超出锚杆的支护范围,但在对穿锚索的控制范围内,且持续时间较短,对尾调室上游边墙围岩稳定影响较小。地震结束时尾调室上游侧开裂区深度达到最大值5.0 m,位于尾水管与尾调室交口部位,较地震前增加67.0%,增幅较大,但破坏深度在锚杆、锚索的控制范围内,尾调室上游边墙围岩基本稳定。

尾调室顶拱和下游边墙破坏区深度在地震过程中也有一定发展,但增幅没有上游边墙显著。地震前、后尾调室顶拱的塑性区、开裂区范围及深度基本未变,下游边墙局部塑性区3.6 m,较地震前1.5 m有所增大,局部开裂区1.6 m,较地震前0.5m有所增大。但破坏区深度均在锚杆、锚索等支护控制范围内,围岩基本稳定。

尾调室间隔岩地震前后破坏区基本未变,地震中隔岩基本稳定。

由上述可见,顺河向地震作用对尾调室上游边墙破坏区影响较大,而对尾调室顶拱和下游边墙影响相对较小。这主要因为:①地震前上游侧边墙破坏区较大,在地震作用下,围岩破坏区更容易进一步发展;②下游边墙为圆筒形,顶拱为半球形,结构受力情况较好,对围岩抗震较为有利。

(6)地震完成后,在6#尾水洞 Pt_{21}^{4-1-2} 软弱岩层穿过处,洞周围岩主要以开裂破坏为主,其中顶拱开裂区深度8.0 m,较地震前3.0 m有较大增加,两侧边墙开裂区深度10.2 m,较地震前5.0 m有较大增加。在地震中,该部位可能发生局部破坏。建议在施工中加强该部位的局部支护,锚杆长度9～12 m,以防止地震情况下洞室围岩的局部破坏。

综上所述,在地震波动荷载作用下,右岸厂房洞室群围岩开裂体积由地震前的236 932.0 m³逐渐增大,到地震完成时达291 738.4 m³,增加23.1%,这主要是受塑性应变累积作用的影响;洞室群塑性体积由震前的198 986.0 m³震荡发展,在5.4 s时刻达到最大776 407.5 m³,地震完成时达到235 538.7 m³,增加18.4%。塑性区体积较大时段主要集中于0～7 s,即输入地震波荷载的第一个峰谷波段。这主要是地震附加应力场和岩体塑性屈服流动共同作用的结果。从洞周围岩损伤系数分布情况看,地震前后其损伤分布范围及规律基本相同,但在地震作用下围岩损伤劣化明显,表现出在洞室开挖中损伤较严重的部位在地震作用下会更加严重。从主厂房破坏区深度看,主厂房上游侧边墙受地震影响较顶拱及下游侧大,最大开裂区深度由地震前的4.2 m,增大到地震后的9.6 m;从主变洞看,其上游侧边墙受地震影响较大,最大开裂区深度由震前的3.7 m,增大到地震后5.7 m;从尾闸室看,也表现出上游侧受地震影响较大,最大开裂区深度由震前的3.0 m,增大到地震后的5.0 m;其他小洞室破坏区深度亦有一定增大,但量值较小。

总体看来,在地震作用下右岸地下厂房洞室群洞周围岩破坏区有一定程度的发展,表现出震前破坏区较大的岩体在地震中其破坏区发展会更严重。但从计算结果看,地震过程中及地震完成后,洞周围岩的塑性区和开裂区范围及深度均在锚杆、锚索等支护的控制范围内,整体洞室围岩稳定性较好。但同时应该注意洞室交口、断层穿过带、落雪组第四段穿过带等局部围岩是震中破坏区发展较严重的地方,在施工中应加强局部支护,确保这些部位在地震中的局部围岩稳定。

7.2.2.2 洞周围岩应力发展规律

地震过程中,围岩应力随地震波的传播处于动态调整中。需要说明的是:从安全角度考虑,下文围岩承载强度选取静力试验值,未考虑动载情况下岩石强度的提高;下文约定应力压为负,拉为正。

(1)地震过程中,洞周围岩在地震波动应力场的扰动下,应力不断调整,处于动态震荡状态。统计地震过程中洞周围岩的最大第一、三主应力,并绘制各机组段应力包络图(彩图15、彩图16),可见在地震过程中,主厂房顶拱第一主应力包络值在(-9.01 ~ -10.67,-12.14)MPa,上游边墙第一主应力包络值在(-19.13 ~ -23.57,-41.29)MPa,最大值位于拱座部位,下游边墙第一主应力包络值在(-14.83 ~ -15.50,-41.29)MPa,最大值位于拱座部位;主厂房顶拱第三主应力包络值在(0.41 ~ 0.86,0.96)MPa,上游边墙第三主应力包络值在(0.83 ~ 0.90,0.96)MPa,下游边墙第三主应力包络值在(0.40 ~ 0.80,0.96)MPa。从上述统计结果可见,地震过程中主厂房围岩压应力最大达到-41.29 MPa,位于拱座部位,最大拉应力0.96 MPa,围岩应力量值均在岩体的承载范围内。主变洞、尾闸室包络应力量值均比主厂房小,在此不再赘述,围岩应力亦在岩体的承载范围内。总体来看,洞室群洞周围岩应力在地震附加应力场的作用下动态调整,应力峰值持续时间较短,且均在岩体的承载强度范围内,围岩基本稳定。

(2)地震作用完成后,受地震卸荷作用的影响,洞周围岩应力量值较地震前均有一定程度的降低。震后主厂房洞周围岩第一主应力降低0.12 ~ 1.25 MPa,第三主应力降低0.11 ~ 0.39 MPa(彩图17、彩图18)。说明,在地震荷载作用下,洞周围岩塑性位移等不可恢复变形有一定程度发展,造成震后围岩应力有一定程度释放,洞周围岩趋于松弛。但从降低量值看,较洞室开挖时围岩应力5 ~ 10 MPa扰动要小得多。可见,地震作用对洞周围岩应力场的影响不是很大。

(3)地震完成后洞周围岩应力基本在围岩的承载范围内。对比地震前后洞周第三主应力分布规律,可看出震后洞周围岩拉应力的分布范围有一定扩大,尤其是主厂房上游边墙处。最大拉应力深度由6.4 m最大9.6 m。说明,地震波荷载对自由面附近的拉应力区分布有一定影响。但总体来看,地震后洞周围岩拉应力区均在锚杆、锚索等支护控制范围内,围岩基本稳定。

综上所述,洞室群洞周围岩应力在地震附加应力场的作用下处于动态调整的状态,应力峰值一般持续时间较短。从围岩应力包络值统计看,最大压应力-41.29 MPa,最大拉应力0.96 MPa,且均在岩体的承载强度范围内。地震作用完成后,受地震卸荷作用的影响,洞周围岩应力量值较地震前均有一定程度的降低,其中第一主应力降低幅度0.12 ~ 1.25 MPa,第三主应力降低幅度0.11 ~ 0.39

MPa,说明震后洞周围岩有一定松弛。但从降低幅度看,较洞室开挖时的扰动要小得多。从震后第三主应力的分布范围看,拉应力范围有一定扩大,尤其是主厂房上游边墙处。但拉应力区基本在支护有效控制范围内。从洞周围岩应力分布角度看,洞室围岩基本稳定。

7.2.2.3 洞周围岩位移发展规律

从宏观整体地壳尺度看,地震发生时,地震波在包含洞室群的广阔震区岩体中传播,洞室群围岩的运动状态主要表现为随地震波的空间波动运动;而从细观地下厂房洞室群不同结构布置尺度看,地震过程中,洞室不同部位波动状态的相位差及地震波的衍射效应,表现出洞室群不同部位有不同的整体位移,从而产生一定的相对位移。根据地下洞室群的波动多尺度特征,分别从洞室群宏观整体位移和洞室群细观相对位移,分析地震过程中洞室群的运动规律及围岩稳定特性。

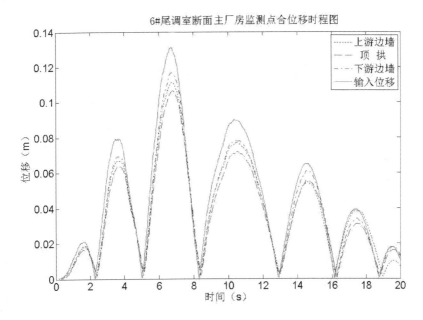

图 7.2-8 主厂房监测点 X 向位移时程

(1)将地震波输入时程与不同机组段主厂房、主变洞、尾闸室等部位监测点整体位移时程相对比,可以看出各监测点的位移时程波形与输入地震波基本一致。说明,仅从波动过程来说,地震过程中各监测点塑性位移发展较小,主要为波动弹性位移。并未出现持续的塑性流动现象。在地震过程中,岩体大部变形可以恢复。说明,地震过程中,整体地震洞室群的围岩是基本稳定的。

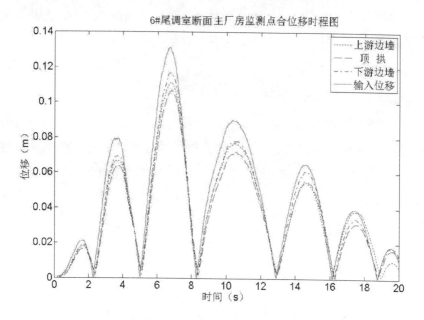

图7.2-9　主厂房监测点合位移时程

（2）从各监测点的位移时程看,三大洞室两侧边墙及顶拱监测点位移幅值较输入地震波峰值有所降低。这主要是因为：①计算中设置岩体阻尼比0.05,地震波在传播过程中被吸收,且考虑塑性、开裂等破坏形式后,对地震波能量有一定耗散,这些均使得地震波在传播过程中损失、耗散；②三大洞室两侧边墙竖直,与地震波的传播方向基本平行,使得地震波在两侧边墙的自由面处不发生反射,从而在三大洞室两侧边墙不产生放大效应；③地震波自下而上传播过程中,在三大洞室顶拱部位形成衍射,使其波动效应降低。总体来看,洞室群围岩整体运动规律与输入波形较一致,计算结果合理。

（3）从细观角度看,各洞室顶拱、边墙等部位相对洞室底板的位移,可以间接反映洞室围岩的相对变形情况。三大洞室各以其底板中部点为相对原点,主厂房洞周相对位移在10.8 mm之内,主变洞相对位移在1.5 mm之内,尾调室相对位移在22.7 mm之内。仅从量值比较看,地震作用下洞室群的相对位移较静力开挖产生的围岩变形要小。以此看来,地震对洞室围岩变形的影响没有开挖卸荷影响大。

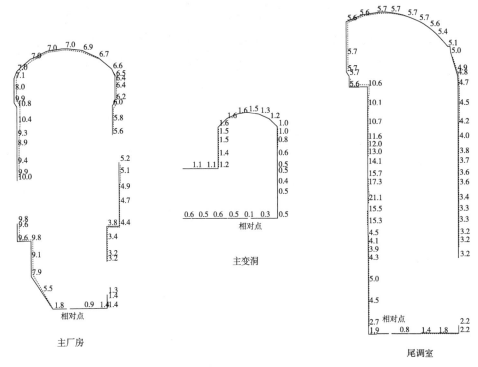

图7.2-10　12#机组段三大洞室相对位移图

　　(4)从主厂房洞周围岩相对位移看,在8#机组段附近,主厂房顶拱相对位移4.2 mm,上游边墙相对位移3.8 mm,下游边墙相对位移3.8 mm,且呈现出自下而上相对位移逐渐增大的趋势。这主要是因为,在以弹性位移为主的波动场中,距离越远,则波动相位差越大,从而造成相对位移越大。进一步说明,地震过程中8#机组段附近主厂房洞周围岩位移以弹性位移为主,塑性位移发展较小,洞室围岩基本是稳定的;在10#机组段附近,主厂房顶拱相对位移6.7 mm,上游边墙相对位移7.9 mm,下游边墙相对位移5.9 mm。相对位移较8#机组段有所增大,这主要因为震前及地震中,10#机组段洞周塑性区范围及深度较8#机组段大,使得在地震作用下洞周围岩塑性位移累积较8#机组段大。同时,最大相对位移位于上游边墙,也说明该部位累积塑性位移较大,与该机组段塑性区的分布规律是一致的。在12#机组段附近,主厂房顶拱相对位移7.0 mm,上游边墙相对位移10.0 mm,下游边墙相对位移6.2 mm。相对位移较8#、10#机组段均有所增大,这说明在地震作用下该机组段塑性位移累积较大。

总体看来,主厂房相对位移呈现出自8#到12#逐渐增大的趋势,上游边墙相对位移较顶拱及下游边墙大,这与洞周围岩破坏区的发展规律是基本一致的。这充分说明,受破坏区分布的影响,在地震作用下洞室不同部位塑性位移累积发展不同。在破坏严重的部位,其塑性位移发展较严重,对洞室围岩稳定不利。从计算结果看,在地震作用下主厂房洞周围岩产生了一定的不可恢复的塑性位移,但洞周相对位移较小,洞室围岩基本稳定。

(5)从主变洞洞周围岩相对位移看,各机组段均呈现出自下而上相对位移逐渐增大的趋势,最大位于顶拱部位,约1.5 mm,较主厂房小。这主要是因为主变洞高度小,波动相位差相对较小。同时,主变洞洞周相对位移基本符合弹性本构下的分布规律,说明在地震作用下,主变洞洞周围岩塑性位移发展较小,非线性变形影响不大。

(6)从尾调室洞周围岩相对位移看,在4#尾调室附近,尾调室顶拱相对位移4.5 mm,上游边墙相对位移4.2 mm,下游边墙相对位移3.8 mm,且呈现出自下而上相对位移逐渐增大的趋势。说明,在地震过程中,4#尾调室洞周围岩塑性位移发展较小。在5#尾调室附近,主厂房顶拱相对位移5.5 mm,上游边墙相对位移22.7 mm,位于高边墙中部,下游边墙相对位移4.3 mm。上游边墙相对位移明显增大,说明该部位塑性位移发展较大。在6#尾调室附近,主厂房顶拱相对位移5.7 mm,上游边墙相对位移21.1 mm,位于高边墙中部,下游边墙相对位移4.5 mm。上游边墙相对位移较大,说明该部位塑性位移发展较大。

从6#尾调室顶拱及下游边墙的相对位移看,其量值较小,最大5.7 mm。说明,该部位塑性位移较小。可见,在地震中落雪组第四段对调压井下游边墙的影响不是很大。

总体来看,4#尾调室塑性位移发展较小,呈现出波动场以弹性为主的规律。5#、6#尾调室顶拱、下游边墙相对位移均较小,以弹性位移为主,而上游边墙塑性位移发展较大,这与调压井破坏区的发展规律基本一致。可见,尾调室上游边墙是地震中应关注的重点区域。但从计算结果看,尾调室洞周围岩相对位移量值较小,洞室围岩是基本稳定的。

(7)选取落雪组第四段岩层穿过的尾水洞断面($X=191$),从洞周相对位移分布规律看,4#、5#、6#尾水洞均呈现出自下而上相对位移逐渐增大的趋势,最大

1.5 mm。6#尾水洞相对变形较 4#、5#大,主要是因为该部位全部位于落雪组第四段,洞周围岩破坏区相对较大,塑性位移相对发展较严重。但总体来看,尾水洞洞室较小,整体相对变形不是很大,洞周围岩主要以弹性位移为主,洞室围岩基本稳定。

综上所述,从整体位移角度看,三大洞室各监测点的整体位移时程与输入地震波波形基本一致,说明地震中洞周围岩以弹性位移为主,未出现持续的塑性流动现象。同时,受阻尼、地震波的传播方向等影响,三大洞室两侧边墙及顶拱临空面放大效应并不明显。从相对位移角度看,以各洞室底板中心为相对原点,主厂房顶拱、下游边墙均呈现出自下而上相对位移逐渐增大的趋势,这主要是受弹性波动场中的相位差影响。主厂房上游边墙最大相对位移 10.0 mm,位于高边墙中部,而不是发生在距离底板较远的上游边墙顶部。说明上游边墙中部,在地震过程中产生的不可恢复的塑性位移较大,使得相对位移有所增大。主变洞洞室较小,主要呈现出弹性波动场的规律,且相对位移值较小。尾闸室顶拱、下游边墙也呈现出自下而上相对位移逐渐增大的趋势,主要以弹性波动为主,上游边墙最大相对位移位于高边墙中部,为 22.7 mm,有一定的塑性位移积累。总体来看,地震过程中,整个洞室群围岩位移以弹性为主,呈现出弹性波动场的规律,但在局部塑性区较大部位,产生一定的塑性位移累积,震后形成残余位移。但从相对位移量值看,总体较小,洞室围岩基本稳定。

7.2.2.4 洞周支护受力发展规律

地震过程中锚杆、锚索与围岩协调变形,联合受力。支护力随围岩波动过程呈现出震荡发展的趋势,处于动态调整的状态。地震完成后,在残余围岩变形作用下,锚杆受力处于持久状态。鉴于锚杆、锚索等支护措施的受力特性,下文分别从地震过程中支护受力最大值和地震完成后支护受力情况,分析地震作用下锚杆、锚索的受力特征。

(1)从锚杆应力时程图看,随地震过程,部分锚杆受力呈现出累积增加的趋势,也有些锚杆受力呈现出震荡波动的趋势(图 7.2-11、图 7.2-12)。分别抽样统计各机组段典型部位锚杆应力时程,在三大洞室上游边墙、洞室交口等地震中破坏区发展较大的部位,锚杆应力呈现累积增大的趋势,最终应力量值较大,而在三大洞室顶拱、下游边墙等破坏区发展较小的部位,锚杆应力呈现出波动趋势,应力量值较小。这主要是因为,地震过程中,随着洞周围岩塑性区的发展塑性不可恢复位移累积增加,而弹塑性分界线均位于锚固段内,造成锚固段围岩相对位移累积增加,在变形协调情况下,锚杆受力亦累积增加。而在洞周破坏区较小的部位,锚杆应力震荡发展,其相对位移主要受弹性波动场的影响。可见,在地震工况下,原有破坏区的发展及塑性不可恢复变形的累积,对支护受力有较大影响,对支护措施的失效起控制作用。

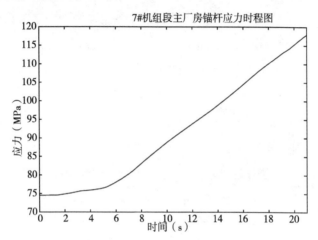

图 7.2-11　主厂房上游边墙锚杆应力时程

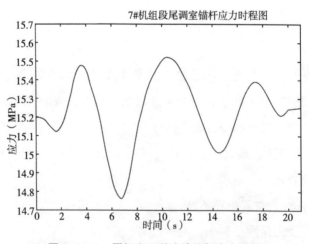

图 7.2-12　尾闸室下游边墙锚杆应力时程

　　(2)统计整个地震过程中锚杆应力包络值(图 7.2-13),可见在整个地震过程中,主厂房有 2.63% 的锚杆应力达到 200 MPa 以上,主变洞有 0.05% 的锚杆应力达到 200 MPa 以上,尾闸室有 1.07% 的锚杆应力达到 200 MPa 以上。但地震过程中,洞室群大部分锚杆应力在允许承载强度范围内。

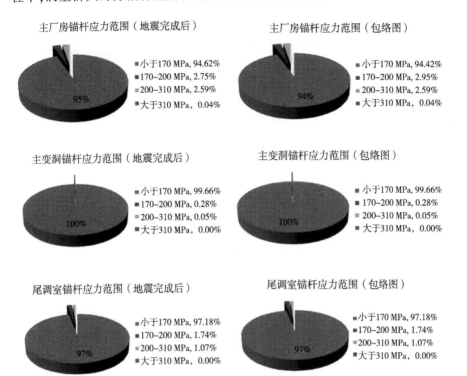

主厂房锚杆应力范围（地震完成后）
- 小于 170 MPa,94.62%
- 170~200 MPa,2.75%
- 200~310 MPa,2.59%
- 大于 310 MPa,0.04%

主厂房锚杆应力范围（包络图）
- 小于 170 MPa,94.42%
- 170~200 MPa,2.95%
- 200~310 MPa,2.59%
- 大于 310 MPa,0.04%

主变洞锚杆应力范围（地震完成后）
- 小于 170 MPa,99.66%
- 170~200 MPa,0.28%
- 200~310 MPa,0.05%
- 大于 310 MPa,0.00%

主变洞锚杆应力范围（包络图）
- 小于 170 MPa,99.66%
- 170~200 MPa,0.28%
- 200~310 MPa,0.05%
- 大于 310 MPa,0.00%

尾调室锚杆应力范围（地震完成后）
- 小于 170 MPa,97.18%
- 170~200 MPa,1.74%
- 200~310 MPa,1.07%
- 大于 310 MPa,0.00%

尾调室锚杆应力范围（包络图）
- 小于 170 MPa,97.18%
- 170~200 MPa,1.74%
- 200~310 MPa,1.07%
- 大于 310 MPa,0.00%

图 7.2-13　锚杆应力范围

(3)地震完成后,部分锚杆受残余塑性变形的影响,锚杆应力有所增大。详细对比各机组段地震前后锚杆受力情况,可见地震完成后洞周锚杆应力均有一定程度增加,尤其是主厂房、主变洞、尾闸室的上游边墙及洞室交口部位,锚杆应力增加幅度较大。地震完成后,主厂房洞周锚杆应力大于 170 MPa 的占 5.38%,达到屈服极限的有 0.04%,锚杆受力较大部位主要位于主厂房上游边墙及洞室交口部位;主变洞洞周锚杆应力大于 170 MPa 的占 0.34%,没有锚杆达到屈服,锚杆受力较大部位主要位于主变洞上游边墙及洞室交口部位;尾闸室洞周锚杆应力大于 170 MPa 的占 2.82%,没有锚杆达到屈服,锚杆受力较大部位主要位于尾闸室上游边墙及洞室交口部位。可见,在地震荷载作用下,洞周围岩会产生一定的不可恢复的塑性位移,锚杆受力有所增加。但从计算结果看,震后绝大部分锚杆应力处于承载范围内。

(4)洞室群静力开挖计算时选取锚索张拉吨位为 250 吨,对应锚索应力为 1 017 MPa,锚索受力 275 吨,对应锚索应力 1 119 MPa,锚索屈服吨位为 457 吨,对应锚索屈服应力为 1 860 MPa。统计整个地震过程中锚索受力包络值,可见在整个地震过程中,主厂房有 1.22% 的锚索受力达到 2 750 kN 以上,尾闸室锚索受力均在 2 500 ~ 2 750 kN 之间。在统计时,主变洞两侧的对穿锚索分别归类于相邻洞室。从计算结果看,地震过程中,洞周锚索应力在承力范围内。(图 7.2-14)

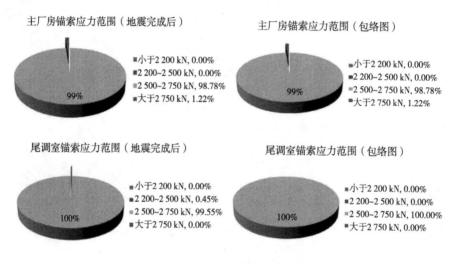

图 7.2-14　锚索应力范围

(5)与锚杆一样,地震完成后,部分锚索受残余塑性变形的影响,锚索应力有所增大。地震完成后,主厂房洞周锚索受力大于 2 750 kN 的占 1.22%,主要位于主厂房上游边墙侧。尾调室锚杆受力均在 2 500 kN 左右。从计算结果看,震后锚索受力均处于承载范围内。

综上所述,地震过程中,大部锚杆受力呈现波动状态,受围岩塑性位移的发展影响,部分锚杆受力呈累积增加的趋势。统计地震过程中三大洞室锚杆应力包络值,仅主厂房有 0.04% 的锚杆应力达到屈服。地震完成后,主厂房洞周锚杆应力大于 170 MPa 的占 5.38%,达到屈服极限的有 0.04%,锚杆受力较大部位主要位于主厂房上游边墙及洞室交口部位;主变洞、尾闸室洞周锚杆应力大于170 MPa

的均较少,没有锚杆达到屈服。地震完成后,整体洞室群锚索受力在 2 500kN 左右,仅主厂房上游边墙有局部锚索应力超过 2 750kN,占 1.22%。总体来看,地震过程中及震后,锚杆、锚索等支护受力震荡发展,局部有所增加,但均在支护措施的承载强度范围内。

7.2.2.5 小结

在地震作用下右岸地下厂房洞室群洞周围岩破坏区有一定程度的发展,表现出震前破坏区较大的岩体在地震中其破坏区发展会更严重。但从计算结果看,地震过程中及地震完成后,洞周围岩的塑性区和开裂区范围及深度均在锚杆、锚索等支护的控制范围内,整体洞室围岩稳定性较好。洞室群洞周围岩应力在地震附加应力场的作用下处于动态调整的状态,应力包络值均在岩体的承载范围内,且受地震卸荷作用的影响,洞周围岩应力量值较地震前均有一定程度的降低。整个洞室群以弹性波动场为主,相对变形较小,仅局部破坏严重部位有少量塑性位移发展。锚杆、锚索等支护措施受力有所增大,但均在支护措施的承载强度范围内。总体来看,地震过程中和地震完成后,整个右岸地下厂房洞室群围岩基本稳定。但应注意洞室交口、断层穿过带、落雪组第四段穿过带等局部围岩是震中破坏区发展较严重的地方,在施工中应加强局部支护,确保这些部位在地震中的局部围岩稳定。

7.3 左岸进水口边坡抗震稳定分析

众多震灾调查表明,边坡、洞脸等部位是岩体工程地震灾变中的薄弱部位,是抗震设防的重点区域。左岸引水发电系统进水口位于近坝库岸,采用岸塔式结构布置,分别设六条引水管道。其中,左侧进水口主要位于落雪组第一段和第二段,岩体相对完整,以 III 类围岩为主。山体表层强、弱风化层相对较浅,且大部开挖,边坡最高 160 多米,且受坝肩槽开挖影响较大。地应力主要以自重为主。本小节以该高边坡为工程依托,采用本书开发的三维弹塑性损伤显式有限元动力计算程序 SUCED,应用云南省地震工程院提供的人工地震波时程,对左岸引水发电系统进水口边坡进行动力时程分析,评价边坡岩体的稳定特性,验证本书程序在解决实际工程边坡抗震分析问题上的适用性。

7.3.1 工程概况

7.3.1.1 计算模型

本次计算有限元模型采用六面体八结点单元,共划分等参单元 64 021 个。模型主要包括左岸进水口边坡、引水隧洞及拱坝拱肩等。模型坐标原点位于1#引水隧洞中心线,X 轴与引水隧洞轴线方向相同,指向下游为正;Y 轴与引水隧洞轴线方向垂直,从6#引水隧洞指向 1#引水隧洞为正;Z 轴与大地坐标重合,指向上为正。沿 X、Y、Z 轴三个方向的计算范围分别为 322.32 m,319.0 m,362.94 m。沿 X 轴方向计算范围从 −141.8 m 到 180.52 m,沿 Y 轴方向计算范围从 −250.75 m 到 68.25 m,沿 Z 轴方向计算范围从高程 835.0 m 到高程 1 197.94 m。边坡整体模型网格剖分见彩图 19 和彩图 20。模型网格最大单元特征尺寸 10 m,以最大网格单元特征尺寸不大于 1/10 波长考虑,按照最小波速 2 946 m/s 计算,适用计算地震波最高频率为 29.5 Hz,能满足上述 7.1 小节滤波和基线校正后的人工地震波频段要求。

7.3.1.2 岩体材料及支护参数

左岸进水口边坡岩性复杂,影响范围内的岩体主要由落雪组第一、二段组成。整体围岩以 III 类为主,岩体材料参数较好。但边坡表层有浅层强风化层、弱风化层分布,岩体较破碎,材料参数较差。边坡整体以厚层灰岩为主,局部有薄层状岩体,但各向异性特征不是很明显。在本次动力时程计算中,岩体材料参数采用地质部门建议值,见表 7.3−1。

表 7.3−1 右岸尾水出口边坡模型材料参数表

材料	变形模量(GPa)	泊松比	C (MPa)	f	抗压强度 (MPa)	压缩波波速 Cp(m/s)	剪切波波速 Cs(m/s)	备注
1#	6	0.28	0.7	0.8	53	5330	2946	Pt_{21}^2,强风化
2#	14	0.27	1.15	0.95	63	8049	4518	Pt_{21}^2,弱风化
3#	15	0.26	1.25	1.05	68	8245	4695	Pt_{21}^2
4#	8	0.26	0.8	0.9	45	6021	3429	Pt_{21}^1,强风化
5#	18	0.25	1.25	1.05	55	8944	5164	Pt_{21}^1,弱风化
6#	19	0.24	1.5	1.25	58	9107	5327	Pt_{21}^1

边坡采用系统锚杆+锁口锚索的支护方式。其中

(1)斜坡段锚杆：$\Phi25/25@2.0\ m×2.0\ m$，$L=6\ m$，各级马道锁口 $L=9\ m$；

(2)直坡段锚杆：$\Phi25/25@2.0\ m×2.0\ m$，$L=9\ m$，洞脸锁口 $L=12\ m$；

(3)锚索：2000kN@$6.0m×6.0m$，$L=30m$，分马道间隔布置两排锁口。

7.3.1.3 初始地应力及边界条件

边坡初始地应力场采用自重应力场，其中侧压力系数根据附近地应力测点实测结果，综合比较，选取0.8。在动力时程分析前，采用三维弹塑性损伤有限元计算程序，按照施工开挖顺序，并考虑系统支护措施，模拟边坡的开挖过程。将边坡开挖完成后的围岩扰动应力场作为进水口边坡动力有限元时程分析的初始地应力场。

左岸进水口边坡位于地表，根据地震学理论，我们可以认为地震时，地震波在洞室工程区是竖直向上传播的。因此，我们采用3.3小节中，模型底部施加粘弹性人工边界，模型四周施加自由场人工边界的边界条件。

7.3.2 围岩抗震稳定分析

7.3.2.1 边坡岩体破坏区分布规律

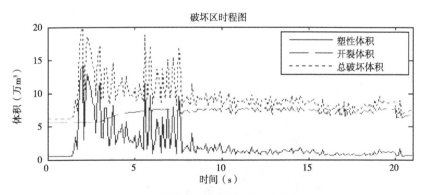

图7.3-1　进水口整体边坡破坏体积时程图

(1)在地震过程中，工程边坡岩体受附加地震应力场的影响，岩体应力和变形处于波动状态。动力时程计算中，根据应力和应变破坏判别准则，分别记录了

整体模型范围内的塑性破坏体积、开裂破坏体积及总破坏体积。从图7.3-1可以看出,总塑性体积在震前5 753.0 m³的基础上,随着地震波作用震荡调整,最大达到142 143 m³,地震作用完成后,附加地震应力场消失,塑性体积恢复至6 168.3 m³,增加7.2%。这是由于,随着地震附加应力场的产生、震荡、消失,边坡岩体总应力发生较大扰动,造成岩体塑性区随时间发生较大震荡。地震完成后,附加应力场消失,岩体基本恢复到地震前的应力状态,塑性区体积亦基本恢复到地震前状态。在地震发生过程中,最大塑性体积达到142 143万m³,但持时较短,均在0.5 s之内,对边坡整体稳定影响较小。

从图7.3-1可以看出,在地震开始的前2 s内,边坡岩体开裂区维持在震前水平56 227.0 m³,3～6 s开裂体积逐渐上升到73 389.0 m³,往后在此基础上震荡发展,地震完成后,基本维持在69 038.9 m³。这主要是受地震波输入荷载的影响。从地震波输入位移时程可以看出,输入地震波前2 s波形较小,边坡岩体振动较小,随着3～6 s第一个峰谷波形的到来,边坡岩体振动加剧,开裂体积逐渐增加。随后,虽依然有峰谷波形经过,但振幅与3～6 s波形基本相同,故而边坡岩体开裂体积未进一步发展,而是在73 389.0 m³的基础上持续震荡发展。总体来看,地震作用过程中,岩体开裂体积呈震荡上升的趋势,最大达到80 455.3 m³,地震完成后维持在69 038.9 m³,较运行期增大。地震作用下边坡总体开裂体积并不是很大,边坡整体基本稳定,但应注意到地震持时越长,随着岩体损伤累积,边坡开裂体积震荡上升,应防止因此引起的边坡表层局部岩体开裂失稳。

图7.3-2　运行期损伤系数分布图

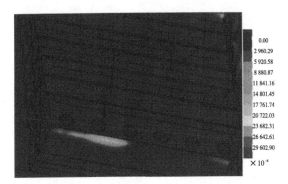

图 7.3-3　仅地震作用下损伤系数分布图

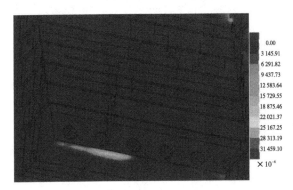

图 7.3-4　地震完成后损伤系数分布图

从图 7.3-1 可见,地震过程中总体破坏区震荡发展,地震完后维持在 75 207.2 m³,较运行期 69 173.2 m³ 增加 28 640.7 m³,约 8.7%,其中主要以开裂体积为主。因此,应注意防范边坡表层岩体在地震中的开裂失稳。

(2)岩体边坡的塑性区、开裂区等,在地震过程中随附加地震应力场和波形振动的作用,处于动态调整过程。但其岩体损伤状态则逐渐累积发展,逐步增长。从图 7.3-2 可以看出,在边坡开挖完毕,正常运行工况下,1~3#引水洞进口边坡坡脚处损伤较为严重,最大损伤系数达到 0.001 8。从图 7.3-3 可以看出,在仅考虑地震作用对岩体的损伤情况下,仍然呈现出 1~3#引水洞进口边坡坡脚处损伤较为严重,最大损伤系数达到 0.024。说明,受开挖影响,边坡破坏损伤严重的区域在地震作用下会更严重。这主要是因为,在静力条件下已破坏损伤的岩体,在地震附加应力场的扰动下,更加容易进入破坏状态,并在地震过程中,损伤逐渐累积。从图7.3-4可以看出,在考虑静力开挖和地震荷载的共同作用下,1～3#引水洞进口边坡坡脚依然是损伤最严重的地方,最大损伤系数达到0.025 8。总体看来,在地震荷载作用下,边坡岩体损伤状态在运行期的基础上,逐渐累积增大,最大达到0.025 8。损伤系数相对较小,损伤区主要集中于坡脚岩体表层。边坡岩体损伤不甚严重,边坡整体基本稳定。

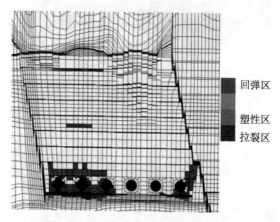

图7.3-5 运行期边坡破坏区分布图

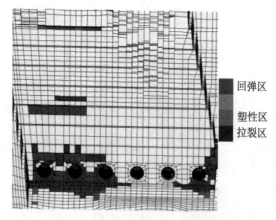

图7.3-6 地震后边坡破坏区分布图

(3)从图7.3-5和7.3-6可以看出,地震完成后边坡整体破坏区分布规律与运行工况下基本相同,均为整体边坡破坏区范围较小,破坏范围主要集中在边坡

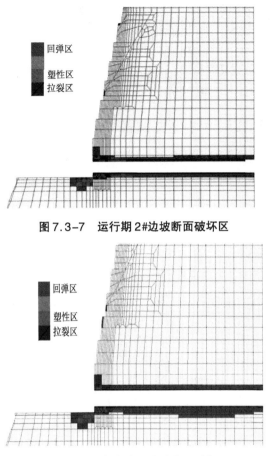

图 7.3-7　运行期 2#边坡断面破坏区

图 7.3-8　地震后 2#边坡断面破坏区

　　下部直墙段 1~3#、6#进水洞洞脸部位。以 2#引水洞边坡断面为例,从图 7.3-7 和 7.3-8 看,地震前最大开裂区深度 5.0 m,最大塑性区深度 11.0 m,地震完成后最大开裂区深度和塑性区深度基本未变,但边坡中部有局部开裂区存在,深度在 1.5 m 范围内。总体看来,地震完毕后,边坡整体破坏区在原有运行期的基础上有进一步发展,尤其是在高边坡中部出现了开裂区,但主要为表层破坏。边坡整体基本稳定,应注意长持时地震中边坡表层开裂区的损伤累积发展,防止表层局部失稳。

表7.3-2　各边坡断面破坏深度表　　单位:m

	1#		2#		3#		4#		5#		6#	
	运行期	地震后	运行期	地震后	运行期	地震后	运行期	地震后	运行期	地震后	运行期	地震后
开裂区	5.0	5.0	5.0	5.0	1.0	4.0	0	0	0	0	1.0	2.0
塑性区	8.0	8.0	11.0	11.0	5.0	8.0	0	0	0	0	5.0	5.0
破坏区	8.0	8.0	11.0	11.0	5.0	8.0	0	0	0	0	5.0	5.0

7.3.2.2 边坡岩体应力分布规律

表7.3-3　各边坡断面主应力表　　单位:MPa

	1#		2#		3#		4#		5#		6#	
	$\sigma1$	$\sigma3$	$\sigma1$	$\sigma3$	$\sigma1$	$\sigma3$	$\sigma1$	$\sigma3$	$\sigma1$	$\sigma3$	$\sigma1$	$\sigma3$
运行期	−0.90	0.73	−0.81	0.73	−0.74	0.58	−0.56	0.15	−0.67	0.29	−0.60	0.74
地震后	0.13	0.77	−0.11	0.77	−0.76	0.59	−0.59	0.16	−0.66	0.31	−0.59	0.71
最大值	−0.90	0.77	−0.81	0.77	−0.82	0.62	−0.68	0.22	−0.74	0.39	−0.71	0.74

注:选取边坡中部单元应力。

(1)地震过程中,边坡岩体在地震波动应力场的扰动下,应力不断调整,处于动态震荡状态。统计地震过程中岩体单元的最大第一、三主应力,并绘制应力包络图(彩图21、彩图22),可见,边坡第一主应力最大应力范围基本在0～−7.16 MPa之间,最大达到−9.57 MPa,位于1#～3#引水洞洞口部位;第三主应力最大应力范围基本在−0.54～1.36 MPa之间,最大达到2.31 MPa,位于1#～3#引水洞边坡中部和山体顶部地表处。总体看来,整体边坡第一、三最大应力值均在岩体的承载范围内。

(2)地震作用完成后,边坡应力分布规律与运行期基本相同,第一主应力在−0.26～−4.48 MPa,在1#～3#尾水洞出口部位应力集中明显;第三主应力在−0.52～1.36 MPa,其中拉应力区主要分布在1#～3#引水洞边坡中部。可见,地震作用完成后,边坡岩体第一主应力较小,而第三主应力有所增大,拉应力区范围有所增大。因此,应注意引水洞洞口部位的局部围岩稳定,同时防止边坡表层和山体顶部地表发生局部拉裂破坏。

总体看来,地震作用过程中和地震完成后,边坡应力在地震波动附加应力场的作用下有一定范围的震荡,但应力峰值均在岩体的承载范围内,边坡整体应力状态良好。

7.3.2.3 边坡岩体位移分布规律

(1)从计算结果看,各监测点位移时程波形与输入地震波基本一致(图7.3-9)。说明,地震过程中各监测点塑性位移发展较小,主要为波动弹性位移。在地震过程中,岩体大部变形可以恢复。

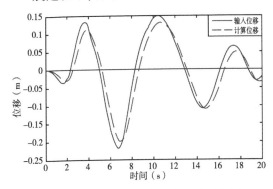

图7.3-9　3#边坡监测点 X 向位移时程图

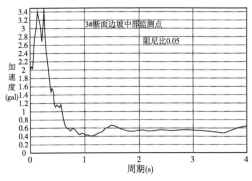

图7.3-10　3#边坡监测点 X 向加速度反应谱

(2)从边坡表面各监测点加速度反应谱看(图7.3-10),各边坡表层监测点计算加速度反应谱与设计反应谱谱形基本相似,仅峰值放大系数有所增加,但基本在1.2倍范围内。这主要有两方面的原因:①计算中考虑岩体阻尼比0.05,波动能力在传播过程中被吸收,在一定程度了削弱了反应谱的峰值;②边坡坡度较大,与竖直向上入射的地震波夹角较小,自由面放大效应不是很明显。

(3)地震作用完成后,以5#尾水洞底部为基准点,统计整体边坡的残余相对位移。边坡相对位移自下而上逐渐增大,最大处位于边坡顶部,达到9.5 mm。

总体来看,地震荷载作用下边坡变形主要为弹性位移,边坡表层位移放大效应不是很明显。地震完成后,边坡整体残余相对变形较小。边坡整体是基本稳定的。

7.3.2.4 边坡锚杆、锚索应力分布规律

表 7.3-4 各边坡断面锚杆应力表 单位：MPa

	1#		2#		3#		4#		5#		6#	
	中部	洞脸	中部	洞脸	中部	洞脸	中部	洞脸	中部	洞脸	中部	洞脸
运行期	26.7	27.7	28.5	28.3	18.7	20.7	3.8	7.5	2.5	5.6	7.6	12.7
地震后	39.6	15.2	38.2	19.6	21.1	20.4	5.9	7.8	1.9	5.3	7.6	12.9
最大值	310	56.7	310	110.7	49.1	58.7	22.8	37.8	10.2	6.9	18.5	9.1

注：应力为最大值。

（1）地震过程中，边坡岩体随地震波做受迫振动，锚杆、锚索等支护应力亦处于震荡调整中。统计地震过程中锚杆应力，并绘制包络图，可见，整体边坡大部锚杆最大应力值较小，在 80.0 MPa 之内，但在 1# ~ 3# 引水洞边坡断面中部（990.0 m 高程马道）局部锁口锚杆发生屈服，应力达到 310.0 MPa。从破坏区分布看，该部位边坡表面岩体也处于开裂状态。但地震作用完成后，该部位锚杆应力在 50.0 MPa 以内，应力较小。这说明，1# ~ 3# 引水洞高边坡断面中部表层岩体受地震影响较大，损伤较严重，锚杆临时进入屈服。总体来看，在地震过程中和地震完成后，整体边坡锚杆应力震荡发展，但量值较小，在屈服范围内。局部 1# ~ 3# 引水洞边坡 990.0 m 高程马道局部锁口锚杆临时进入屈服，应适当增加局部支护措施，确保地震过程中边坡支护措施的持续有效。

统计各锚索应力最大值可以看出，在地震过程中，整体边坡锚索应力最大 1 282 MPa，低于屈服应力 1 800 MPa，在锚索的承载范围内。可见，地震过程中锚索支护一直有效，基本能确保边坡整体稳定。

从锚杆与锚索的地震受力特征看，地震过程中边坡主要表现出表层波动大、整体深层波动小的规律。这与实际地震中，山体边坡以表层开裂、塌落破坏为主基本吻合。因此，为防止地震造成的边坡破坏，应该重视表层锚杆等支护措施的作用，尤其是马道等锁口部位的锚杆支护。

（2）地震完成后，锚杆、锚索应力值较运行期有所调整，但幅度不大。锚杆应

力均在 80 MPa 之内,锚索应力均在 1 060 MPa 之内。支护受力较小,支护措施有效,参数设置较为合理。

综上所述,在地震作用过程中和作用完成后,边坡表层相对位移较小,锚杆、锚索等支护受力较小。支护参数设置合理,边坡基本稳定。

7.4 小结

地震灾变中地下洞室群围岩稳定评判是研究地下洞室群地震响应机理的重要工程应用。本章采用自主开发的地下洞室群三维弹塑性损伤动力显式有限元计算平台 SUCED 对我国西南某大型水利工程右岸地下厂房洞室群和左岸进水口边坡岩体的地震响应特性进行了分析,系统评价了工程岩体的稳定性。主要研究结论如下。

(1)对于右岸地下厂房洞室群,地震过程中及地震完成后,洞周围岩的破坏区范围及深度均在锚杆、锚索等支护的控制范围内;洞周围岩应力最大值在岩体的承载范围内;整个洞室群以弹性波动场为主,相对变形较小,仅局部破坏严重部位有少量塑性位移发展;锚杆、锚索等支护措施受力均在承载强度范围内。总体来看,地震过程中和地震完成后,整个右岸地下厂房洞室群围岩基本稳定。但应注意洞室交口、断层穿过带、落雪组第四段穿过带等局部围岩在地震中的破坏。

(2)对于左岸进水口边坡,地震过程中及地震完成后,边坡整体破坏分布范围较小,均为表层破坏,仅边坡中部出现局部新增开裂区,深度在 1.5 m 范围内;应力峰值均在岩体的承载范围内;弹性波动场位移,边坡临空面位移放大效应不是很明显,相对位移较小;锚杆、锚索等支护措施受力较小,均在承载强度范围内。总体来看,地震过程中和地震完成后,整个左岸进水口边坡岩体基本稳定。但应注意边坡顶部表层强风化层、边坡中部及进水口洞脸部位岩体在地震中的破坏。

第八章 结 论

近十几年我国一批大型水电站地下厂房洞室群建设于西南地震高发区。地震灾变直接影响到地下厂房的安全运行和生产人员的生命安全,这一直是建设人员重点关心的问题。汶川地震灾害调查中潘家铮院士提出:应开展水电工程防震抗震重大科研攻关,加大对地震灾变中重大工程的精细化分析,弄清其薄弱环节,针对性地予以加固、优化。在我国水电工程大规模兴建的实践背景下,本书展开了对地下洞室群地震响应数值分析方法的研究,开发了大型地下洞室群地震灾变模拟系统SUCED。该计算平台在我国西南众多地下洞室群工程的地震响应分析中得到成功应用。本书在下列几个方面进行了一些创新性研究。

(1)针对地下工程岩体动力时程计算中,尚未有同时反映应变率和岩体损伤特性的非线性动力本构的问题,本书在讨论地震灾变中岩体材料在高应变率下的材料强化特性和循环荷载作用下材料的疲劳损伤劣化特性的基础上,推导了考虑应变率的摩尔库伦准则,并建立了三维弹塑性损伤非线性动力本构模型,阐述了该本构模型在显式有限元计算中的应力修正方法,为地下洞室岩体抗震分析提供了一种新的本构模型。

(2)针对显式有限元动力时程计算中耗时长的问题,本书提出"开源节流"的方法以加快求解速度。"开源"方面,提出了基于MPI和OPENMP并行算法的显式有限元程序设计方案,实现了计算程序在大型机群和小型工作站上的并行计算;"节流"方面,提出了单多高斯点混合积分理论,在保障计算精度的前提下,大大减少了总计算量。以该思路进行程序优化后,使得百万单元的20 s持时动力时程计算在小型工作站上可在3天之内完成求解,大大提高了求解速度,满足工程设计的时效要求。

(3)人工边界是近场波动问题求解的关键。针对竖直向和斜向入射情况下地下洞室群地震波动场的分布特性,提出了动力时程分析中洞室群模型人工边界的设置理论和计算方法,确保了有限元模型人工边界处计算波场的精度。

(4)针对显式有限元计算中锚杆、锚索等支护措施求解速度慢,计算耗时长的问题,根据地震过程中柔性支护措施的作用机理,建立了显式动力有限元计算中锚杆、锚索等支护措施的快速计算模型,合理反映了锚固支护措施在围岩抗震中的作用。

(5)针对地下洞室群复杂断层建模难,单元网格划分小的问题,将肖明教授提出的隐含断层数学模型引入到显式有限元动力时程计算中,阐述了其在显式有限元中的计算理论,为复杂断层的动力时程计算提供了一种有效途径。

(6)针对地下洞室群有限元建模的特点,在 OpenGL 函数库的基础上提出了地下洞室三维有限元系统的面向对象的设计与实现。

(7)针对地下洞室地震灾变分析中的特定问题,采用 FORTRAN90 程序语言,自主开发了大型地下洞室群地震灾变数值模拟计算平台 SUCED,并在众多大型水电工程中成功应用。

地震是一种复杂的地质运动现象,地下洞室群围岩稳定与支护是一个非常复杂的系统工程。由于地震的不可预测性和地下工程的不可逆性,有很多因素无法事先掌握,人们对地震现象和地下工程的岩体特性还处于探索和认识之中,所以地震灾变中地下洞室群围岩稳定的研究仍需进行艰苦的探索,许多问题还有待进一步分析。笔者认为以下几个方面是未来地下洞室群工程动力时程法分析研究的难点。

(1)动力时程分析中地震波荷载确定。由于地震发生相对较少,地震监测台很难记录全面的地震信息,因此关于地震工程学中地震波荷载的确定一直是一个难题。而地震动荷载的确定又直接关系到工程计算结果的合理性。目前,地震波时程荷载主要根据规范确定的设计反应谱合成,或采用处理后的天然地震波。这些根据设计烈度确定的地震波时程,很难全面反映实际地震波特性。因此,加强对实测地震波的研究,建立合理的设计地震波确定理论,是工程动力时程分析的基础。

(2)岩体的动力本构是动力时程分析的基础。这需要在理论研究的基础上,结合大量的室内、室外试验,建立科学实用的岩石动力损伤本构模型。由于这项工作的复杂性,目前国内外尚未有普遍认可的适用于地下洞室围岩地震分析的本构模型。笔者虽在书中基于对地震灾变中地下洞室围岩特性的认识,通过理论推导,在 Mohr-Coulomb 屈服准则基础上,提出一种地下洞室围岩地震灾变分析的本构模型,但其尚未反映岩体节理、裂隙等在地震动作用下的受力机理及岩体力学参数变化特性。本构模型是工程实践与理论计算的桥梁,需要后续进行大量全面的系统研究。

(3)喷锚支护理论随着世界岩土工程的实践已得到很大发展。但地震灾变中锚杆、锚索、衬砌等的作用机理,与静力开挖中有所不同,不能用静力的思维方式指导我们计算。因此,通过大量的室内试验,研究地震动荷载作用下洞室围岩支护措施的作用机理,对建立这些支护措施的数值计算模型,指导工程抗震设计具有重大意义。

(4)地震灾变中地下洞室群围岩稳定判据。在地下洞室设计、开挖、运行中,人们最关心的是地下洞室群围岩的失稳条件。由于地下洞室处于复杂的地质环境中,再加上地震动荷载的作用,造成地下洞室破坏的因素诸多。这些因素相互组合,相互影响,很难将地下洞室稳定条件简单化和具体化。目前,随着地下工程开挖经验的积累,理论分析方法的成熟,在静力开挖情况下洞室围岩稳定已形成一系列判别准则。但关于地震动荷载作用下,洞室围岩稳定的判别准则却相对较少,这是后续需要加强研究的地方。

(5)动力时程在实际大型工程中应用的一个重要屏障是计算耗时过长,往往不能及时提供计算结果,为设计提供建议。因此,结合计算机硬件技术的发展和有限元积分理论的优化,研究快速的显式动力有限元计算方法具有重大的现实意义。

参考文献

［1］陈厚群,徐泽平,李敏. 汶川大地震和大坝抗震安全［J］. 水利学报,2008,39(10):1158-1167.

［2］晏志勇,王斌,周建平,等. 汶川地震灾区大中型水电工程震损调查与分析［M］. 北京:中国水利水电出版社,2009.

［3］李海波,蒋会军,赵坚,等. 动荷载作用下岩体工程安全的几个问题［J］. 岩石力学与工程学报,2003,22(11):1887-1891.

［4］林皋. 地下结构抗震分析综述(下)［J］. 世界地震工程,1990,6(3):1-10.

［5］张翠然,陈厚群. 工程地震动模拟研究综述［J］. 世界地震工程,2008,24(2):150-157.

［6］石根华. 数值流形方法与非连续变形分析［M］. 北京:清华大学出版社,1997.

［7］张瑞青,魏富胜,乔成斌,等. 用(DDA+FEM)方法数值模拟1975年海城、1999年岫岩地震发生的过程［J］. 地震学报,2005,27(2):163-170.

［8］陈祖安,林邦慧,白武明. 1997年玛尼地震对青藏川滇地区构造块体系统稳定性影响的三维DDA+FEM方法数值模拟［J］. 地球物理学报,2008,51(5):1422-1430.

［9］王勖成. 有限单元法［M］. 北京:清华大学出版社,2003.

［10］John O H allquist. ANSYS /LS2DYNA3D theoretical manual［M］. Live more Software Technology Corporation, 1998.

［11］Itasca Consulting Group Inc.. FLAC3D users' manual［R］. Minneapolis:Itasca Consulting Group Inc. ,2005.

［12］ABAQUS. Inc. ABAQUS Scripting Reference Manual Version 6. 4［M］. Pawtucket , USA:ABAQUS , Inc. 2003.

［13］Mechanics Group. ANSYS User Material Subroutine USERMAT［R］. Canonsburg:ANSYS Incorporated, 1999.

［14］BATHE K J 著,赵兴华译. ADINA/ADINAT 使用手册［M］. 北京:机械工业出版社,1986.

［15］廖振鹏. 近场波动问题的有限元解法［J］. 地震工程与工程振动,1984,4(2):1-14.

［16］李小军,廖振鹏,杜修力. 有阻尼体系动力问题的一种显式差分解法［J］. 地震工程与工

程振动,1992,12(4):74-80.

[17] 杜修力,王进廷.拱坝-可压缩库水-地基地震波动反应分析方法[J].水利学报,2002,(6):83-89.

[18] 刘晶波,王艳.成层介质中平面内自由波场的一维化时域算法[J].工程力学,2007,24(7):16-22.

[19] 张雄,王天舒.计算动力学[M].北京:清华大学出版社,2007.

[20] Brace W F,Martin R J. A test of the law of effective stress for crystalline rock of low porosity[J]. International Journal of Rock Mechanics and Mining Science,1968,5:415-426.

[21] Chong K P,Hoyt P M,Smith J W,et al. Effects of strain rate on oil shale fracturing[J]. International Journal of Rock Mechanics and Mining Science,1980,17:35-43.

[22] Chong K P,Boresi A P. Strain rate dependent mechanical properties of New Albany Reference Shale[J]. International Journal of Rock Mechanics and Mining Science,1990,27:199-205.

[23] 鞠庆海,吴绵拔.岩石材料的三轴压缩动力特性的实验研究[J].岩土工程学报,1993,15(3):72-80.

[24] Yang C H,Li T J. The strain rate dependent mechanical properties of marble and its constitutive relation[A]. Int Conf Computational Methods in Structural and Geotechnical Engineering[C]. Hongkong,1994:1350-1354.

[25] 刘剑飞,胡时胜,胡元育,等.花岗岩的动态压缩实验和力学性能研究[J].岩石力学与工程学报,2000,19(5):618-621.

[26] 李海波,赵坚,李俊如,等.三轴情况下花岗岩动态力学特性的实验研究[J].爆炸与冲击,2004,24(5):470-474.

[27] 赵坚,李海波.莫尔-库仑和霍克-布朗强度准则用于评估脆性岩石动态强度的适用性[J].岩石力学与工程学报,2003,22(2):171-176.

[28] Zhao J,Li H B,Wu M B,et al. Dynamic uniaxial compression tests on a granite[J]. International Journal of Rock Mechanics and Mining Science,1999,36:273-277.

[29] Grady D E. The mechanics of fracture under high rate stress loading[A]. Bazant Z. Mechanics of Geomaterials[C]. 1985:129-155.

[30] Masuda K,Mizutani H,Yamada I. Experimental study of strain rate dependence and pressure dependence of failure properties of granite[J]. Journal of Physics of the Earth,1987,35:37-66.

[31] Swan G,Cook J,Bruce S,et al. Strain rate effect in Kimmeridge Bay Shale[J]. International

Journal of Rock Mechanics and Mining Science,1989,26(2):135-149.

[32] 李夕兵,左宇军,马春德. 中应变速率下动静组合加载岩石的本构模型[J]. 岩石力学与工程学报,2006,25(5):865-874.

[33] 钱七虎,戚承志. 岩石、岩体的动力强度与动力破坏准则[J]. 同济大学学报(自然科学版),2008,36(12):1599-1605.

[34] 王永岩. 动态子结构方法理论及应用[M]. 北京:科学出版社,1999.

[35] 殷学纲. 结构振动分析的子结构方法[M]. 北京:中国铁道出版社,1991.

[36] 王文亮,杜作润. 结构振动与动态子结构方法[M]. 上海:复旦大学出版社,1985.

[37] Zhong WX,Williams FW. A precise time step integration method[J]. J. Mech. Eng. Sci.,1994,208:427-430.

[38] 钟万勰. 暂态历程的精细计算方法[J]. 计算结构力学及其应用,1995,12(1):1-6.

[39] 钟万勰. 子域精细积分及偏微分方程数值解[J]. 计算结构力学及其应用,1995,12(3):253-260

[40] Michael J. Quinn 著,陈文光,武永卫等译. MPI 与 OpenMP 并行程序设计:C 语言版[M]. 北京:清华大学出版社,2004.

[41] 张武生等. MPI 并行程序设计实例教程[M]. 北京:清华大学出版社,2009.

[42] 廖振鹏. 工程波动理论导论(第一版)[M]. 北京:科学出版社,1996.

[43] 廖振鹏. 工程波动理论导论(第二版)[M]. 北京:科学出版社,2002.

[44] 廖振鹏,黄孔亮,杨柏坡,等. 暂态透射边界[J]. 中国科学(A 辑),1984,(6):556-564.

[45] 廖振鹏,杨柏坡,袁一凡. 暂态弹性波分析中人工边界的研究[J]. 地震工程与工程振动,1982,2(1):1-11.

[46] CLAYTON R,ENGQUIST B. Absorbing boundary conditions for acoustic and elastic wave equations[J]. Bulletin of the Seismological Society of America,1977,67(6):1529-1540.

[47] Thuné M. A numerical algorithm for stability analysis of difference methods for hyperbolic systems[J]. SIAM Journal on Scientific and Statistical Computing,1990,11(1):63-81.

[48] Underwood P,Geers T L. Doubly asymptotic boundary-element analysis of dynamic soil-structure interaction[J]. International Journal of Solids and Structures,1981,17:687-697.

[49] 刘晶波,王振宇,杜修力,等. 波动问题中的三维时域粘弹性人工边界[J]. 工程力学,2005,22(6):46-51.

[50] 杜修力,赵密,王进廷. 近场波动模拟的一种应力人工边界[J]. 力学学报,2006,38(1):49-56.

[54] Engquist B,Majda A. Absorbing boundary conditions for the numerical simulation of waves[J]. Mathematics of Computation,1977,31(139):629-651.

[52] Engquist B,Majda A. Radiation boundary conditions for acoustic and elastic wave calculations [J]. Communications on Pure and Applied Mathematics,1979,32:313-357.

[53] Higdon RL. Absorbing boundary conditions for difference approximations to the multi-dimensional wave equation[J]. Mathematics of Computation,1986,47(176):437-459.

[54] Higdon RL. Radiation boundary conditions for elastic wave propagation[J]. SIAM Journal on Numerical Analysis,1990,27(4):831-870.

[55] 陈万祥,郭志昆,袁正如,等. 地震分析中的人工边界及其在 LS-DYNA 中的实现[J]. 岩石力学与工程学报,2009,28(s2):3505-3515.

[56] 张燎军,张慧星,王大胜. 黏弹性人工边界在 ADINA 中的应用[J]. 世界地震工程,2008,24(1):12-16.

[57] 徐磊,叶志才,任青文. 基于 ABAQUS 的粘弹性动力人工边界精确自动施加[J]. 三峡大学学报(自然科学版),2010,32(1):20-23.

[58] 孔戈,丁海平,金星. 多次透射边界在 ANSYS 软件中的应用[J]. 工程抗震与加固改造,2005,27(2):67-70.

[59] 李宏恩,李同春,田景元.等. 黏-弹性人工边界在双江口土石坝动力分析中的应用[J]. 岩土力学,2008,29(s):189-192.

[60] 张小玲,栾茂田,郭莹,等. 考虑人工边界的海底管线地震应力分析[J]. 大连理工大学学报,2009,49(4):551-557.

[61] 谯雯,刘国明. 基于粘弹性人工边界的防洪堤动力有限元分析[J]. 水电能源科学,2012,30(1):120-123.

[62] 徐海滨,杜修力,赵密,等. 地震波斜入射对高拱坝地震反应的影响[J]. 水力发电学报,2011,30(6):159-164.

[63] 苑举卫,杜成斌,刘志明. 地震波斜入射条件下重力坝动力响应分析[J]. 振动与冲击,2011,30(7):120-126.

[64] 朱维申,王平. 节理岩体的等效连续模型与工程应用[J]. 岩土工程学报,1992,14(2):1-11.

[65] 朱维申,李术才,陈卫忠. 节理岩体破坏机理和锚固效应及工程应用[M]. 北京:科学出版社,2002.

[66] 杨延毅. 加锚层状岩体的变形破坏过程与加固效果分析模型[J]. 岩石力学与工程学报,

1994,13(4):309-317.

[67] 肖明. 地下洞室隐式锚杆柱单元的三维弹塑性有限元分析[J]. 岩土工程学报,1992,14 (5):19-26.

[68] 肖明,叶超,傅志浩. 地下隧洞开挖和支护的三维数值分析计算[J]. 岩土力学,2007,28 (12):2501-2505.

[69] 陈胜宏,强晟,陈尚法. 加锚岩体的三维复合单元模型研究[J]. 岩石力学与工程学报, 2003,22(1):1-8.

[70] 何则干,陈胜宏. 加锚节理岩体的复合单元法研究[J]. 岩土力学,2007,28(8):1544 -1550.

[71] 李宁,赵彦辉,韩烜. 单锚的力学模型与数值仿真试验分析[J]. 西安理工大学学报, 1997,13(1):6-11.

[72] 李宁,韩烜,陈飞熊. 群锚加固机理与效果数值仿真试验分析[J]. 西安理工大学学报, 1997,13(2):104-109.

[73] Kharchafi M, Grasselli G, Egger P. 3D behaviour of bolted rock joints: Experimental and numerical study in Rossmanith. Mechanics of Jointed and Faulted Rock[C]. Rotterdam: Balkema,1998:299-304.

[74] Grasselli G, Kharchafi M, Egger P. Experimental and numerical comparison between fully grouted and frictional bolts[J]. Congress on Rock Mechanics,1999:903-907.

[75] Ferrero AM. The shear strength of reinforced rock joints[J]. Int J Rock Min Sci Geomech Abst,1995(32): 595-605.

[76] Pellet F,Egger P. Analytical model for the mechanical behaviour of bolted rock joints subjected to shearing[J]. Rock Mech Eng,1996(29):73-97.

[77] 张强勇,朱维申. 裂隙岩体损伤锚柱单元支护模型及其应用[J]. 岩土力学,1998,19(4): 19-24.

[78] 雷晓燕. 三维锚杆单元理论及其应用[J]. 工程力学,1996,13(2):50-60.

[79] 漆泰岳. 锚杆与围岩相互作用的数值模拟[M]. 徐州:中国矿业大学出版社,2002.

[80] 二滩水电开发有限责任公司. 岩土工程安全监测手册[M]. 中国水利水电出版社,1999.

[81] 李海波,马行东,李俊如,等. 地震荷载作用下地下岩体洞室位移特征的影响因素分析 [J]. 岩土工程学报,2006,28(3):358-362.

[82] 胡聿贤. 地震工程学(第二版)[M]. 北京:地震出版社,2006.

[83] Ted Belytschko 等著,庄苗译. 连续体和结构的非线性有限元[M]. 北京:清华大学出版

社,2003.

[84] D. R. J 欧文,E. 辛顿著. 曾国平等译. 塑性力学与有限元——理论与应用[M]. 北京:兵器工业出版社,1989.

[85] 刘晶波,杜修力. 结构动力学[M]. 北京:机械工业出版社,2005.

[86] 朱伯芳. 有限单元法原理与应用(第三版)[M]. 北京:中国水利水电出版社,2009.

[87] Grady D E. Shock wave properties of brittle solids[A]. In:Schmidt Sed. Shock Compression of Condensed matters[C]. New York,USA:AIP Press,1996:9-20.

[88] Bindiganavile V S. Dynamic fracture toughness of fiber reinforced concrete [D]. Doctoral Dissertation of University of British Columbia,Vancouver,Canada,2003.

[89] Al-gadhib A H, Baluchm H, Shaanlan, et al. Damage model for monotonic and fatigue response of high strength concrete[J]. International Journal of Damage Mechanics,2000,9(1):57-78.

[90] 戚承志,钱七虎. 岩石等脆性材料动力强度依赖应变率的物理机制[J]. 岩石力学与工程学报,2003,22(2):177 - 181.

[91] 钱七虎,王明洋. 岩土中的冲击爆炸效应[M]. 北京:国防工业出版社,2010.

[92] Li H B,Zhao J,Li T J. Micromechanical modeling of mechanical properties of granite under dynamic uniaxial compressive loads[J]. Int. J. Rock Mech. and Min. Sci. ,2000,37(6):923-935

[93] 李海波,赵坚,李廷芥. 滑移型裂纹模型在研究岩石动态单轴抗压强度中的应用[J]. 岩石力学与工程学报,2001,20(3):315 - 319.

[94] 林皋,陈健云,肖诗云. 混凝土的动力特性与拱坝的非线性地震响应[J]. 水利学报,2003,34(6):30-36.

[95] 肖诗云,林皋,逯静洲,等. 应变率对混凝土抗压特性的影响[J]. 哈尔滨建筑大学学报,2002,35(5):35-39.

[96] 肖诗云,林皋,王哲,等. 应变率对混凝土抗拉特性影响[J]. 大连理工大学学报,2001,41(6):721-725.

[97] 葛修润. 周期荷载下岩石大型三轴试件的变形和强度特性研究[J]. 岩土力学,1987,8(2):11-19.

[98] 葛修润,卢应发. 循环荷载作用下岩石疲劳破坏和不可逆变形问题的探讨[J]. 岩土工程学报,1992,14(3):56-60.

[99] 葛修润,蒋宇,卢允德,等. 周期荷载作用下岩石疲劳变形特性试验研究[J]. 岩石力学与

工程学报,2003,22(10):1581-1585.

[100] 尚嘉兰,沈乐天,赵宇辉,等. Bukit Timah 花岗岩的动态本构关系[J]. 岩石力学与工程学报,1998,17(6):634-641.

[101] 陈健云,李静,林皋. 基于速率相关混凝土损伤模型的高拱坝地震响应分析[J]. 土木工程学报,2003,36(10):46-50.

[102] 孙建运,李国强. 动力荷载作用下固体材料本构模型研究的进展[J]. 四川建筑科学研究,2006,32(5):144-149.

[103] 张玉敏. 大型地下洞室群地震响应特征研究[D]. 中国科学院研究生院博士学位论文,2010.

[104] 刘剑飞,胡时胜,胡元育,等. 花岗岩的动态压缩实验和力学性能研究[J]. 岩石力学与工程学报,2000,19(5):618-621.

[105] 张华,陆峰. $10^1 \sim 10^2$ s^{-1} 应变率下花岗岩动态性能试验研究[J]. 岩土力学,2009,30(增):29-32.

[106] 李树春,许江,陶云奇. 等. 岩石低周疲劳损伤模型与损伤变量表达方法[J]. 岩土力学,2009,30(6):1611-1619.

[107] Martin C D,Chandler N A. The progressive fracture of laced bonnet granite[J]. International Journal of Rock Mechanics and Mining Sciences,1994,31(6):643-659.

[108] 周辉,张凯,冯夏庭,等. 脆性大理岩弹塑性耦合力学模型研究[J]. 岩石力学与工程学报,2010,29(12):2398-2409.

[109] 俞茂宏等. Mohr-Coulomb 强度理论与岩土力学基础理论研究[J]. 岩石力学与工程学报,2001,19(5):545-550.

[110] Mohr O. Welche umstande bedingen die elastizitatsgrenze und den bruch eines materials[J]. Zeitschift Des Vereins Deutscher Ingenieure,1900,44:1524-1530.

[111] 俞茂宏,何丽南,宋凌宇. 双剪强度理论及其推广[J]. 中国科学,1985,28(12):1113-1120.

[112] Zienkiewicz O. C.,Pande G. N.. Some useful forms of isotropic yield surface for soil and rock mechanics[A]. In:Gudehus G ed. Finite Element in Geomechanics[C]. London:John Wiley & Sons Lid,1977,179-190.

[113] 陈建云,林皋,胡志强. 考虑混凝土应变率变化的高拱坝非线性动力响应研究[J]. 计算力学学报,2004,24(1):45-49.

[114] 肖明. 地下洞室围岩稳定与支护数值方法研究[博士学位论文][D]. 武汉:武汉大

学,2002.

[115] Frantziskonis G. and C. S. Desai. Constitutive Model with Strain Softening[J]. Int. J. Solid Structure,1987,23(6):733-769.

[116] J. 勒迈特,倪金刚,陶春虎译. 损伤力学教程[M]. 北京:科学出版社,1998.

[117] Ananth Grama,Anshul Gupta,George Karypis 等著,张武等译. 并行计算导论[M]. 北京:机械工业出版社,2003

[118] Hwang K. Advanced Computer Architecture:Parallelism, Scalability, Programmability [M]. New York: McGraw-Hill, 1993.

[119] 刘赫男,罗霄,高晓东. 并行计算的现状与发展[J]. 煤, 2000, 10(1):56-57.

[120] Barbara Chapman, Gabriele Jost, Ruud van der Pas. Using OpenMP Portable Shared Memory Parallel Programming[M]. Cambridge: The MIT Press,2007.

[121] Miguel Hermanns. Parallel Programming in Fortran 95 using OpenMP[M]. Aeronautical Engineering,2002.

[122] Michael J. Quinn. Parallel Programming in C with MPI and OpenMP[M]. McGraw-Hill,2004.

[123] 陈国良. 并行计算:结构,算法,编程[M]. 北京:高等教育出版社,2003.

[124] Grama A. Introduction to Parallel Computing [M]. New York:Addison-Wesley, 2003.

[125] 莫则尧,袁国兴. 消息传递并行编程环境 MPI[M]. 北京:科学出版社,2001.

[126] 都志辉. 高性能计算之并行编程技术——MPI 并行程序设计[M]. 北京:清华大学出版社,2001.

[127] 罗省贤,何大可. 基于 MPI 的网络并行计算环境及应用[M]. 成都:西南交通大学出版社,2001.

[128] 张汝清. 并行计算结构力学的发展和展望[J]. 力学进展,1994,24(4):511-517.

[129] Alterman Z S and F C Jr. Karal. Propagation of Elastic Waves in Layered Media by Finite-Difference Methods[J]. Bull. Seism. Soc. Am. ,1968,58:367-398.

[130] Brebbia C A, J C F Telles and L C wrobel. Boundary Element Techniques[M]. Springer, Berlin,1984.

[131] Banerjee P K. The Boundary Element Methods in Engineering [M]. McGraw-Hill, London,1994.

[132] Kausel E And J M Roesset. Dynamic stiffness of circular foundations. Journal of Engineering Mechanics division[J]. ASCE,1975,(101):771-785.

[133] Kausel E, J M Roesset and G Waas. Dynamic analysis of footings on layered media. Journal of Engineering Mechanics[J]. ASCE,1975,(101):679-693.

[134] Dasgupta G. A finite element formulation for unbounded homogeneous continua. Journal of Applied Mechanics[J]. ASME,1982(49):136-140.

[135] Wolf J P. Foundation Vibration Analysis Using Simple Physical Models[M]. PTS Prentice Hall, Englewood Cliffs,NJ,1994.

[136] Hibbitt, Karlsson and Sorensen, Inc.. ABAQUS theory manual and analysis user's manual [R]. Pawtucket, USA: Hibbit, Karlsson and Sorensen, Inc., 2002.

[137] 黄胜,陈卫忠,杨建平. 地下工程地震动力响应及抗震研究[J]. 岩石力学与工程学报, 2009,28(3):483-490.

[138] Bettess P, Zienkiewica O C. Diffraction and Refraction of Surface Wave Using Finite and Infinite Elements[J]. Int. J. for Num. Mech., In eng. 1977:1271-1290.

[139] 刘波,韩彦辉. FLAC 原理、实例与应用指南[M]. 北京:人民交通出版社, 2005,9.

[140] 陈育民,徐鼎平. FLAC/FLAC3D 基础与工程实例[M]. 北京:中国水利水电出版社, 2008,9.

[141] Deeks A J, Randolph M F. Axisymmetric time-domain transmitting boundaries [J]. Journal of Engineering Mechanics, ASCE, 1994, 120(1): 25-42.

[142] 刘晶波,李彬. Rayleigh 波作用下地下结构的动力反应分析[J]. 工程力学,2006,23 (10):132-135.

[143] 谷音,刘晶波,杜义欣. 三维一致粘弹性人工边界及等效粘弹性边界单元[J]. 工程力学,2007,24(12):31-37.

[144] 杜修力,赵密. 基于黏弹性边界的拱坝地震反应分析方法[J]. 水利学报,2006,37(9): 1063-1069.

[145] 屈铁军,王前进. 多点输入地震反应分析研究的进展[J]. 世界地震工程,1993,11(1): 30-36.

[146] 陈厚群. 坝址地震动输入机制探讨[J]. 水利学报,2006,37(12):1417-1423.

[147] 李小军,卢滔. 水电站地下厂房洞室群地震反应显式有限元分析[J]. 水力发电学报, 2009,28(5):41-46.

[148] 王如宾,徐卫亚,石崇,等. 高地震烈度区岩体地下洞室动力响应分析[J]. 岩石力学与工程学报,2009,28(3):568-575.

[149] 左双英,肖明. 映秀湾水电站大型地下洞室群三维非线性损伤地震响应数值分析[J].

水力发电学报,2009,28(5):127-132.

[150] 中华人民共和国国家标准编写组. GB 17741 – 2005 工程场地地震安全性评价技术规范[S]. 北京:中国标准出版社,2005.

[151] XING J N, LIAO Zhen-peng. Statistical research on S-wave incident angle[J]. Earthquake Research in China, 1994, 8(1):121 – 131.

[152] TAKAHIRO Sigaki. Estimation of earthquake motion incident angle at rock site[C]// Proceedings of 12th World Conference Earthquake Engineering, New Zealand, 2000:956.

[153] 尤红兵,赵凤新,荣棉水. 地震波斜入射时水平层状场地的非线性地震反应[J]. 岩土工程学报,2009,31(2):234-240.

[154] 李山有,廖振鹏. 地震体波斜入射情形下台阶地形引起的波型转换[J]. 地震工程与工程振动,2002,22(4):9-15.

[155] 李山有,马强,韦庆海. 地震体波斜入射下的断层台阶地震反应分析[J]. 地震研究,2005,28(3):277-281.

[156] 杜修力,陈维,李亮,等. 斜入射条件下地下结构时域地震反应分析初探[J]. 震灾防御技术,2007,2(3):290-295.

[157] 胡进军,谢礼立. 地下地震动频谱特点研究[J]. 地震工程与工程振动,2004,24(6):1-8.

[158] 高峰,石玉成,韦凯,等. 锚杆加固对石窟地震反应的影响[J]. 世界地震工程,2006,22(2):84-88.

[159] 石玉成,秋仁东. 预应力锚索加固石窟围岩的地震响应的数值模拟分析研究[J]. 防灾减灾工程学报,2007,24(2):436-443.

[160] Chen S H, Qiang S, Chen S, et al. Composite element model of the fully grouted rock bolt[J]. Rock Mechanics and Rock Engineering,2004,37(3):193-212.

[161] 郭凌云,肖明,任祎. 端锚式锚杆数值模拟及其受力分析[J]. 岩石力学与工程学报,2007,26(增2):4221-4226.

[162] 张强勇,向文,朱维申. 三维加锚弹塑性损伤模型在溪洛渡地下厂房工程中的应用[J]. 计算力学学报,2000,17(4):475-482.

[163] 朱训国,杨庆,栾茂田. 岩体锚固效应及锚杆的解析本构模型研究[J]. 岩土力学,2007,28(3):527-532.

[164] 钱向东,任青文,赵引. 一种高效的等参有限元逆变换算法[J]. 计算力学学报,1998,15(4):437-441.

[165] 张志国,肖明,张雨霆,等. 大型地下洞室三维弹塑性损伤动力有限元分析[J]. 岩石力学与工程学报,2010,29(5):982-989.

[166] 宋胜武,蒋峰,陈万涛. 汶川地震灾区大中型水电工程震损特征初步分析[J]. 中国水力发电年鉴,2008.

[167] 池建军,张秀丽. 汶川地震后震区水电站险情排查及应急处置工作概述[J]. 中国水力发电年鉴,2008.

[168] 高峰,石玉成,严松宏,等. 隧道的两种减震措施研究[J]. 岩石力学与工程学报,2005,24(2):222-229.

[169] 孙铁成,高波,叶朝良. 地下结构抗震减震措施与研究方法探讨[J]. 现代隧道技术,2007,44(3):1-5.

[170] 章伟. 近年日本的隧道施工与抗震设计[J]. 世界地震工程,2006,22(2):68-71.

[171] 王明年,关宝树. 高烈度地震区地下结构减震原理研究[J]. 工程力学,2002,19(s):295-299.

[172] (日)金多洁. 耐震构造学[M]. 日本:朝仓书店,1976.

[173] (日)藤本一郎. 新耐震设计法入门[M]. 日本:丸善株式会社,1982.

[174] (日)小高昭夫等. 耐震耐风构造[M]. 日本:鹿岛出版社,1972.

[175] (日)佐野利器,武藤清. 家屋耐震并耐风构造[M]. 日本:常磐书房,1935.

[176] 曹善安. 地下结构力学[M]. 大连:大连工学院出版社,1987.

[177] Applied Technology Council(ATC), Seismic Evaluation and Retrofit of Concrete Buildings [R]. Report ATC40, 1996.

[178] S. A. Freeman, J. P. Nicoletti and J. V. Tyrell. Evaluations of existing buildings for seismic risk-A . Case Study of Puget Sound Naval Shipyard, Bremerton, Washington. Proc. 1st U. S. National Conf, Earthquake Engineering, EERI, Berkeley, 1975:113-122.

[179] Yamanouchi H et al. Performance-based engineering for structural design of buildings, Buildings Research Institute, Japan, 2000.

[180] Chopra, Anil K. Dynamics of structures : theory and applications to earthquake engineering [M]. 北京:清华大学出版社,2009.

[181] Jacky Mazars, Alain Millard. Dynamic behavior of concrete and seismic engineering[C]. ISTE. 2009.

[182] 张志国,肖明,陈俊涛. 大型地下洞室地震灾变过程三维动力有限元模拟[J]. 岩石力学与工程学报,2011,30(3):509-523.

[183] 裴星洙,张立,任正权. 高层建筑结构地震响应的时程分析法[M]. 北京:中国水利水电出版社,2006.

[184] 吴健,吕红山,刘爱文. 汶川地震烈度分布与震源过程相关性的初步研究[J]. 震灾防御技术,2008,3(3):224-229.

[185] 叶建庆,苏金蓉,陈慧. 汶川8.0级地震动卓越周期分析[J]. 地震研究,2008,31(s):498 – 504.

[186] 俞裕泰,肖明. 大型地下洞室围岩稳定三维弹塑性有限元分析[J]. 岩石力学与工程学报,1987,6(1):47 – 56.

[187] LI X J,ZHOU Z H,Huang M,et al. Preliminary analysis of strong-motion recordings from the magnitude 8.0 Wenchuan, China, earthquake of 12th May 2008 [J]. Seismological Research Letters,2008,79(6):844 – 854.

[188] 周荣军,赖敏,余桦,等. 汶川Ms8.0地震四川及邻区数字强震台网记录[J]. 岩石力学与工程学报,2010,29(9):1850-1858.

[189] 刘斌. 地震学原理与应用[M]. 合肥:中国科学技术大学出版社,2009.

[190] 刘志明,王德信,汪德爟. 水工设计手册第1卷[M]. 北京:中国水利水电出版社,2011.

[191] 希勒. 地震学引论[M]. 北京:地震出版社,2008.

[192] (日)河角广. 有史以来地震活动在我国各地地震危险度及最高震度期待值[J]. 地震研究汇报,1951,29(3):469-482.

[193] 陈运泰. 地震参数:数字地震学在地震预测中的应用[M]. 北京:地震出版社,2003.

[194] 胡聿贤. 地震工程学(第二版)[M]. 北京:地震出版社,2006.

[195] (日)大崎顺彦著. 吕敏申,谢礼立译. 地震动的谱分析入门[M]. 北京:地震出版社,1980.

[196] Husid,R. L. Analisis de Terremotos:Analisis General[J]. Revista del ID1EM Santiago Chile,1969,8(1):21-42.

[197] 钟菊芳. 重大工程场地地震动输入参数研究(博士学位论文)[D]. 河海大学,2006.

[198] 金星. 重大工程场地设计地震动与地震动场的研究(博士学位论文)[D]. 哈

尔滨:国家地震局工程力学研究所,1992.

[199] 王绍博,李斌,徐海云. 关于工程场地地震安全性评价中设计地震动反应谱的讨论[J]. 震灾防御技术,2006,1(4):302-308.

[200] 杜修力,陈厚群. 地震动随机模拟及其参数确定方法[J]. 地震工程与工程振动,1994,14(4):1-5.

[201] 俞载道,曹国敖. 随机振动理论及其应用[M]. 上海:同济大学出版社,1998.

[202] 胡聿贤,何讯. 考虑相位谱的人造地震动反应谱拟合[M]. 北京:地震出版社,1989.

[203] 朱昱,冯启民. 相位差谱的分布特征和人造地震波[J]. 地震工程与工程振动,1992,12(1):37-44.

[204] Hung-Chie Chiu. Stable Baseline Corr ection of Digital Strong- Motion Data[J]. Bulletin of t he Seismolog ical Society of America,1997,87(4):932-944.

[205] David M Boore,Chr istopher D Stephens,William B Joyner. Comments on Baseline Cor rection of Digital Strong-Motion Data Examples from the 1999 Hector Mine California Earthquake[J]. Bulletin of the Seismo logical Society of America,2002,92(4):1543 – 1560.

[206] 范留明,李宁,黄润秋. 人造地震动合成中的位移误差分析[J]. 工程地质学报,2003,11(1):79-84.

[207] 张志发,王者江,张凤蛟. 特殊耦合地震波检测与匹配滤波技术试验研究[J]. 吉林大学学报(地球科学版),2006,36(s):185-189.

[208] 徐龙军,谢礼立. 地下工程设计地震动加速度幅值变化研究[J]. 世界地震工程,2009,25(2):54-59.

[209] Hu J,Xie L. Variation of earthquake groundmotion with depth [J]. Acta Seismological Sinica,2005,18(1):72-81.

[210] 胡进军,谢礼立. 地震动幅值沿深度变化研究[J]. 地震学报,2005,27(1):68-78.

[211] DL 5073-2000 水工建筑物抗震设计规范[S]. 北京:中国电力出版社,2006.

[212] GB 17741-2005 工程场地地震安全性评价技术规范[S]. 北京:中国标准出版社,2005.

［213］Kuhlemeyer R L,Lysmer J. Finite element method accuracy for wave propagation problems［J］. Journal of the Soil Mechanics and Foundations Division,ASCE,1973, 99(5):421-427.

［214］肖明,陈俊涛. 大型地下洞室复杂地质断层数值模拟分析方法[J]. 岩土力学, 2006,27(6):881-884.

［215］卓家寿. 弹性力学中的有限元法[M]. 北京:高等教育出版社, 1987.

［216］郭大智. 层状弹性体系力学[M]. 哈尔滨:哈尔滨工业大学出版社, 2001.

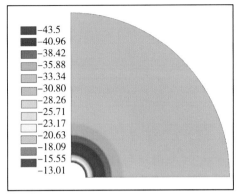

彩图 1　工况一第一主应力云图

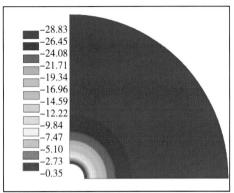

彩图 2　工况一第三主应力云图

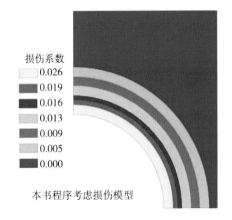

损伤系数
0.026
0.019
0.016
0.013
0.009
0.005
0.000

本书程序考虑损伤模型

彩图 3　损伤系数分布

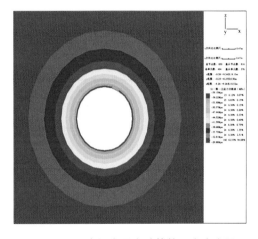

彩图 4　混高斯点混合计算第一主应力图

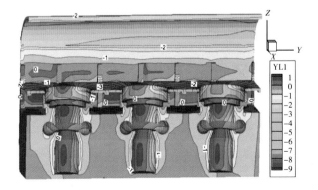

彩图 6　拟静力法第一主应力图(上游面)

彩图 5　两种人工边界计算位移云图(t =1.0 s)

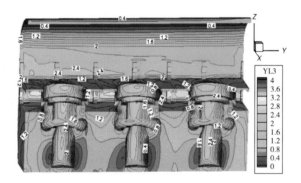

彩图 7　拟静力法第三主应力图(上游面)

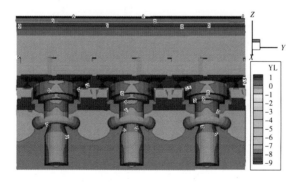

彩图 8　反应谱法第一主应力图(上游面)

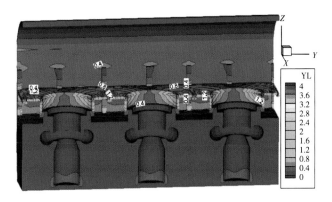

彩图9　反应谱法第三主应力图(上游面)

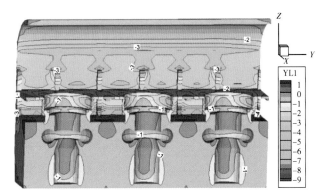

彩图10　时程法第一主应力图(上游面)

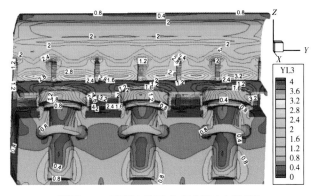

彩图11　时程法第三主应力图(上游面)

彩图 12　第三主应力包络图

彩图 13　右岸洞室群有限元模型　彩图 14　右岸洞室群有限元开挖模型

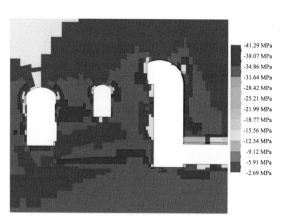

彩图 15　6#尾调室断面第一主应力包络图

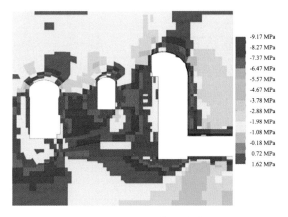

彩图16　6#尾调室断面第三主应力包络图

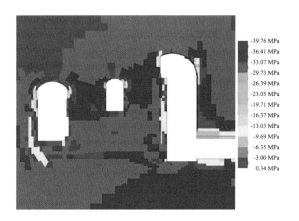

彩图17　6#尾调室断面第一主应力(震后)

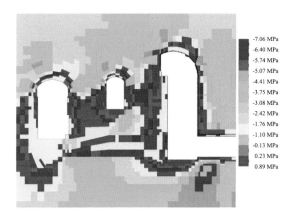

彩图18　6#尾调室第三主应力(震后)

 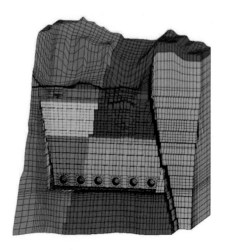

彩图 19　左岸进水口边坡有限元模型　　彩图 20　左岸进水口边坡有限元开挖模型

彩图 21　最大第一主应力包络图

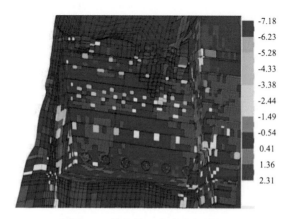

彩图 22　最大第三主应力包络图